"十二五"职业教育国家规划教材
经全国职业教育教材审定委员会审定

ERWEI DONGHUA ZHIZUO XIANGMU SHIZHAN JIAOCHENG

二维动画制作项目实战教程

主　编　孙晶艳
副主编　樊月辉　周晓红　李京泽　祝海英

高等教育出版社·北京

内容简介

本书是“十二五”职业教育国家规划教材。

本书共包括Flash贺卡、Flash楼盘广告、Flash电子相册、Flash手机动画、Flash MV、电视动画短片6个师生或企业原创的Flash动画项目的设计与制作。每个项目都由学习目标、知识链接、项目实施及拓展项目组成，每个项目的项目实施模块均包括多个任务。

本书具有项目内容紧贴实际、项目制作过程导向、项目拓展能力递进等特点。

本书既可作为高职院校计算机类和艺术设计类专业相关课程的教材，也可作为培训机构的培训教材及二维动画制作初学者与进阶者的学习参考书。

图书在版编目（CIP）数据

二维动画制作项目实战教程 / 孙晶艳主编. -- 北京：高等教育出版社，2016.11

ISBN 978-7-04-046286-9

Ⅰ. ①二… Ⅱ. ①孙… Ⅲ. ①二维-动画制作软件-高等职业教育-教材 Ⅳ. ①TP391.41

中国版本图书馆CIP数据核字(2016)第196939号

策划编辑 许兴瑜　　责任编辑 许兴瑜　　封面设计 赵　阳　　版式设计 杜微言

责任校对 杨凤玲　　责任印制 刘思涵

出版发行	高等教育出版社	网　址	http://www.hep.edu.cn
社　址	北京市西城区德外大街4号		http://www.hep.com.cn
邮政编码	100120	网上订购	http://www.hepmall.com.cn
印　刷	北京丰源印刷厂		http://www.hepmall.com
开　本	787mm×1092mm 1/16		http://www.hepmall.cn
印　张	19.75		
字　数	510千字	版　次	2016年11月第1版
购书热线	010－58581118	印　次	2016年11月第1次印刷
咨询电话	400－810－0598	定　价	32.00元

物 料 号　46286-00

出版说明

教材是教学过程的重要载体，加强教材建设是深化职业教育教学改革的有效途径，推进人才培养模式改革的重要条件，也是推动中高职协调发展的基础性工程，对促进现代职业教育体系建设，切实提高职业教育人才培养质量具有十分重要的作用。

为了认真贯彻《教育部关于“十二五”职业教育教材建设的若干意见》（教职成〔2012〕9号），2012年12月，教育部职业教育与成人教育司启动了“十二五”职业教育国家规划教材（高等职业教育部分）的选题立项工作。作为全国最大的职业教育教材出版基地，我社按照“统筹规划，优化结构，锤炼精品，鼓励创新”的原则，完成了立项选题的论证遴选与申报工作。在教育部职业教育与成人教育司随后组织的选题评审中，由我社申报的1 338种选题被确定为“十二五”职业教育国家规划教材立项选题。现在，这批选题相继完成了编写工作，并由全国职业教育教材审定委员会审定通过后，陆续出版。

这批规划教材中，部分为修订版，其前身多为普通高等教育“十一五”国家级规划教材（高职高专）或普通高等教育“十五”国家级规划教材（高职高专），在高等职业教育教学改革进程中不断吐故纳新，在长期的教学实践中接受检验并修改完善，是“锤炼精品”的基础与传承创新的硕果；部分为新编教材，反映了近年来高职院校教学内容与课程体系改革的成果，并对接新的职业标准和新的产业需求，反映新知识、新技术、新工艺和新方法，具有鲜明的时代特色和职教特色。无论是修订版，还是新编版，我社都将发挥自身在数字化教学资源建设方面的优势，为规划教材开发配备数字化教学资源，实现教材的一体化服务。

这批规划教材立项之时，也是国家职业教育专业教学资源库建设项目及国家精品资源共享课建设项目深入开展之际，而专业、课程、教材之间的紧密联系，无疑为融通教改项目、整合优质资源、打造精品力作奠定了基础。我社作为国家专业教学资源库平台建设和资源运营机构及国家精品开放课程项目组织实施单位，将建设成果以系列教材的形式成功申报立项，并在审定通过后陆续推出。这两个系列的规划教材，具有作者队伍强大、教改基础深厚、示范效应显著、配套资源丰富、纸质教材与在线资源一体化设计的鲜明特点，将是职业教育信息化条件下，扩展教学手段和范围，推动教学方式方法变革的重要媒介与典型代表。

教学改革无止境，精品教材永追求。我社将在今后一到两年内，集中优势力量，全力以赴，出版好、推广好这批规划教材，力促优质教材进校园、精品资源进课堂，从而更好地服务于高等职业教育教学改革，更好地服务于现代职教体系建设，更好地服务于青年成才。

高等教育出版社

2016年7月

前　言

《二维动画制作项目实战教程》是根据高职人才培养要求和学生就业岗位能力需求的实际需要，按照教育教学规律和学生认知规律进行编写的。书中所选的项目及编排是对 Flash 二维动画设计与制作的基本、精练、系统的综合反映。本书主要具有以下几个特点。

1. 选用的是既能真实映射企业工作流程又适合教学的项目，反映了高等职业教育的特点。定位准确，适应职教发展的多样性和灵活性，适应高职院校示范校建设过程中的专业课程改革与建设，有助于促进和保证教学质量。

2. 打破传统二维动画制作课程知识体系的系统性、完整性，坚持职业导向。基本能力训练项目均整合动画设计、制作、合成等方面的知识，体现完整的工作过程，充分体现专业课为就业服务的宗旨。编者根据职业岗位能力对动画知识的需求，选择相关知识纳入教材。

3. 弱化软件讲解，强化能力培养。瞄准高职高专培养目标，以“必需”“够用”为度，融烦琐的软件菜单界面的学习于任务的完成过程中。各项目及拓展项目都具有针对性和代表性，以全面培养学生的实践能力。

本书共包括 Flash 贺卡、Flash 楼盘广告、Flash 电子相册、Flash 手机动画、Flash MV、电视动画短片 6 个师生或企业原创的 Flash 动画项目的设计与制作。每个项目都由学习目标、知识链接、项目实施及拓展项目组成，每个项目的项目实施模块均包括多个任务。

本书由长春职业技术学院计算机应用技术及动漫设计与制作专业的多年从事一线教学的具有丰富实践经验的教师共同编写。孙晶艳任主编，李京泽、周晓红、樊月辉、祝海英任副主编，孔祥华、周飞参与了本书的编写。本书在编写过程中得到了长春职业技术学院领导和高等教育出版社的大力支持与帮助，在此一并表示衷心的感谢。

由于作者水平有限，书中难免存在疏漏，欢迎广大读者和同仁提出宝贵意见和建议。

编　者

2016 年 9 月

目　录

项目一

Flash 贺卡

学习目标

- 掌握二维动画项目开发的一般流程。
- 熟悉 Flash CS4 软件的工作环境。
- 能够使用 Flash 动画技术制作动画。

知识链接

一、二维动画项目开发的一般流程

要想制作出一个出色的动画，在制作前就应该对动画的每个阶段、每个细节都进行精心策划，然后一步步地认真完成。Flash 二维动画的制作流程可归结为如下步骤。

1. 剧本创作

任何影片生产的第一步都是创作剧本，但动画片的剧本与真人表演的故事片剧本有很大不同。一般情况下，影片中的对话是很重要的，而在动画影片中则应尽可能避免复杂的对话。这里最重要的是用画面表现视觉动作，好的动画是通过滑稽的动作取得的，其中没有对话，而是由视觉创作激发人们的想象，如迪斯尼动画片《猫和老鼠》。下面给大家看一个成语故事《疑邻盗斧》的剧本。

SC1：场景——小院（房子、柴房、地窖、栅栏），甲（片中丢斧人）走到地窖边。

SC2：场景——地窖中，边上竖着梯子，地上有架子，上有装酒的坛子。甲走到架子边，把手里的斧子放在地上，把手中装着种子的袋子放在架子上，然后走向梯子，出镜。

SC3：场景——小院子，推镜，甲发现，柴房门边长凳上原来有斧子，现在没了（表现：一把斧子闪了几下不见了）。甲满头大汗，拉镜，甲在院子里四处奔走找寻，都找不到斧子。甲在院子里着急，手挠头，皱眉，镜头中出现甲的幻想——邻居儿子偷斧子的情形。

SC4：场景——院子外，甲站在门口，目光随着邻居儿子移动，邻居儿子走路，推镜，甲点头，气泡："就是他偷了我们家的斧子!"

SC5：屏幕渐黑，文字"过了几天……"文字黑幕淡去，场景——地窖中，甲下梯子，看见地上的斧子，表情惊讶，地面斧子推进特写。

SC6：黑幕、文字"第二天……"淡入，淡出，场景——院子外，甲站在门口，看见邻居儿子走过，甲面带微笑，浮出气泡："一看他就不像偷斧子的人。"屏幕渐黑。

SC7：场景——小山、树，甲手中拿着斧子，文字出现（打字机）"这篇故事告诉人们：遇到问题要调查研究再做出判断，绝对不能毫无根据地瞎猜疑，疑神疑鬼地瞎猜疑，往往会产生错觉。"

2. 美术设计

美术设计包括整体风格设计、造型设计和场景设计 3 个方面。它是确定一部动画片的美术风格、人物造型等的关键步骤。

整体风格确定整个片子的气质，可以通过对主要场景和情节进行绘画表现，从而展示片子的造型风格、动作风格、色彩、场景处理等。

造型设计包括人物（标准造型、转面图、结构图、比例图、道具服装分解图等）、动物和器物设计。图 1-1 所示为成语故事《疑邻盗斧》中的丢斧人和邻居家的儿子的造型图。

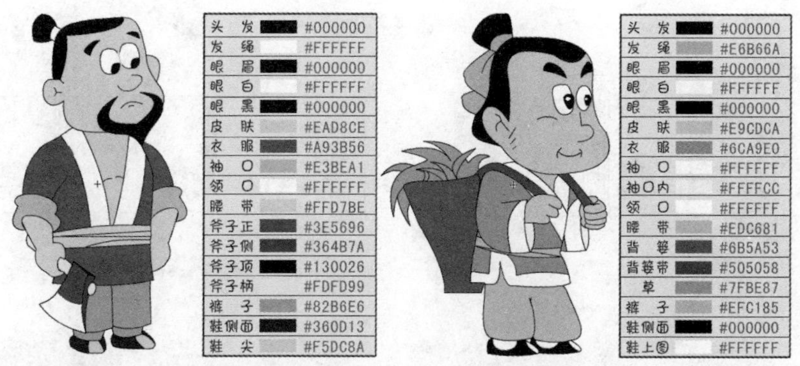

头发 #000000
发绳 #FFFFFF
眼眉 #000000
眼白 #FFFFFF
眼黑 #000000
皮肤 #EAD8CE
衣服 #A93B56
袖口 #E3BEA1
领口 #FFFFFF
腰带 #FFD7BE
斧子正 #3E5696
斧子侧 #364B7A
斧子项 #130026
斧子柄 #FDFD99
裤子 #82B6E6
鞋侧面 #360D13
鞋尖 #F5DC8A
头发 #000000
发绳 #E6B66A
眼眉 #000000
眼白 #FFFFFF
眼黑 #000000
皮肤 #E9CDCA
衣服 #6CA9E0
袖口 #FFFFFF
袖口内 #FFFFCC
领口 #FFFFFF
腰带 #EDC681
背篓 #6B5A53
背篓带 #505058
草 #7FBE87
裤子 #EFC185
鞋侧面 #000000
鞋上圆 #FFFFFF

图 1-1　成语故事《疑邻盗斧》中的丢斧人和邻居家的儿子的造型图

场景设计主要是指动画影片中除角色造型以外随着时间和地点改变而变化的一切事物的造型设计。图 1-2 所示为成语故事《疑邻盗斧》的部分场景图。

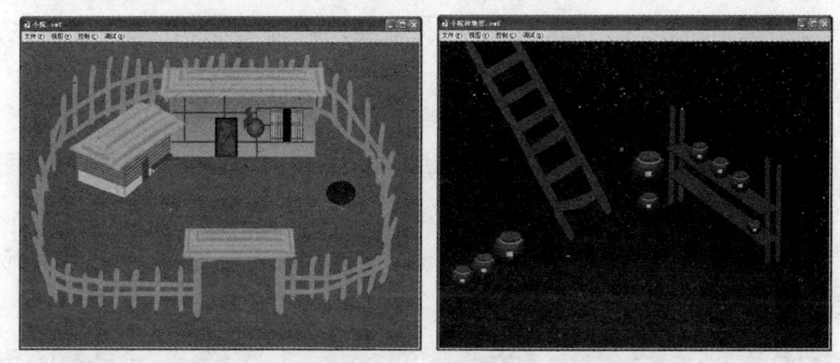

图 1-2　成语故事《疑邻盗斧》的部分场景图

3. 分镜头画面设计

分镜头稿是导演将文学剧本绘制成可视性的分镜头画面。分镜头画面台本不仅仅是把整个剧情、人物动作及场景变化等体现出来，更重要的是，必须把能够推动故事情节发展的内在逻辑线索清楚地展现出来。这是一种叙事的方法，导演必须运用电影语言以讲故事的方式来设计与绘制分镜头画面台本，这不同于一般连环画的表现方法。设计稿要为以后的工序提供详尽的信息，比如规格框、镜号、背景号、秒数、行为动作、活动范围、运动路线、镜头运动、分层及其他各方面需要交代给下面工作的要素。图 1-3 所示为成语故事《疑邻盗斧》的分镜图。

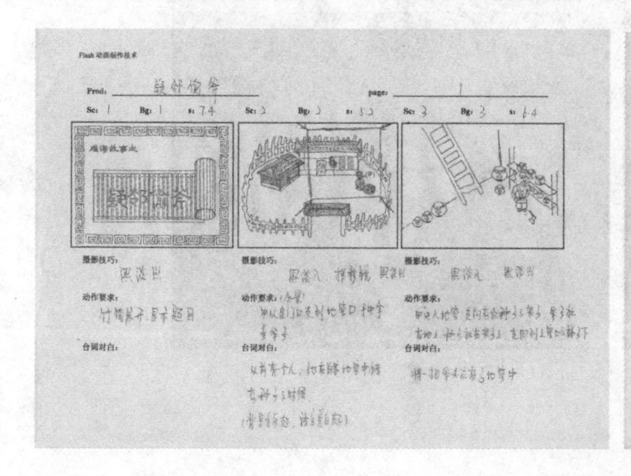

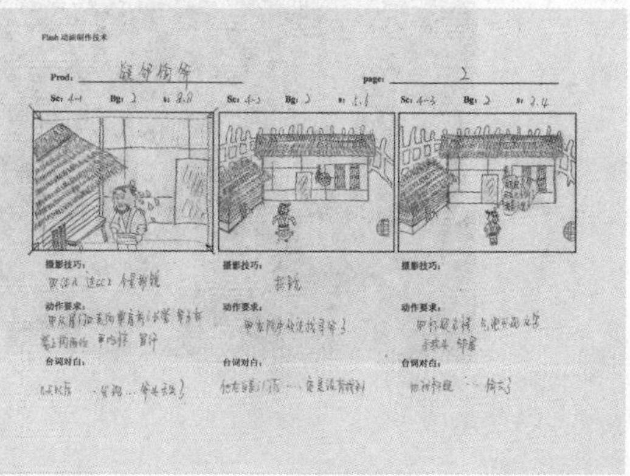

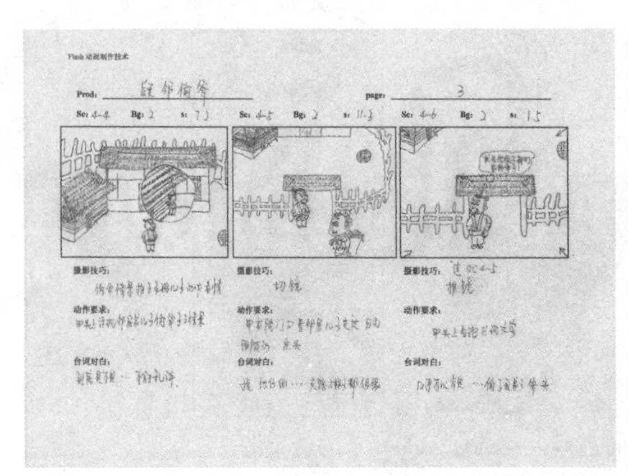

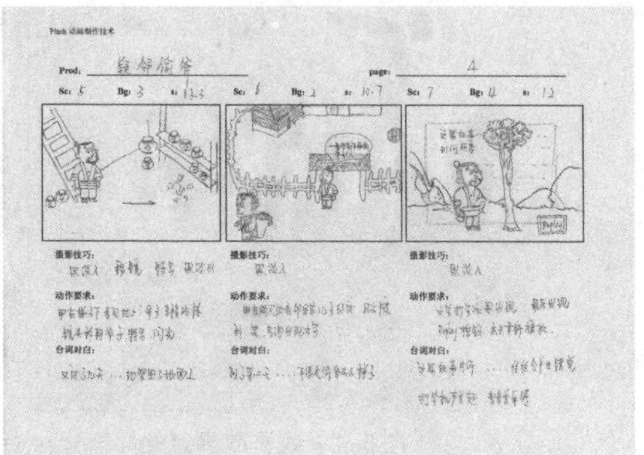

图 1-3　成语故事《疑邻盗斧》的分镜图

4. 画面绘制、上色，动画制作

所有的人物造型及背景设计完之后，导演及造型设计师必须和色彩设计师共同敲定人物的色彩（头发、各场合衣服或机器人外壳的颜色等）。人物的色彩设计必须配合整个作品的色调（背景及作品个性）来进行。色稿敲定之后由色彩指定人员来指定更详细的颜色种类，然后在 Flash 中实现画面的绘制、上色工作。接下来，Flash 动画制作师根据分镜图来制作动画。一般情况下，首先根据分镜图来截取声音（声音已提前录制好），然后将声音导入到 Flash 中，由声音来确定动画的长度，再将分镜图中要表现的动作在 Flash 中表现出来。图 1-4 所示为成语故事《疑邻盗斧》的动画效果图。

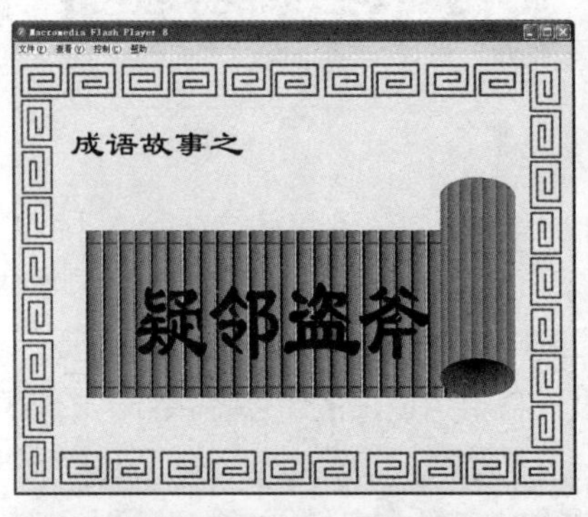

图 1-4　成语故事《疑邻盗斧》动画效果图

5. 声音

在做好的 Flash 动画中添加音效，包括旁白、对白及一些辅助的声音，如摩擦声、脚步声、爆炸声等。Flash 可以使用的声音的类型有很多，一般情况下，在 Flash 中可以直接导入 MP3 格式和 WAV 格式的音频文件。

在采用 MP3 格式压缩音乐时对文件有一定的损坏，但由于其编码技术成熟，音质比较接近 CD 水平，且体积小、传输方便，因而受到广大用户的青睐。同样长度的音乐文件，用 MP3 格式存储时的体积能比用 WAV 格式存储时的体积小 1/10，所以，一般情况下用户都会优先选择

MP3 格式的音频文件。WAV 格式是 PC 标准声音格式。WAV 格式的声音直接保存声音的数据，而没有对其进行压缩，因此音质非常好，一些 Flash 动画的特殊音效常常会使用 WAV 格式。

6. 动画调试及发布

动画制作完毕后，在输出前要对动画进行调试，调试的目的是使整个动画看起来更加流畅、紧凑，且按期望的情况进行播放。调试动画主要是针对动画对象的细节、分镜头和动画片段的衔接、声音与动画播放是否同步等进行调整，以保证动画作品的最终效果与质量。

发布动画是 Flash 动画制作中的最后一步，用户可以对动画的格式、画面品质和声音等进行设置。在进行动画发布设置时，应根据动画的用途、使用环境等进行设置，而不是一味地追求较高的画面质量和声音品质，应避免增加不必要的文件大小而影响动画的传输。

二、Flash CS4 中的传统补间动画与补间动画的区别

Flash CS4 中的传统补间动画与补间动画的区别如下。

（1）传统补间使用关键帧。关键帧是其中显示对象的新实例的帧。补间动画只能具有一个与之关联的对象实例，并使用属性关键帧而不是关键帧。

（2）补间动画和传统补间都只允许特定类型的对象进行补间。若应用补间动画，则在创建补间时会将所有不允许的对象类型转换为影片剪辑。而应用传统补间会将这些对象类型转换为图形元件。

（3）补间动画会将文本视为可补间的类型，而不会将文本对象转换为影片剪辑。传统补间会将文本对象转换为图形元件。

（4）在补间动画范围上不允许帧脚本。传统补间允许帧脚本。

（5）若要在补间动画范围中选择单个帧，必须按住 Ctrl 键单击帧。

（6）对于传统补间，缓动可应用于补间内关键帧之间的范围。对于补间动画，缓动可应用于补间动画范围的整个长度。

（7）利用传统补间，可以在两种不同的色彩效果（如色调和 Alpha 透明度）之间创建动画。补间动画可以对每个补间应用一种色彩效果。

（8）只可以使用补间动画来为 3D 对象创建动画效果，而无法使用传统补间为 3D 对象创建动画效果。

（9）只有补间动画才能保存为动画预设。

项目实施——友情卡

任务一　项目策划及剧本编写

项目策划

友情一般是指人与人在长期交往中建立起来的一种特殊的情谊，互相拥有友情的人称为“朋友”。

拥有友情的两个人能够互相时刻想着对方，对方开心时为对方高兴，对方痛苦时为对方难

过，对方悲伤无助时给予对方安慰与关怀，对方失望彷徨时给予对方信心与力量，对方成功欢乐时分享对方的胜利和喜悦。在人生旅途上，尽管有坎坷，有崎岖，但只要有朋友在，就能给你鼓励，给你关怀，并且帮你度过最艰难的岁月。

本项目是应客户要求为身处两地的朋友而设计，寄托对往日快乐时光的追忆，以及对远方朋友的祝福与思念之情。

剧本编写

本项目共有 3 个分镜。

镜头一：追忆——曾经和你一起，在那支美丽的歌里走过。瞬间的辉煌，足以使我追忆终生。

镜头二：祝福——祝福的语言永远都说不完，只想告诉你，我是你永远的朋友，永远的祝福。

镜头三：思念——你是我永远的牵挂，永远的思念，祝你永远开心快乐。

效果展示

效果展示如图 1-5 所示。

图 1-5　效果展示

任务二　角色设计

依据剧本，本贺卡有两个主要角色，即相互帮助、坦诚相待的两个朋友。她们美丽、文静、纯真、质朴，角色造型如图 1-6 所示。

图 1-6　角色造型

任务三　场景设计

本贺卡有 3 个主要场景，分别对应追忆、祝福、思念 3 种情感的表现，如图 1-7 所示。

（a）追忆

（b）祝福

（c）思念

图 1-7　场景设计

任务四 动画制作

一、动画环境设置

（1）新建一个 Flash 影片文件，设置文档大小为 450 像素 × 330 像素，背景颜色为白色，帧频为 12 帧/s(fps)，将文件以“友情卡”命名并保存，如图 1-8 所示。

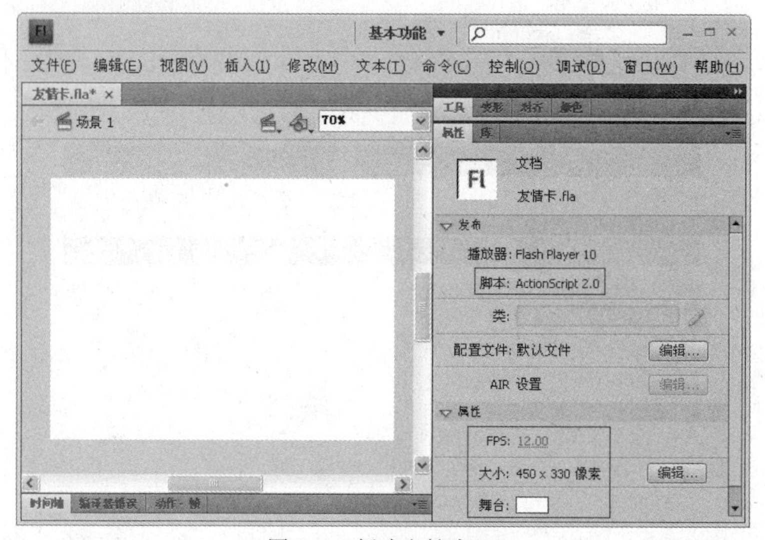

图 1-8 新建文档窗口

（2）按 Ctrl+Alt+Shift+R 组合键，打开标尺，用选择工具为舞台添加辅助线，如图 1-9 所示。

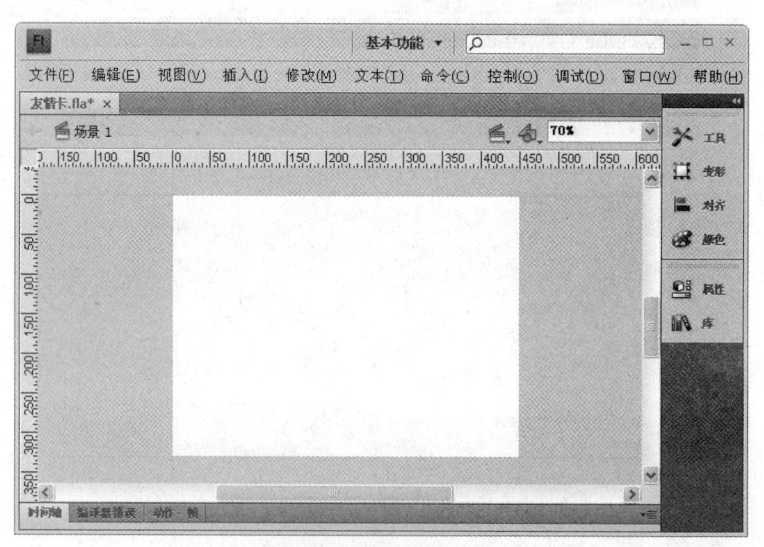

图 1-9 添加辅助线

（3）选择“文件→导入→导入到库”菜单命令，导入背景音乐文件（故乡的原风景.mp3），并导入图片文件 bg1.jpg、bg2.jpg、bg3.jpg、花.png、花 1.png，如图 1-10 所示。

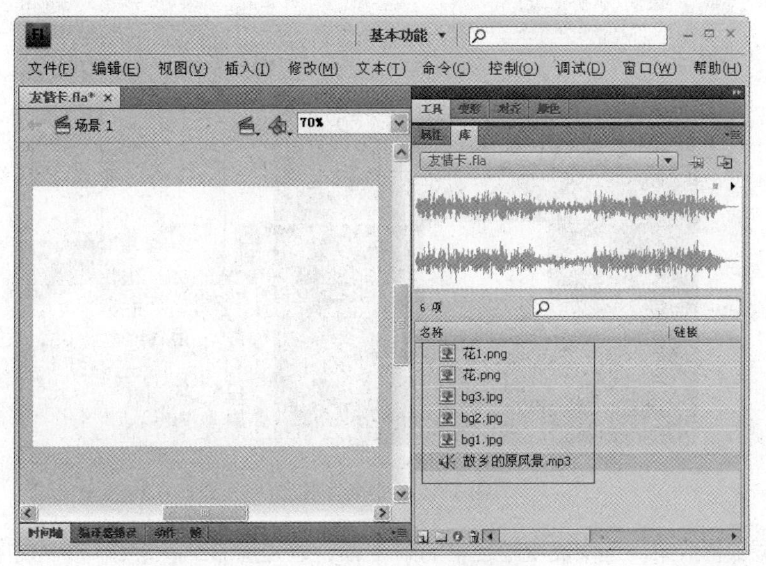

图 1-10　导入声音及图片文件

（4）添加背景音乐。将图层 1 重命名为“音乐”，将“故乡的原风景.mp3”文件从库中拖放到舞台上，将同步模式设置为“事件”，重复一次。选中该层的第 820 帧，按 F5 键插入普通帧，如图 1-11 所示。

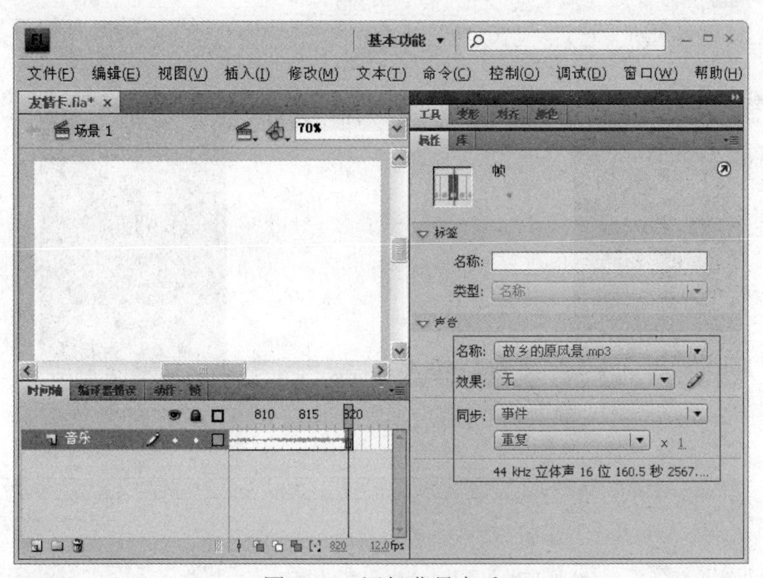

图 1-11　添加背景音乐

（5）绘制安全框。插入一个新图层，命名为“安全框”。选中“安全框”层中的第 1 帧，将窗口以 25%的比例显示，绘制一个足够大的矩形，设置边框颜色随意，填充颜色为黑色。选中绘制的矩形，按 Ctrl+K 组合键打开对齐面板，设置相对于舞台水平居中对齐、垂直居中对齐。选中矩形的边线，在对齐面板中设置相对于舞台匹配宽和高。在舞台区域双击，选中舞台区域的矩形和边框，按 Delete 键删除。效果如图 1-12 所示。

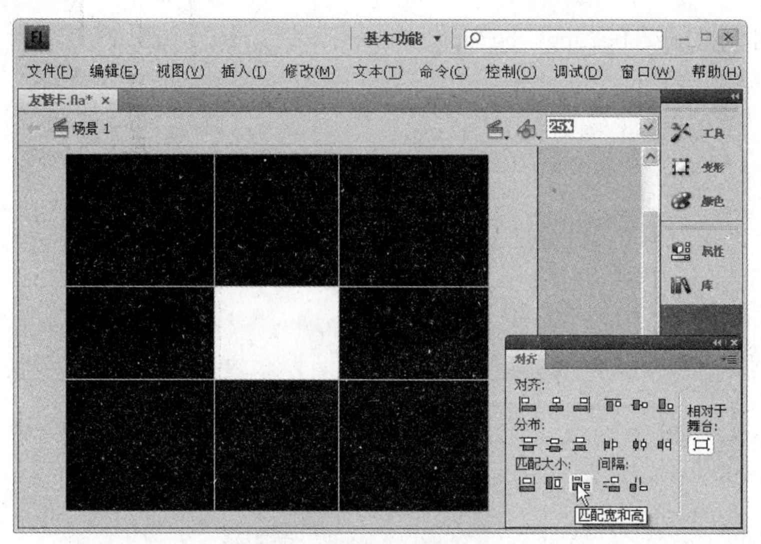

图 1-12　安全框效果

（6）绘制宽银幕效果。选中安全框层中的第 1 帧，运用矩形工具绘制一个无边框、黑色填充的矩形，大小为 450 像素 × 23 像素。按 Ctrl+K 组合键打开对齐面板，设置其相对于舞台水平居中对齐、垂直顶对齐。将前面的矩形复制一个，设置其相对于舞台水平居中对齐、垂直底对齐。在上面矩形的底边和下面矩形的顶边分别绘制一条笔触高度为 2 像素的白色线条。效果如图 1-13 所示。

图 1-13　宽银幕效果

二、镜头一——追忆

（1）制作背景。新建一个文件夹，命名为 SC1。插入一个新图层，命名为“SC1-背景”。将 bg1.jpg 文件拖放到舞台上，调整大小。按 Ctrl+K 组合键打开对齐面板，设置其相对于舞台水平居中对齐、垂直居中对齐。按 F8 键，将其转换为图形元件，命名为“SC1-背景”。选中该层的第 200 帧，按 F5 键，插入普通帧，如图 1-14 所示。

图 1-14　镜头一背景

（2）添加光线。插入一个新图层，命名为 “SC1-光”。运用矩形工具绘制一个适当大小、无边框的矩形。按 Shift+F9 组合键，打开颜色面板，为其填充白色到白色透明的线性渐变色，如图 1-15 所示。选中该层的第 200 帧，按 F5 键，插入普通帧。

图 1-15　绘制单个光线

（3）选择渐变变形工具，改变填充色的方向及范围，如图 1-16 所示。

（4）复制多个光线，调整其大小及方向，制作光线最终效果。按 F8 键，将其转换为图形元件，命名为“SC1-光”，效果如图 1-17 所示。

图 1-16　改变光线填充色的方向及范围

图 1-17　“SC1-光”效果

（5）设置背景淡入效果。选中“SC1-背景”层的第 10 帧，按 F6 键，插入关键帧。选中第 1 帧中的“SC1-背景”图形元件，设置其颜色样式的 Alpha 值为 0%。选中第 1 帧，单击鼠标右键，在弹出的快捷菜单中选择“创建传统补间”命令，效果如图 1-18 所示。

（6）用同样的方法设置“SC1-光”的淡入效果，如图 1-19 所示。

（7）制作文字动画元件。按 Ctrl+F8 组合键，创建一个新的影片剪辑元件，命名为“SC1-

字 1”，如图 1-20 所示。

图 1-18 “SC1-背景”淡入效果

图 1-19 “SC1-光”淡入效果

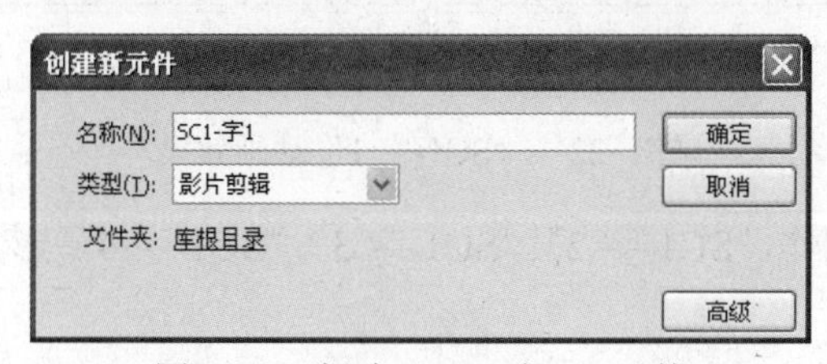

图 1-20 新建“SC1-字 1”元件

（8）选择“文本工具”，输入文字“曾经和你一起”。设置文字字体为方正卡通简体，大小为 18 点，字母间距为 2，颜色为#339900。设置“和你”两个字的颜色为#FF6600，如图 1-21 所示。

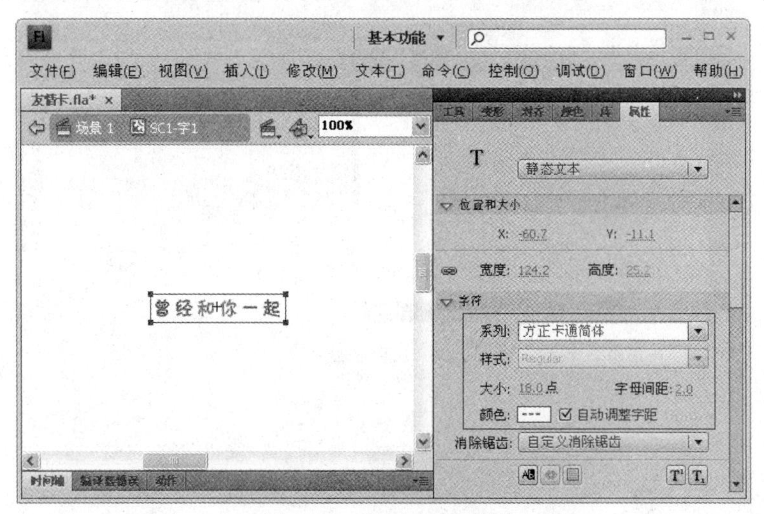

图 1-21　设置文字属性

（9）选中文字，按 Ctrl+B 组合键一次，将文字分离为单个字。选中文字层的第 3 帧，按 F6 键插入关键帧。选中第 1 帧中的第 1 个字，按↑键，将文字向上移动 1 像素；将第 2 个字向下移动 1 像素，将第 3 个字向上移动 1 像素，以此类推。选中第 3 帧中的第 1 个字，按↓键，将文字向下移动 1 像素；将第 2 个字向上移动 1 像素，将第 3 个字向下移动 1 像素，以此类推。最后选择两个关键帧中的文字，再次按 Ctrl+B 组合键将其分离为填充，做文字变形的细微调整，完成文字的动画效果，如图 1-22 所示。

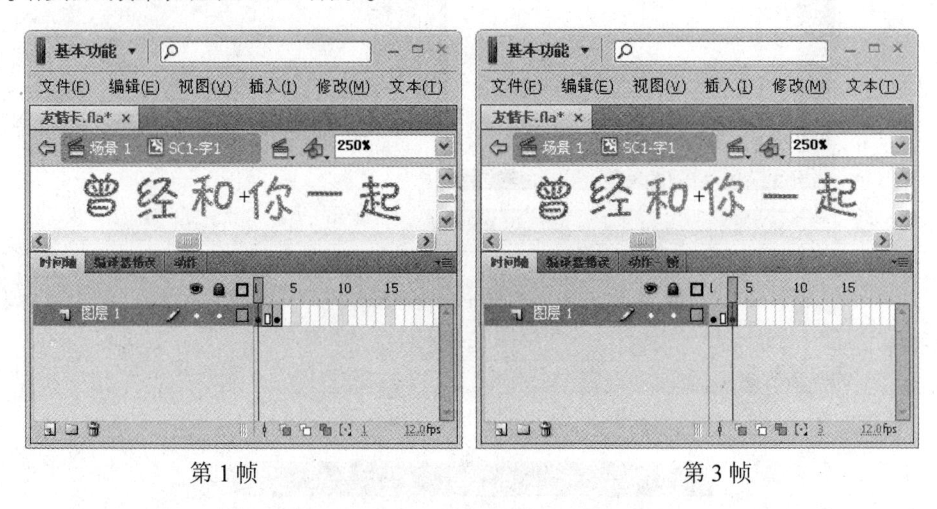

第 1 帧　　　　第 3 帧

图 1-22　“SC1-字 1”动画效果

（10）用相同的方法制作“SC1-字 2”“SC1-字 3”“SC1-字 4”影片剪辑元件，如图 1-23、图 1-24、图 1-25 所示。

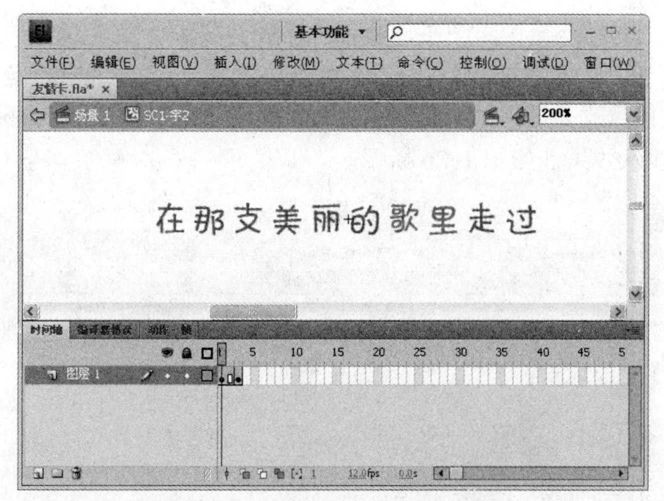

图 1-23 “SC1-字 2”动画效果

图 1-24 “SC1-字 3”动画效果

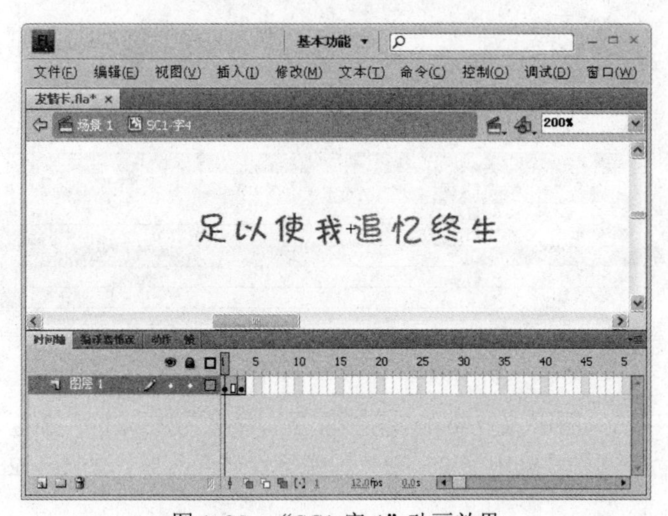

图 1-25 “SC1-字 4”动画效果

（11）在背景层上方插入一个新图层，命名为“SC1-字 1”。选中该层的第 9 帧，按 F6 键，插入关键帧，从库中将“SC1-字 1”影片剪辑元件拖放到舞台适当的位置。选中该层的第 34 帧，按 F6 键，插入关键帧。改变第 9 帧中元件的位置，设置其颜色样式的 Alpha 值为 0%，创建传统补间，制作文字淡入效果，如图 1-26 所示。

图 1-26　“SC1-字 1”淡入效果

（12）在“SC1-字 1”图层上方插入一个新图层，命名为“SC1-字 2”。用相同的方法在该层的第 47～78 帧之间制作“SC1-字 2”影片剪辑元件淡入效果，如图 1-27 所示。

图 1-27　“SC1-字 2”淡入效果

（13）在“SC1-字 2”图层上方插入一个新图层，命名为“SC1-字 3”。用相同的方法在该层的第 88～112 帧之间制作“SC1-字 3”影片剪辑元件淡入效果，如图 1-28 所示。

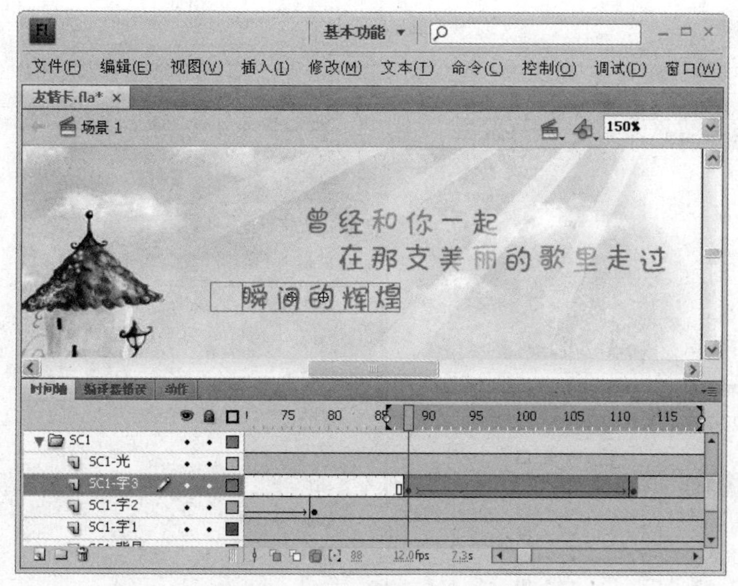

图 1-28 “SC1-字 3”淡入效果

（14）在“SC1-字 3”图层上方插入一个新图层，命名为“SC1-字 4”。用相同的方法在该层的第 130～161 帧之间制作“SC1-字 4”影片剪辑元件淡入效果，如图 1-29 所示。

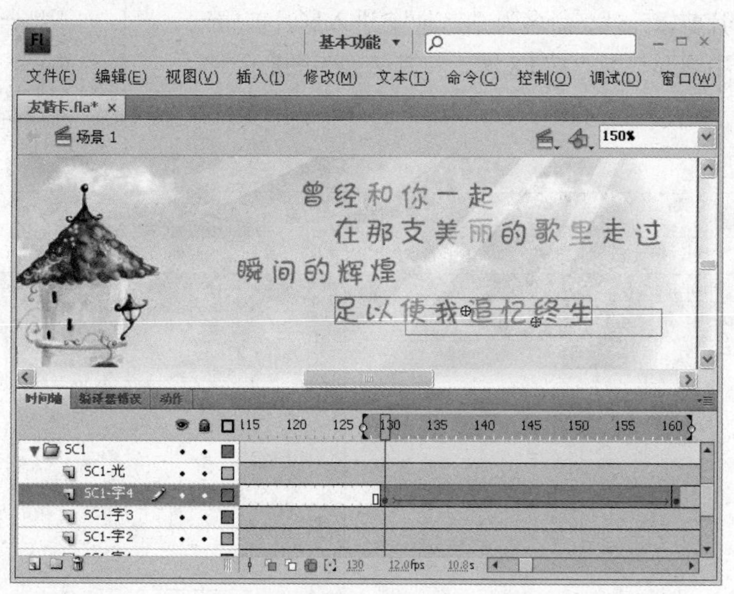

图 1-29 “SC1-字 4”淡入效果

（15）制作气泡上升动画。在“SC1-光”图层上方插入一个新图层，命名为“气泡”。选中该层的第 16 帧，按 F6 键，插入关键帧。选择椭圆工具，在舞台偏下位置绘制一个无边框、填充色为#0098FF、直径为 10 像素的圆，如图 1-30 所示。

（16）选择上面绘制的圆，选择“修改→形状→柔化填充边缘”菜单命令，在弹出的对话框中设置距离为 5 像素，步骤数为 8，方向为扩展，如图 1-31 所示。

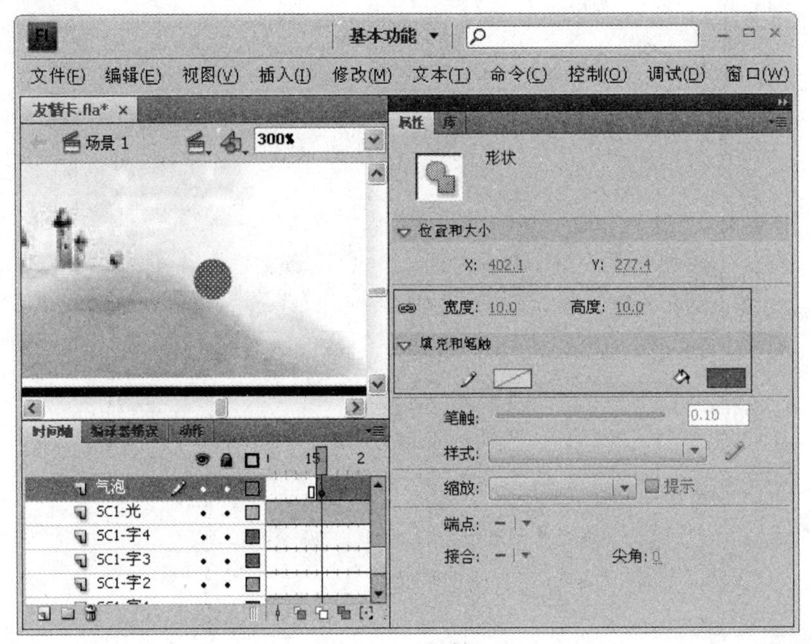

图 1-30 绘制圆

（17）删除原圆形填充部分，选择柔化的边缘图形，按 F8 键将其转换为影片剪辑元件，命名为“气泡”。进入影片剪辑元件编辑状态，选中圆形气泡，按 F8 键，将其转换为图形元件，命名为“泡泡”，如图 1-32 所示。

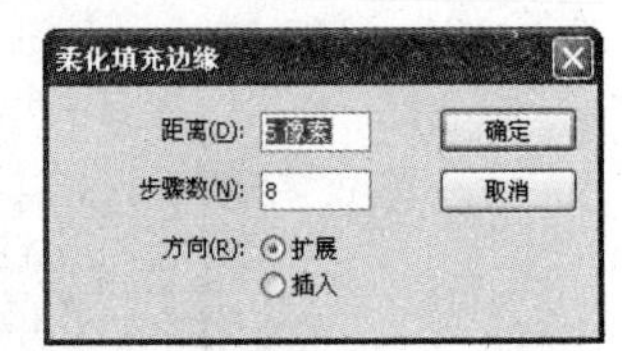

图 1-31 柔化填充边缘

图 1-32 气泡元件

（18）选中图层 1，单击鼠标右键，在弹出的快捷菜单中选择“添加传统运动引导层”命令。

在引导层中，用铅笔工具的平滑模式绘制一条气泡上升的运动轨迹，如图 1-33 所示。

图 1-33　添加运动引导层

（19）选中引导层的第 100 帧，按 F5 键，插入普通帧。选中图层 1 的第 100 帧，按 F6 键，插入关键帧。将第 1 帧中的气泡移到引导线底部，将第 100 帧中的气泡移到引导线的顶部，创建传统补间动画，使气泡沿引导线上升，效果如图 1-34 所示。

图 1-34　气泡元件效果

（20）按 Ctrl+E 组合键，返回场景。选中气泡层的第 200 帧，插入普通帧。插入两个新图层，命名为“气泡”，复制“气泡”层的帧，改变气泡的位置、大小、色调，制作气泡在不同时间上升的动画，如图 1-35 所示。

图 1-35　制作气泡动画

（21）制作镜头一白色淡出效果。在“气泡”图层上方插入一个新图层，命名为“过渡”。选择该层的第 191 帧，按 F6 键插入关键帧。绘制一个无边框、白色、大小为 450 像素×284 像素的矩形。选中该矩形，按 F8 键将其转换为图形元件，命名为“过渡”。选中“过渡”层的第 200 帧，按 F6 键插入关键帧。选中第 191 帧中的矩形，设置其颜色样式的 Alpha 值为 0%，创建传统补间动画，效果如图 1-36 所示。

图 1-36　白色淡出效果

（22）至此完成了镜头一动画的制作，镜头一各层均延续至第 200 帧，时间轴效果如图 1-37 所示。

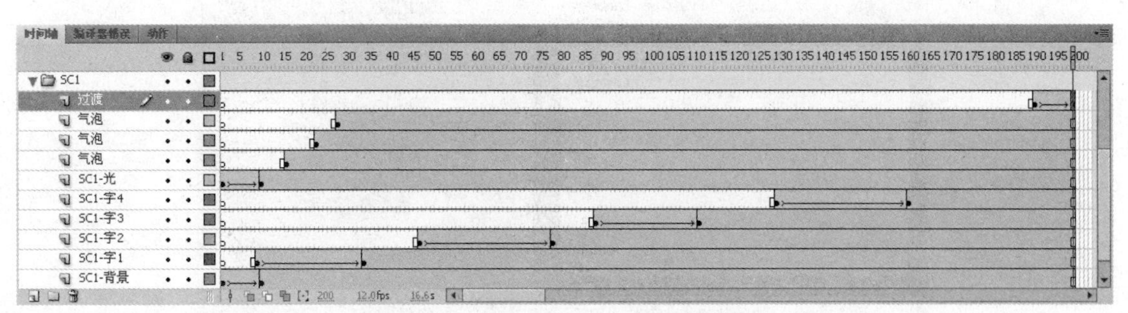

图 1-37　镜头一时间轴效果

三、镜头二——祝福

（1）制作背景。新建一个文件夹，命名为 SC2。插入一个新图层，命名为“SC2-背景”。选中该层的第 198 帧，按 F6 键插入关键帧。将 bg2.jpg 文件拖放到舞台上，调整大小。按 Ctrl+K 组合键打开对齐面板，设置其相对于舞台水平居中对齐、垂直居中对齐。按 F8 键，将其转换为图形元件，命名为“SC2-背景”，如图 1-38 所示。选中该层的第 550 帧，按 F5 键，插入普通帧。

图 1-38　镜头二背景

（2）设置背景淡入效果。选中“SC2-背景”层的第 217 帧，按 F6 键，插入关键帧。选中第 198 帧中的“SC2-背景”图形元件，设置其颜色样式的 Alpha 值为 0%。选中第 198 帧，创建传统补间，效果如图 1-39 所示。

图 1-39　“SC2-背景”淡入效果

（3）制作女孩 1 图形元件。按 Ctrl+F8 组合键，创建一个图形元件，命名为“女孩 1”。运用绘图工具绘制女孩。根据剧本要求，女孩眼睛需要制作动画，故眼睛要单独放在一层，如图 1-40 所示。

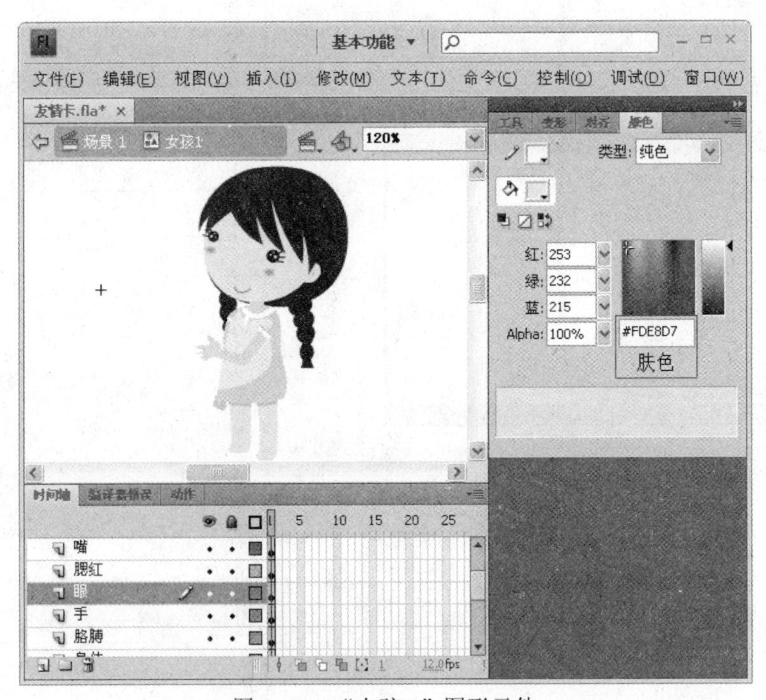

图 1-40　“女孩 1”图形元件

（4）制作女孩 1 眨眼动画。选中女孩 1 的眼睛，按 F8 键，将其转换为影片剪辑元件，命名为“女孩 1-眼”。进入元件编辑状态，将图层 1 命名为“眼睛”，放置眼睛部分；将图层 2 命名为“睫毛”，放置女孩眼睫毛，如图 1-41 所示。

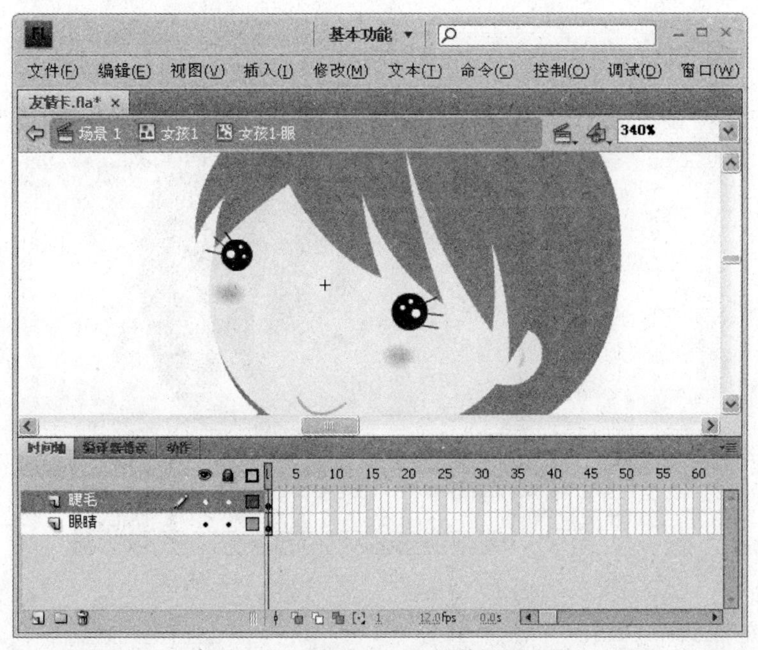

图 1-41 “女孩 1-眼”元件图层分配

（5）分别同时选中“眼睛”与“睫毛”图层的第 30、32、34 帧，按 F6 键，插入关键帧。在第 32 帧处调整眼睛与睫毛的状态，制作闭眼的效果，如图 1-42 所示。

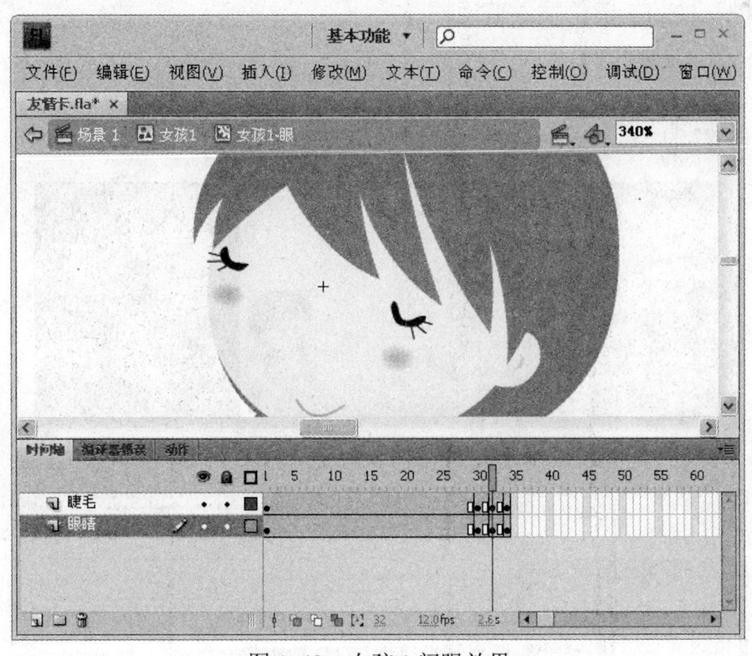

图 1-42 女孩 1 闭眼效果

（6）分别同时选中“眼睛”与“睫毛”图层的第 65、67、69、71、73 帧，按 F6 键，插入关键帧；选中第 74 帧，按 F5 键，插入普通帧。在第 67、71 帧处设置闭眼状态，制作连续眨眼动画，效果如图 1-43 所示。

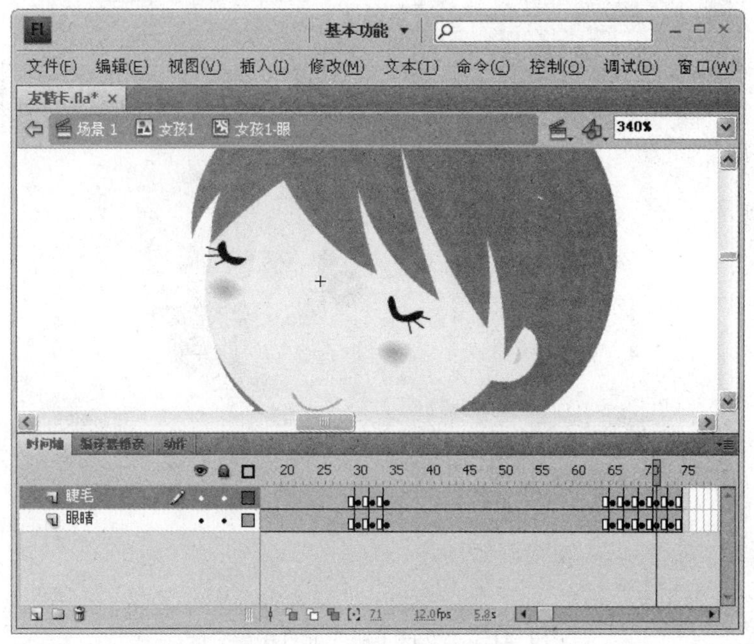

图 1-43　女孩 1 眨眼效果

（7）按 Ctrl+E 组合键，返回场景。在“SC2-背景”图层上方插入一个新图层，命名为“女孩 1”。选中该层的第 226 帧，将“女孩 1”图形元件从库中拖放到舞台上，如图 1-44 所示。选中该层的第 550 帧，按 F5 键，插入普通帧。

图 1-44　将“女孩 1”放入舞台

（8）制作女孩 1 淡入动画。选中女孩 1 图层的第 244 帧，按 F6 键，插入关键帧。调整第

226 帧中女孩 1 的位置和大小，并设置其颜色样式的 Alpha 值为 0%，创建传统补间动画，如图 1-45 所示。

图 1-45 “女孩 1”淡入动画

（9）用同样的方法制作“女孩 2”图形元件，如图 1-46 所示。

图 1-46 “女孩 2”图形元件

（10）用同样的方法制作“女孩 2”眨眼动画，同时选中“眼睛”与“睫毛”图层的第 15、17、19 帧，按 F6 键，插入关键帧；选中第 25 帧，按 F5 键，插入普通帧。在第 17 帧处制作闭眼效果，如图 1-47 所示。

图 1-47　“女孩 2”眨眼动画

（11）按 Ctrl+E 组合键，返回场景。在“女孩 1”图层上方插入一个新图层，命名为“女孩 2”，在该层的第 243～266 帧间制作“女孩 2”淡入动画，如图 1-48 所示。

图 1-48　“女孩 2”淡入动画

（12）制作符号图形元件。分别创建#、$、%、&几种符号的图形元件，用于制作女孩交谈时的话语动画，如图 1-49 所示。

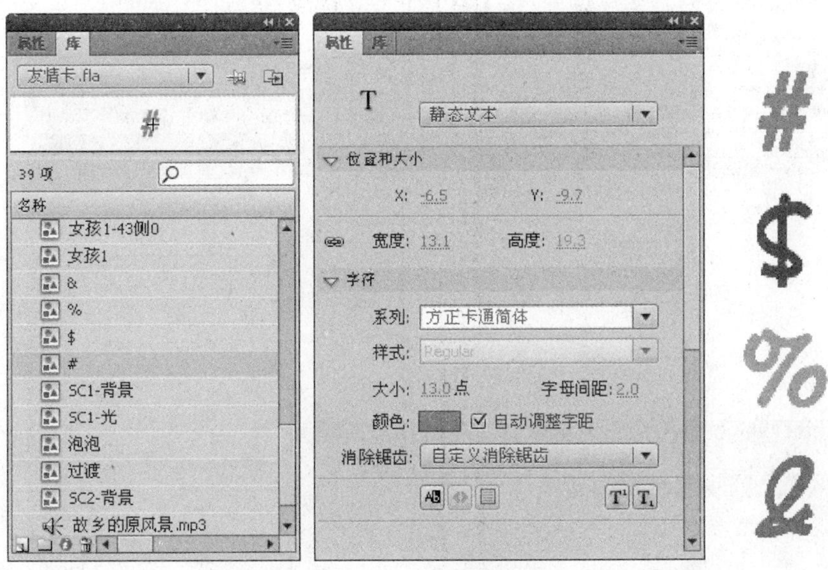

图 1-49　符号图形元件

（13）用与制作泡泡上升动画相同的方法，制作“符号”上升动画影片剪辑元件。符号沿引导线上升，在末帧设置符号元件颜色样式的 Alpha 值为 0%，使符号渐渐变透明，最后消失，如图 1-50 所示。

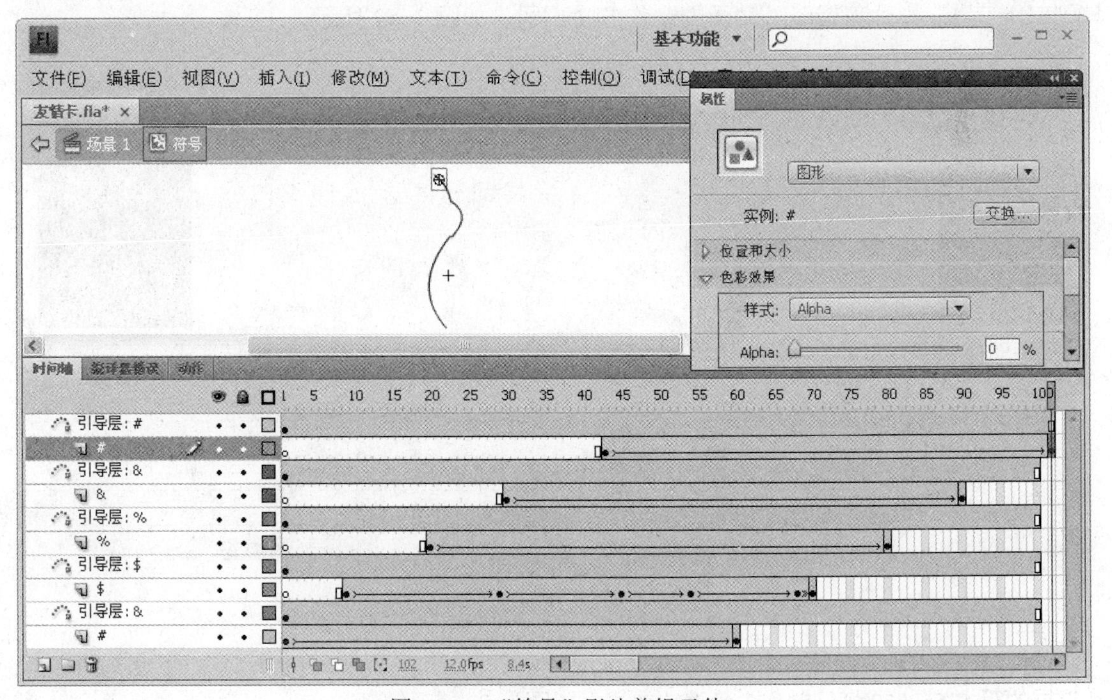

图 1-50　“符号”影片剪辑元件

（14）制作镜头二文字动画元件。分别创建“SC2-字 1”“SC2-字 2”“SC2-字 3”“SC2-字 4”影片剪辑元件，其制作方法与“SC1-字 1”影片剪辑元件的制作方法相同，如图 1–51 所示。

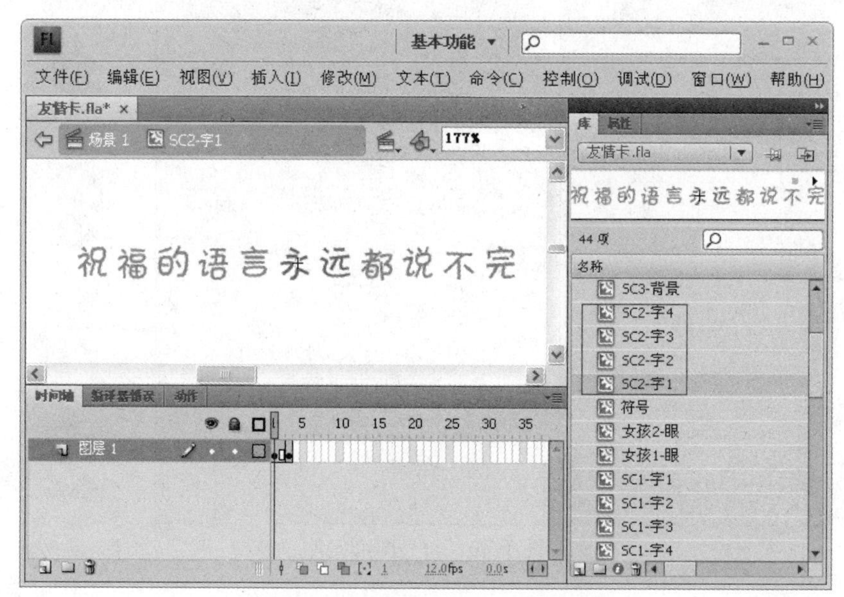

图 1–51　镜头二文字动画元件

（15）制作镜头二文字淡入动画。在“符号”图层上方，插入 4 个图层，分别命名为“SC2-字 1”“SC2-字 2”“SC2-字 3”“SC2-字 4”，分别制作 4 个影片剪辑元件的淡入动画，制作方法与“SC1-字 1”影片剪辑淡入动画的制作方法相同，如图 1–52 所示。

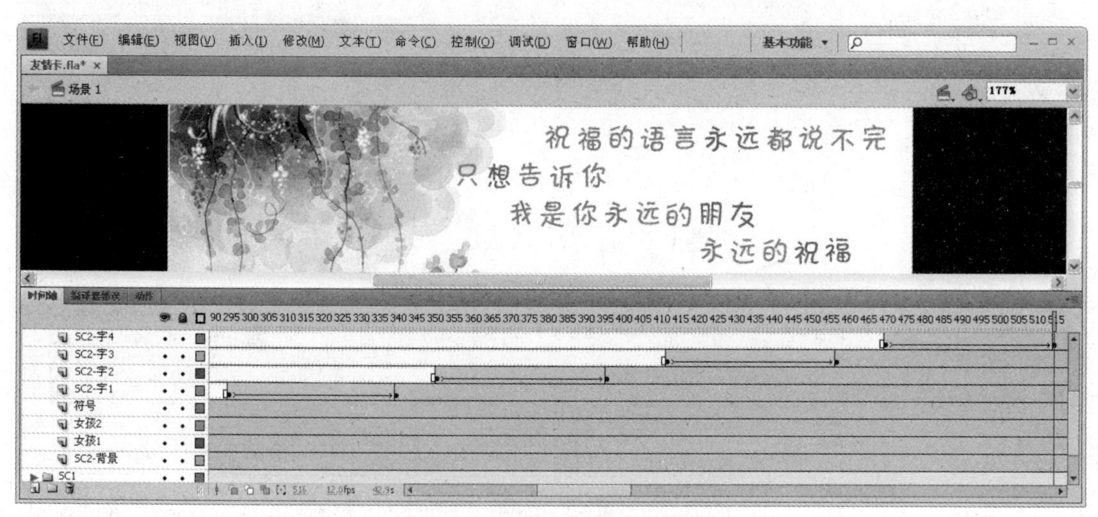

图 1–52　镜头二文字淡入动画

（16）制作镜头二白色淡出效果。在图层“SC2-字 4”上方插入一个新图层，命名为“过渡”，在该层的第 535～550 帧间制作白色淡出效果，如图 1–53 所示。

（17）至此完成了镜头二动画的制作，镜头二各层均延续至第 550 帧，时间轴效果如图 1–54 所示。

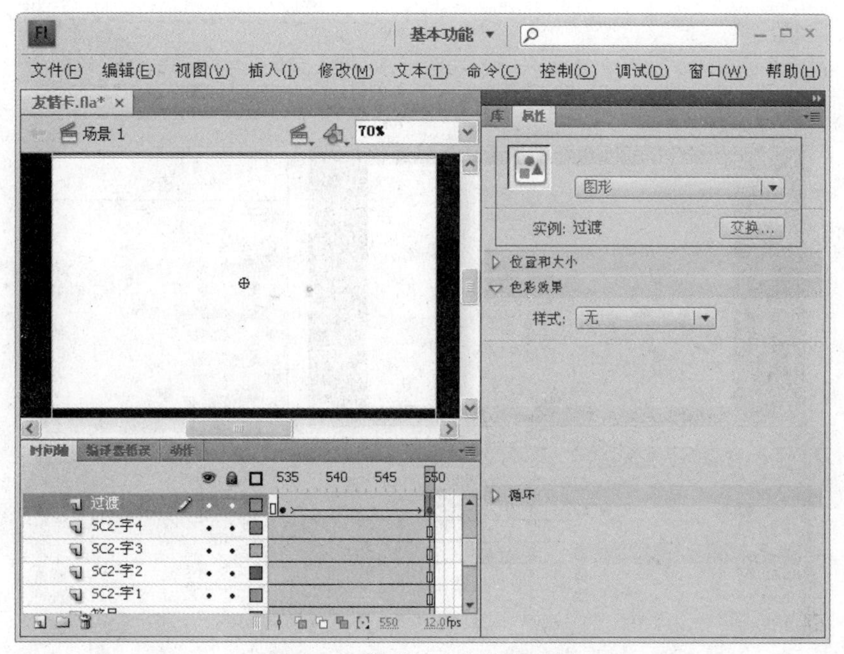

图 1-53　镜头二白色淡出效果

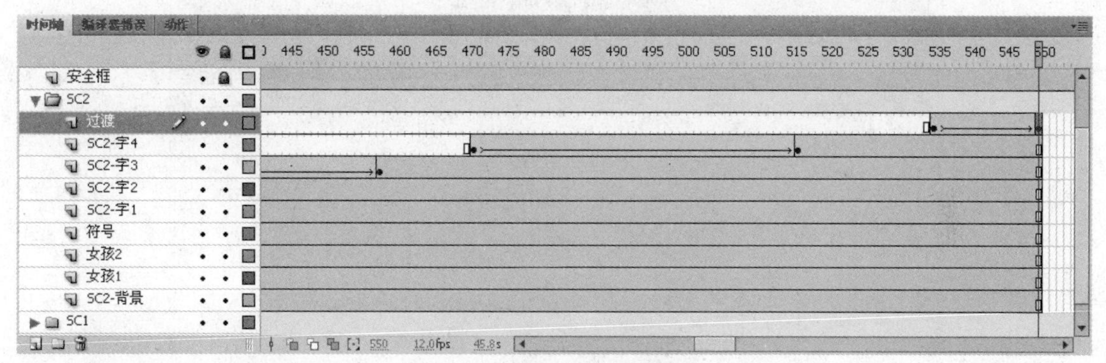

图 1-54　镜头二时间轴效果

四、镜头三——思念

（1）制作背景。新建一个文件夹，命名为 SC3。插入一个新图层，命名为“SC3-背景”。选中该层的第 546 帧，按 F6 键，插入关键帧，如图 1-55 所示。将 bg3.jpg 文件拖放到舞台上，调整大小。按 Ctrl+K 组合键打开对齐面板，设置其相对于舞台水平居中对齐、垂直居中对齐。按 F8 键，将其转换为影片剪辑元件，命名为“SC3-背景”。选中该层的第 820 帧，按 F5 键，插入普通帧。

（2）制作背景水面动画。双击“SC3-背景”影片剪辑元件，进入其编辑状态。选中图层 1 的第 70 帧，按 F5 键，插入普通帧，如图 1-56 所示。插入图层 2，复制图层 1 中的帧，选中背景图片，按 Ctrl+B 组合键，将图片分离，运用橡皮擦工具，擦去除水面的其他部分。

图 1-55　镜头三背景

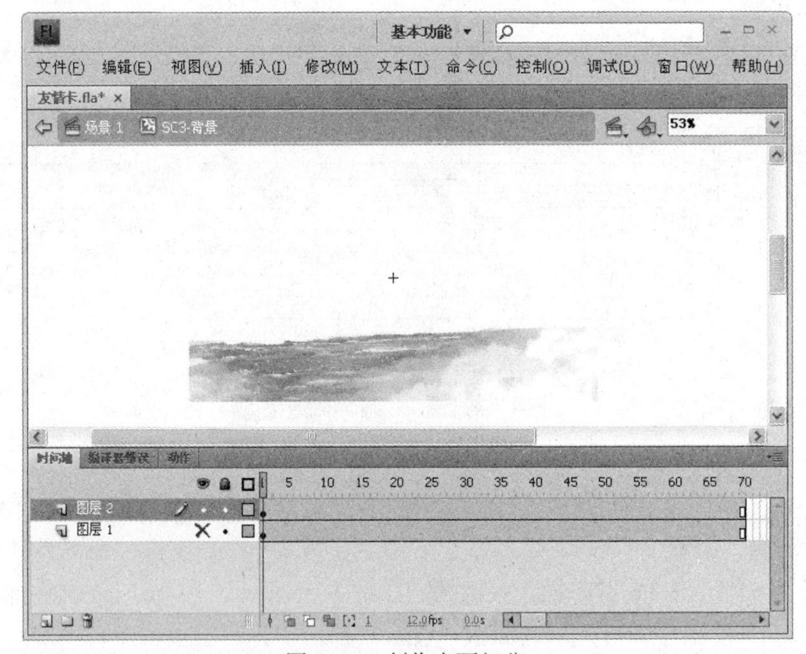

图 1-56　制作水面部分

（3）将上面的水面向上移动 2 像素。插入图层 3，使用矩形工具绘制如图 1-57 所示的矩形纹效果。

（4）选中上面绘制的矩形纹，按 F8 键，将其转换为图形元件，命名为“水波”。使其底部与背景底部对齐。选中该层的第 70 帧，按 F6 键，插入关键帧，将水波下移，使其顶部与水面对齐，创建传统补间动画，如图 1-58 所示。

图 1-57　矩形纹效果

图 1-58　水波的制作

（5）选择图层 3，单击鼠标右键，在弹出的快捷菜单中选择“遮罩层”命令，完成水面波动动画，如图 1-59 所示。

（6）设置背景淡入效果。选中“SC3-背景”层的第 559 帧，按 F6 键，插入关键帧，并将该帧中的“SC3-背景”影片剪辑元件向左移动适当距离。选中第 546 帧中的“SC3-背景”影片剪辑元件，设置其颜色样式的 Alpha 值为 0%，创建传统补间，效果如图 1-60 所示。

图 1-59　水面波动动画

图 1-60　“SC3-背景”淡入效果

（7）在“SC3-背景”图层上方插入一个新图层，命名为“SC3-光”，用与制作“SC1-光”元件相同的方法制作“SC3-光”图形元件。用与制作“SC1-光”元件淡出的相同的方法，在第546～559帧间制作“SC3-光”图形元件的淡入动画，效果如图 1-61 所示。

（8）制作“女孩 1-正面船”图形元件。用与制作“女孩 1”图形元件相同的方法，制作“女孩 1-正面船”图形元件，如图 1-62 所示。

图 1-61　“SC3-光”淡入效果

图 1-62　“女孩 1-正面船”图形元件

（9）制作“女孩 1-正面船”图形元件中女孩 1 的眨眼动画，如图 1-63 所示。

（10）制作花瓣元件。制作“SC3-花瓣 1”与“SC3-花瓣 2”图形元件，如图 1-64 所示。

（11）制作“SC3-女孩船”影片剪辑元件。按 Ctrl+F8 组合键，创建一个新的影片剪辑元件，命名为“SC3-女孩船”。将“女孩 1-正面船”图形元件拖放到舞台上，分别选中第 7、8、9、15 帧，按 F6 键，插入关键帧，将第 7、9 帧中的元件向上移动 2 像素，将第 8 帧中的元件向右移 1 像素。分别选中第 1、9 帧，创建传统补间动画，复制图层 1 中的帧，粘贴 6 次，完成船随水波起伏的动画，如图 1-65 所示。

图 1-63　女孩 1 的眨眼动画

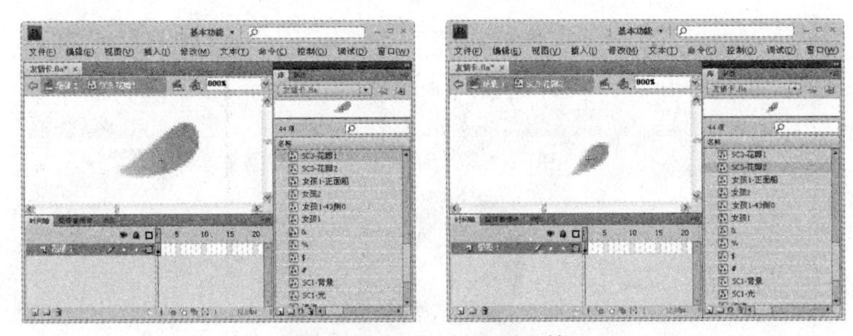

图 1-64　花瓣图形元件

图 1-65　船起伏动画

（12）制作花瓣飞舞动画。在“SC3-女孩船”影片剪辑元件图层 1 上方插入新图层，分别制作“SC3-花瓣 1”与“SC3-花瓣 2”花瓣飞舞的 105 帧动画，如图 1-66 所示。

图 1-66 花瓣飞舞动画

（13）在“SC3-背景”图层的上方插入一个新图层，命名为“SC3-女孩船”。选中该层的第 560 帧，从库中将“SC3-女孩船”影片剪辑元件拖放到舞台上。选中该层的第 584 帧，按 F6 键，插入关键帧，调整第 560 帧中元件的大小、位置，并设置其颜色样式的 Alpha 值为 0%，制作小船从右侧淡入的动画，如图 1-67 所示。

图 1-67 小船淡入动画

（14）选中“SC3-女孩船”层的第 681 帧，调整小船的位置及大小，制作小船驶入海面中间的动画，如图 1-68 所示。

图 1-68　小船驶入海面动画

（15）制作镜头三文字动画。镜头三中的文字元件及文字淡入动画制作方法与镜头一相同，在此不再赘述，如图 1-69 所示。

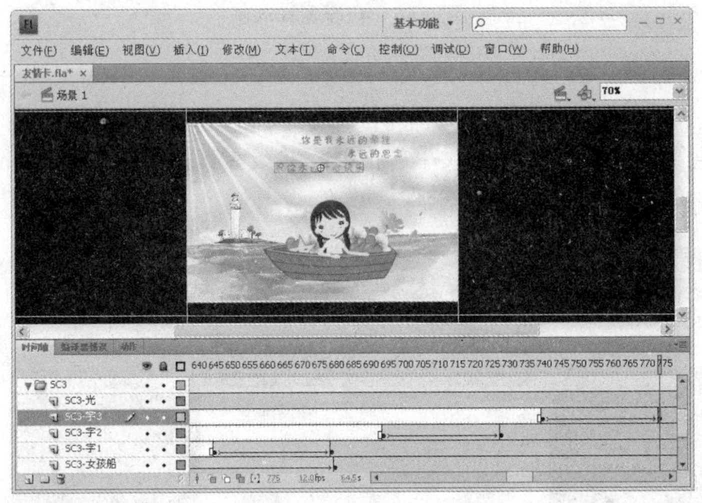

图 1-69　镜头三文字动画

（16）至此完成了镜头三动画的制作，镜头三各层均延续至第 820 帧，时间轴效果如图 1-70 所示。

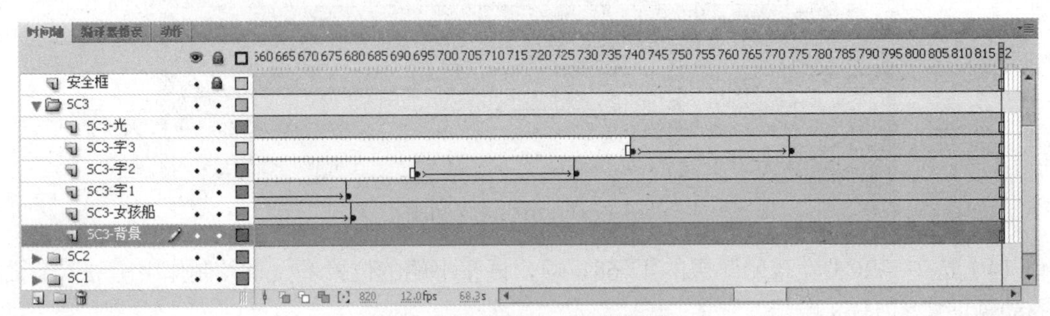

图 1-70　镜头三时间轴效果

五、动画收尾部分

（1）添加动画到结尾停止脚本。在安全框图层的上方插入一个新图层，命名为 Action。选中该层的第 820 帧，按 F6 键，插入关键帧。按 F9 键，打开“动作-帧”面板，添加脚本：

```
stop();
```

如图 1-71 所示。

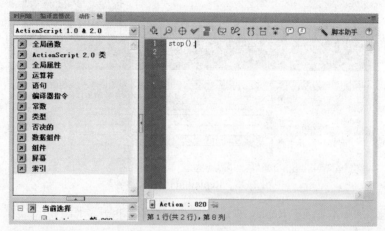

图 1-71　添加停止脚本

（2）制作 Replay 按钮。按 Ctrl+F8 组合键，创建一个按钮元件，命名为 Replay，如图 1-72 所示。

图 1-72　Replay 按钮

（3）制作 Replay 动画。在安全框图层的上方插入一个新图层，命名为 Replay。选中该层的第 800 帧，按 F6 键，插入关键帧。将 Replay 按钮元件从库中拖放到舞台右下方。选中该层的第 820 帧，按 F6 键，插入关键帧。设置第 800 帧中按钮元件颜色样式的 Alpha 值为 0%，创建传统补间动画，制作按钮淡入动画，如图 1-73 所示。

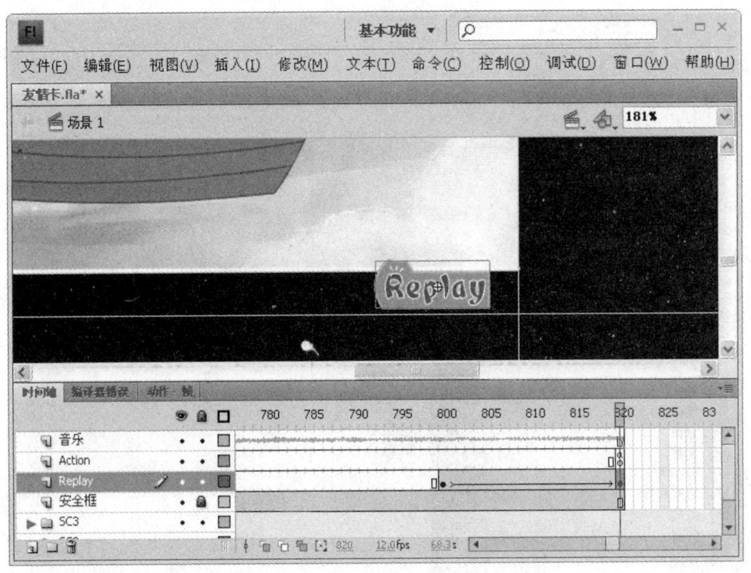

图 1-73　Replay 按钮淡入动画

（4）为按钮添加脚本。选中 Replay 按钮元件，按 F9 键，打开动作-按钮面板，添加如下脚本：

```
on (release){
        stopAllSounds();
        gotoAndPlay(1);
}
```

如图 1-74 所示。

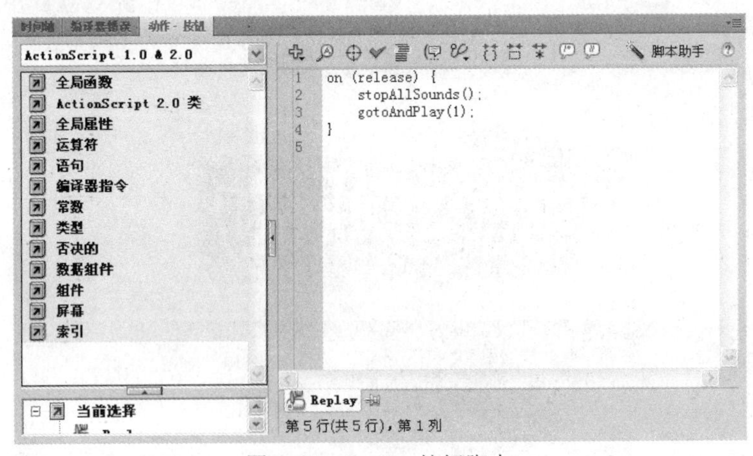

图 1-74　Replay 按钮脚本

任务五　文件优化及发布

（1）选择“控制→测试影片→测试”菜单命令（或使用 Ctrl+Enter 组合键）打开播放器窗口，即可观看到动画，如图 1-75 所示。

图 1-75 测试影片

（2）选择“文件→导出→导出影片”菜单命令，弹出“导出影片”对话框，在“文件名”组合框中输入“友情卡”，保存类型选取“SWF 影片（*.swf）”，然后单击“保存”按钮进行保存即可，如图 1-76 所示。

图 1-76 保存影片

拓展项目——爱情卡

项目任务

设计制作一张爱情卡。

客户要求

以“思念”为主题，设计一张大小为 450 像素 × 300 像素的卡片，寄托对恋人的关怀与思念。

关键技术

- 情景交融处理技法。
- 动画节奏及时间控制。

参考效果图

参考效果图如图 1-77 所示。

图 1-77　爱情卡参考效果图

项目二

Flash 楼盘广告

学习目标

- 掌握二维动画项目开发的一般流程。
- 熟悉 Flash CS4 软件的工作环境。
- 能够熟悉使用 Flash 动画技术制作动画。

知识链接

一、Flash 广告设计要素

网络广告的兴起与发展给中国广告界带来了新的希望，利用 Flash 软件设计和制作网络广告有如下 4 个要素。

1. 内容与形式的统一

信息准确传达是广告重要的目的，形式与内容的统一是创意设计的出发点，在此前提下，应寻找创意的突破口，达到既合情合理，又出人意料的效果。内容与形式的统一包括信息载体的选择与信息内容的统一、色彩与内容的统一及字体与内容的统一等。

信息符号是传达信息的载体，选择是否适当，是否易于识别和理解，直接关系到视觉对信息的理解程度及信息能否快速准确的传达。作为传达信息的信息符号，选择时应考虑到对象的多样性和对信息广泛理解的要求，可以采用一般常识性视觉经验。常识性视觉经验较少受到时间、空间的限制，有助于信息的传达与沟通，例如冰块带来的凉爽感觉、和平鸽的和平含义、红十字的博爱精神。

色彩作为视觉信息传达的重要因素，在传递信息的同时还能够有力地表达情感，能够隐性地对人们的情绪、精神和行动产生一定程度的影响。创作者在确立广告片的基调后，美工依据基调选择最能表现和深化主题的色彩设计风格。恰当的色彩设计风格能够渲染气氛，进而打动受众。比如，某网站的片头广告的整体色彩设计就是以四川汉代画像砖与画像石中的风格为基调，使整个影片显示出浓郁的民族风格和民族色彩，既古朴又大方，既典雅又浑厚，既含蓄又鲜明，既有古代艺术氛围又有现代设计手法，画面古拙而精练，朴素却不失华丽。

信息符号的运用如图 2-1 所示。

图 2-1　信息符号的运用

2. 动画的节奏控制

Flash 动画的时间要用每秒钟内播放的帧数来衡量。要正确地设置时间，需要先分析浏览者的心理，了解浏览者接受或消化一个信息所需要的时间，了解使观众厌倦、注意力转移所需要的时间。例如，以儿童为受众的广告大多动画节奏较慢，画面元素易于识别，动作简单，以便于儿童对商品的理解。成人的视觉经验丰富，理解能力强，对信息的接受较快，广告的内容可以间接地反映给他们，播放节奏可以偏快。

Flash 动画在结构上要有明显的过渡，为了不使动画成为流水账，需要使动画有节奏感，画面上的动态元素要有层次感。也就是说，画面转换的时间及对象运动速度要快慢适度。动画节奏太慢会分散浏览者的注意力，浏览者找不到新的兴奋点，自然会关掉广告，那么广告就失去了原有的宣传作用；动画节奏若是太快，浏览者看不清广告的内容及信息，同样，设计也是失败的。其次，广告页面上的动点要适度，一个画面上的动态元素太多，页面就会凌乱，甚至找不到视觉重点，浏览者看过后印象不深刻；动态元素太少，页面就会显得生硬，动画就失去了“动”的性质。例如，Flash 商业广告中用于表现节奏悠扬舒缓的动画，元素的动态效果多采用移动、淡入淡出、条形遮罩、单线条等表现方式；如果节奏紧张、快捷，则多采用闪动、高速位移、旋转、耀眼光芒等表现方式。效果没有定式，要不断学习优秀作品的精髓，但也要有原创的东西。

3. 添加音乐与音效

画面是广告的重要表现手段，同样，声音也是如此。广告中的声音主要传递产品的质感。音效声音进入画面可以加强画面内容，使画面上的视觉形象更加生动。声音可以交代内容，还可以表现动作，代表动作。声音具有结构的功能，起到桥梁的作用，使画面连接流畅。通过渲染声音、刻画人物的心态，有利于烘托环境气氛，使静止的画面活动起来。在进行广告片的动画构思和视听元素综合处理时，绝不能顾此失彼。既不能抛开声音，单纯地考虑画面与画面的组合，也不能抛开画面，单纯地考虑声音与声音的组合，而应该把握整体，驾驭全局，各种组合统筹安排。只有这样，才能制作出较高的艺术作品。

4. 互动性是网络广告设计创意的关键

在网络广告中，商业性、技术性含量高的互动 Flash 动画形式已成为设计的新宠，成为一种新型的广告信息传播模式。Flash 广告设计的创意魅力在于允许调动生活中的一切元素，不仅是视觉、听觉这些元素，还有在广告形式上通过整合而制造的新互动。好的网络广告不仅收获的是一个用户的体验，更是唤起该用户发动身边好友去共同感受。阿里巴巴副总裁江志强认为，现在网络广告的创意早已从广告本身转移到广告与受众的互动，甚至受众对广告内容的创造上来。三四年前，在对网络广告设计进行创意时，看的只是创意本身，很少会去考虑这个创意与受众行为、受众体验之间的关联。但现在及未来网络广告的发展，广告主应该把主动权交给浏览者，这样才能充分利用网络的优势与潜能，把网络广告的价值发挥到最大。

随着互联网络的进一步发展，以及网络技术应用的进一步成熟，将会有更多的个人和企业接受网络广告的跨时空、跨地域、多维展示、双向沟通的超凡魅力。网络广告视觉表现的逐步增强，也将使网络广告成为一种具有艺术性、审美性和巨大商业潜力的现代广告形式。

二、色彩在2D动画中的应用

“色彩是生命，因为一个没有色彩的世界，我们看起来就像死的一般”，这是著名色彩学家约翰内斯·伊顿说过的话。我们的世界是一个绚丽多彩的世界，那是我们的眼睛能感知光线，阳光不仅仅给自然界带来生命，同时也给我们带来五彩缤纷的世界。色感的关键在于光，从光源发出来的光，由于其中所包含的各波长的光在比例上有强弱，从而表现成各种各样的色彩。

1. 色彩三要素

1）明度

明度是指色彩的明暗程度。从光色的性质及二者的关系来看，色彩的明度来自光波中振幅的大小，一是颜色本身的明度，二是同一色相上的颜色的不同明度，三是颜色由于光照的强弱变化而产生的不同明暗的变化。

2）色相

色相，是指色彩的相貌。色相是色彩的首要特征，是区别各种不同色彩的标准。从光的角度来说，色相的差别是由于光波的长短所产生的。即使是同一类的颜色也能分为几种色相。在客观世界当中，由于物体质地的区别、色彩的明暗变化、环境的不同影响，加之空间环境各种因素的作用，形成的色相是非常多的。

3）纯度

颜色的鲜灰程度即为纯度，也是色彩中色素的饱和度。在颜色中，红、绿、蓝三原色为纯度最高的颜色，而接近黑、白、灰的色为纯度最低的颜色。

2. 色彩的表现模式

1）RGB模式

RGB模式常用于数码出版印刷及原创设计制作上。红（R）、绿（G）、蓝（B）三色为色光三原色，与基础色光一一对应，一般的电视屏幕或计算机显示器上所显示出来的色彩都是通过RGB色彩模式来实现的。通常，设计师们是采用RGB色彩模式来做设计的。在计算机当中，RGB值的大小指的就是亮度。通常情况下，R、G、B各有256级亮度。

RGB 模式是显示器的物理色彩模式，这就意味着，无论在软件中使用何种色彩模式，只要是在显示器上观看，图像最终是以 RGB 方式显示的。作为一种最基础的色彩模式，它被广泛地运用于数字图像记录和网页设计等方面。

2）CMYK 模式

CMYK 一般用于传统印刷出版。CMYK 中的 K 是指黑色，它是一个很关键的颜色。彩色印刷图像是由 4 种不同的典型印刷油墨印制而成的——青（C）、品红（M）、黄（Y）、黑（K）。黑是四色印刷中不可缺少的，通常在印刷当中起加深图片颜色或者图片阴影的作用。CMYK 色彩模式是一种加色混合模式，必须借助自然光或人造光才能显示出色彩。

在数字图像处理软件中，CMYK 以百分比来表示颜料的含量。其通道的灰度图和 RGB 类似，但两者对明暗的定义有所不同。在 RGB 通道灰度图中，较白表示亮度较高，较黑表示亮度较低；在 CMYK 通道灰度图中，较白表示油墨含量较低，较黑表示油墨含量较高。

3）Lab 模式

Lab 模式是由国际照明委员会于 1976 年公布的一种色彩模式，是建立在 CIE 颜色度量国际标准的基础上的，从理论上说是包括了人眼可见的所有色彩的色彩模式。

Lab 模式弥补了 RGB 与 CMYK 两种色彩模式的不足。从色彩范围上来看，最广的是 Lab 模式，其次是 RGB 模式，最窄的却是 CMYK 模式。就是说，Lab 模式中所包含的色彩最多，能表现其他模式所不能表现出来的色彩，且具有不依赖于设备的独立性。

4）HSB 色彩模式

HSB 色彩模式是以色彩三属性为构架的色彩模式，与艺用色彩学的孟塞尔系统比较接近。对于艺术家或者设计师而言，更加乐于接受直观颜色描述方法。所以，HSB 也称为艺术家色彩模型，它适合消除数字色彩与传统颜色色彩之间的沟通障碍。

3. Flash 广告中色彩的运用

色彩是 Flash 设计中的一个重要因素、一个主要工具。色彩不同的应用方法可有效地传达不同的信息，因此，在网络广告当中，色彩的设计直接影响广告的美观和感染力，成为信息传播的桥梁。

广告中的色彩主要是向消费者传达某种商品信息，因此广告色彩的设计必须考虑消费者的消费心理与接受心理。广告色彩通过不同的色彩语言来传达商品的个性特征，使之更易识别而被消费者接受，因此商品的色彩有着特殊的诱导消费的作用。

Flash 广告色彩设计的目的就是为信息服务，色彩是信息表现的手段，或者说色彩本身就是信息。色彩能够激起人们浏览的兴趣及探索的欲望，好的色彩搭配才能够刺激人们想知道下一步的信息。

在 Flash 广告中，颜色会让人感到兴奋和喜悦，这也是人的一种原始本能，这种本能加上各种信息，使人们能够欣赏颜色，感受颜色带给商品的美感，从而评价商品。在网络广告作品当中，有些色彩会给人以甜酸苦辣的味觉感，如蛋糕上的奶油黄色，给人以酥软的感受，容易引起人们的食欲。所以，广告色彩应用要以消费者能理解并乐于接受为前提，设计师还必须观察、总结生活当中的色彩语言，并且避免使用一些消费者禁忌的色彩组合模式。

虽然色彩是设计当中最为重要的组成要素、但色彩本身并不一定等同于设计。设计是一种表达一定诉求的创意活动，其过程包括创意的形成、视觉传达的过程方式和具体的应用等。这就需要使用色彩来表现设计的相关诉求，而并非以纯艺术性的表现为目的，因此，把握好色彩与设计表达的相互关系就显得至关重要。

对于设计，不论作出何种风格的选择，设计师首先要考虑的就是如何在短暂的时间内最大限度地吸引受众视觉注意力，而色彩在这方面恰恰有着卓越显著的功效。设计者经常会遇到这种情况，同样是一些文字与图案，有色彩组合与无色彩组合相比，有色彩组合往往会更加引人注目。色彩会在网络广告中发挥出人意料的作用，展现出神奇的效果，视认性、明视性、可读性、醒目性、识别性、延时感、寒暖、轻重、华丽……

在网络广告色彩设计当中，还要特别注意流行色的发展，并且努力把这种色彩运用到自己的设计作品当中去，使自己的广告作品富有朝气，更加受欢迎。

项目实施——房产广告

任务一　项目策划及剧本编写

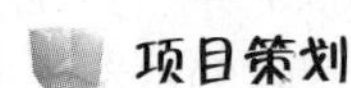

项目策划

本项目是为一个北欧风格的独栋别墅小区设计的、以 Flash 动画为表现形式的房产广告。说起北欧风格，很多消费者都知道这种风格简洁、现代，符合年轻人的口味。但什么是原汁原味的北欧风格，许多人却说不出个所以然。所谓北欧风格，是指欧洲北部五国挪威、丹麦、瑞典、芬兰和冰岛的房屋设计风格。由于这 5 个国家靠近北极，气候寒冷，森林资源丰富，因此形成了独特的房屋建筑风格。为了有利于室内保温，北欧人在进行室内装修时大量使用隔热性能好的木材，因此，在北欧的室内装饰风格中，木材占有很重要的地位。北欧风格的居室中使用的木材基本上都是未经精细加工的原木，这种木材最大限度地保留了木材的原始色彩和质感，有很独特的装饰效果。为了防止过重的积雪压塌房顶，北欧的建筑都以尖顶、坡顶为主。

北欧风格以简洁著称于世，并影响到后来的“极简主义”“后现代”等风格。北欧地区由于地处北极圈附近，气候非常寒冷，有些地方还会出现长达半年之久的“极夜”，因此，北欧人在家居色彩的选择上，经常会使用那些鲜艳的纯色，而且面积较大。随着生活水平的提高，在 20 世纪初，北欧人也开始尝试使用浅色调来装饰房间，这些浅色调往往要和木色来搭配，创造出舒适的居住氛围。北欧风格的另一个特点就是黑白色的使用，黑白色在室内设计中属于“万能色”，可以在任何场合同任何色彩相搭配。但在北欧风格的家庭居室中，黑白色常常作为主色调，或作为重要的点缀色使用。

剧本编写

本项目共有 4 个分镜。

镜头一：片头——片头由楼盘远景、楼盘名称及广告语组成，时长 9s，由曝光效果淡入，与北欧简洁、休闲的风格相辅相成。

镜头二：小区环境——北欧的森林资源丰富，在那里居住的人可以尽情享受阳光、森林、湖水。在这一镜头中重点突出小区绿化面积大，购房者可以感受到大自然的湖光山色，感受宁静致远的心境！

镜头三：室内风格——北欧大多使用浅色调来装饰房间，这些浅色调往往要和木色来搭配，创造出舒适的居住氛围。它以简约、优雅的风格著称，成为很多人追逐时尚的首选。这一镜头注重室内设计的展示，将原生的布艺、皮革和天然的木材配以时尚的色彩和图案元素，使风格更趋明显。

镜头四：结尾动画，落幅定版，主题明确，与整体风格统一。

效果展示

效果展示如图 2-2 所示。

图 2-2　效果展示

任务二　素材准备

依据剧本，本广告项目中使用的一部分图片已由 Photoshop 软件处理，声音元素由 GoldWave 软件进行合成，本项目将这些素材封装在“依林小镇楼盘素材库.fla”文件中，读者在制作的同

时打开此文件即可共享。

准备的素材如图 2-3 所示。

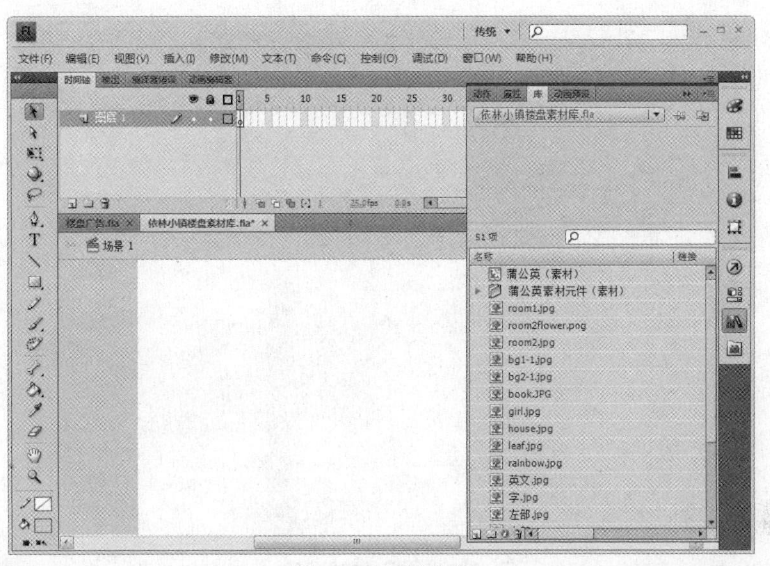

图 2-3　素材准备

任务三　动画制作

一、动画环境设置

（1）新建一个 Flash 影片文件，设置文档大小为 720 像素 × 576 像素、背景颜色为白色、帧频为 25FPS（帧/秒），将文件以“楼盘广告”命名并保存，如图 2-4 所示。

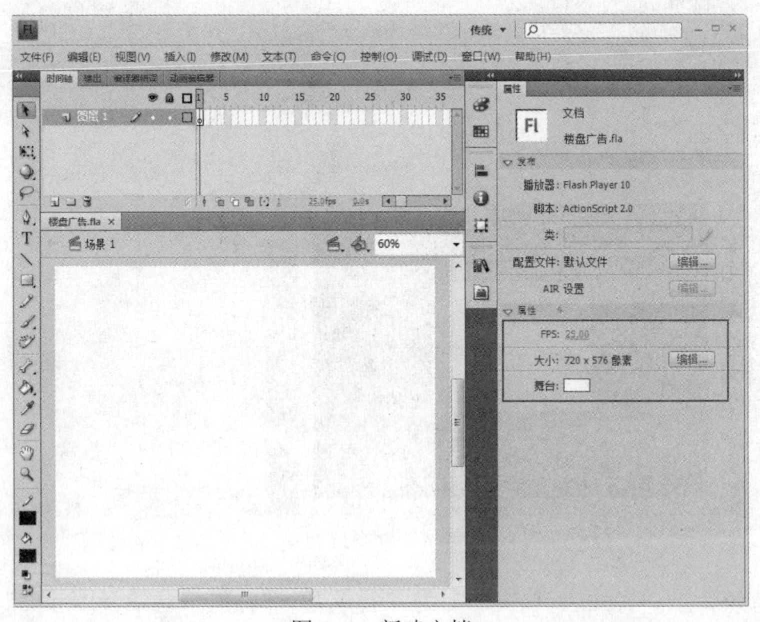

图 2-4　新建文档

（2）按 Ctrl+Alt+Shift+R 组合键，打开标尺，用选择工具为舞台添加辅助线，如图 2-5 所示。

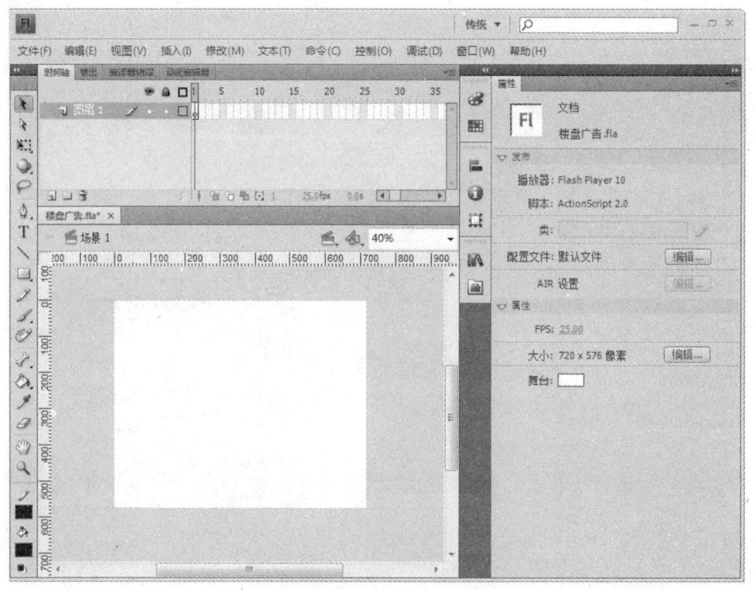

图 2-5　添加辅助线

（3）绘制安全框。插入一个新图层，命名为“安全框”。选中“安全框”层中的第 1 帧，将窗口以 25%的比例显示，绘制一个足够大的矩形，设置边框颜色随意，填充颜色为黑色。选中绘制的矩形，按 Ctrl+K 组合键打开对齐面板，设置相对于舞台水平居中对齐、垂直居中对齐。选中矩形的边线，在对齐面板中设置相对于舞台匹配宽和高，然后在舞台区域双击，选中舞台区域的矩形和边框，按 Delete 键删除，效果如图 2-6 所示。

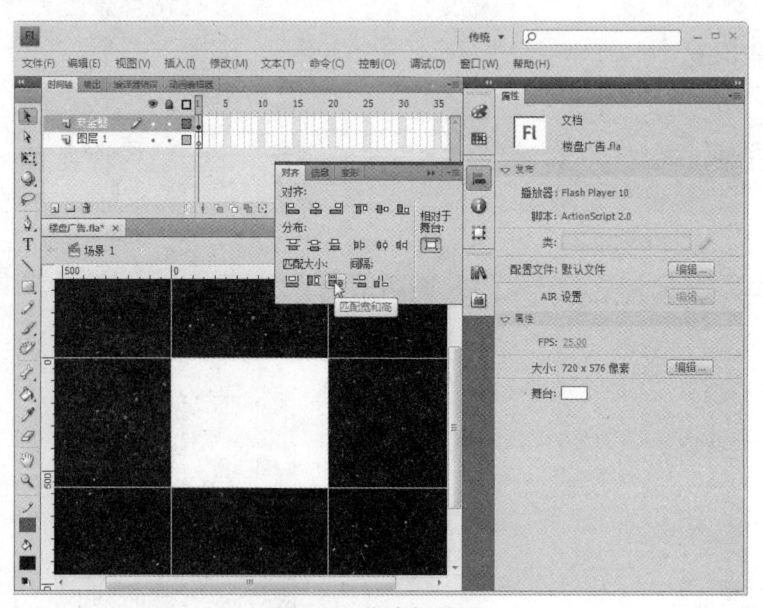

图 2-6　安全框效果

（4）添加背景音乐。将图层 1 重命名为“背景音乐”，将“背景音乐.mp3”文件从库中拖放到舞台上，将同步模式设置为“事件”，重复一次。选中该层的第 1 700 帧，按 F5 键插入普通帧，如图 2-7 所示。

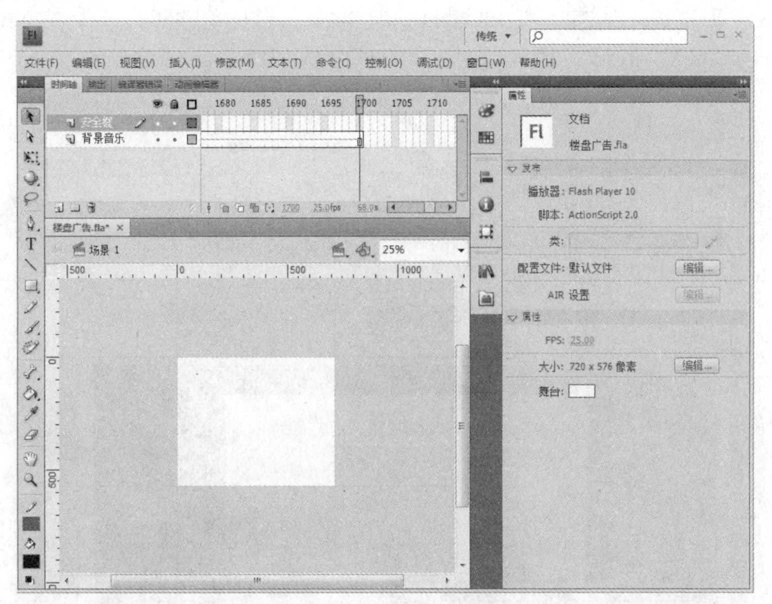

图 2-7　添加背景音乐

（5）绘制宽银幕效果。选中“安全框”层中的第 1 帧，运用矩形工具绘制一个无边框、黑色填充的矩形，大小为 720 像素 × 55 像素。按 Ctrl+K 组合键打开对齐面板，设置其相对于舞台水平居中对齐、垂直顶对齐。将前面的矩形复制一个，设置其相对于舞台水平居中对齐、垂直底对齐，效果如图 2-8 所示。

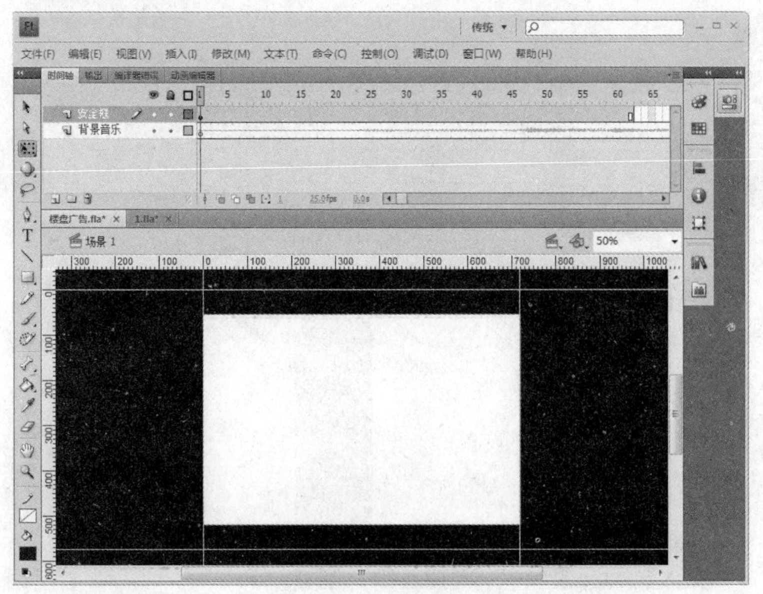

图 2-8　宽银幕效果

二、镜头一——片头

（1）制作背景。新建一个文件夹，命名为 SC1。插入一个新图层，命名为“SC1-背景”。

将 bg1-1.jpg 文件拖放到舞台上，调整大小。按 Ctrl+K 组合键打开对齐面板，设置其相对于舞台水平居中对齐、垂直居中对齐。按 F8 键，将其转换为影片剪辑（以下写成 MC）元件，命名为 bg1-1。选中该层的第 50 帧，按 F6 键，插入关键帧。镜头一背景如图 2-9 所示。

图 2-9　镜头一背景

（2）添加淡入的效果。选中“SC1-背景”层，在第 1 帧上设置 bg1-1 元件的红、绿、蓝均为 100%，设置滤镜的模糊 X、模糊 Y 为 20 像素，如图 2-10 所示。

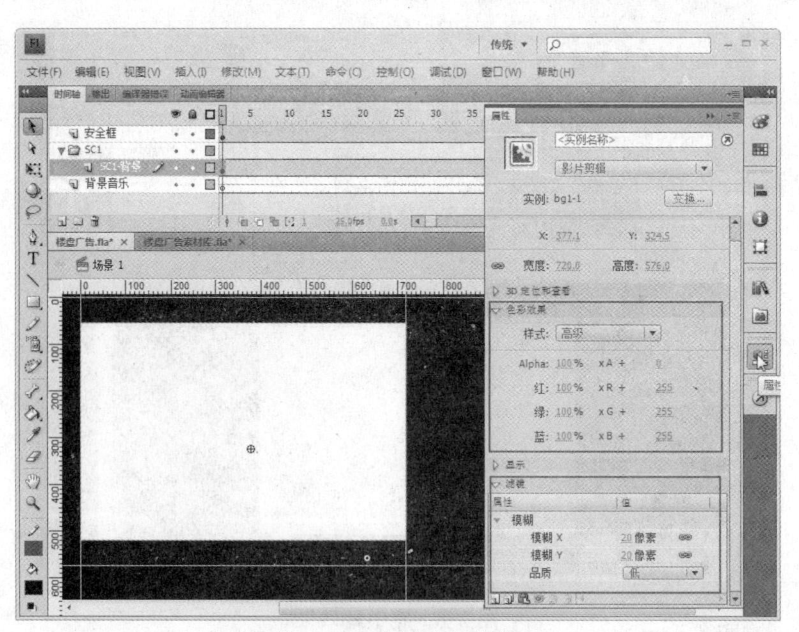

图 2-10　设置淡入参数

（3）选中“SC1-背景”层的第 50 帧，将 bg1-1 元件的模糊 X、模糊 Y 值均设置为 0 像素，在第 1 帧和 50 帧之间创建传统补间动画，如图 2-11 所示。

图 2-11　设置模糊滤镜参数

（4）制作白板。新建一个图层，命名为“白板”，将第 15 帧设置为关键帧，在该帧上绘制一个长 720 像素、宽 428 像素的矩形，填充渐变色，并改变渐变方向，使从上到下的渐变颜色顺序为“白—白—100%透明”，效果如图 2-12 所示。

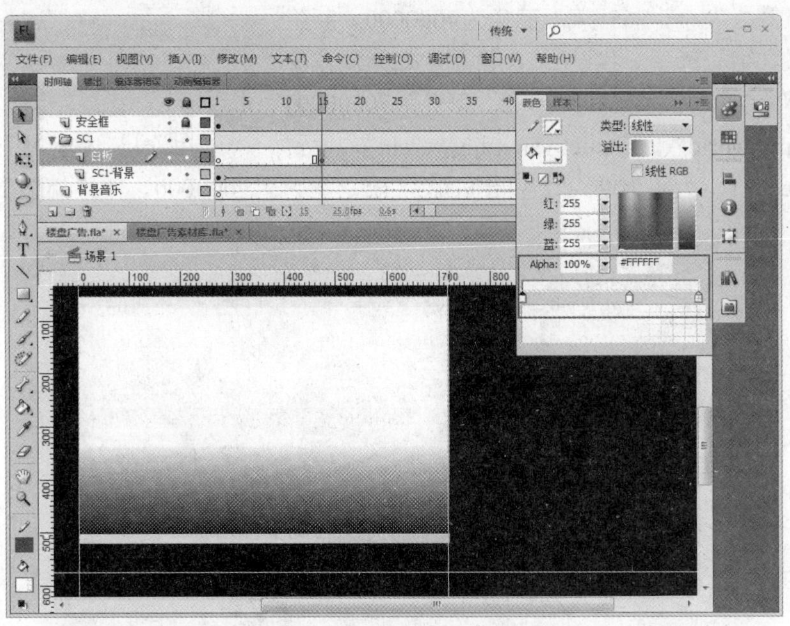

图 2-12　白板渐变效果

（5）选中“白板”层中的白色矩形，按 F8 键，将此矩形转换成图形元件，命名为“白板”，将第 15 帧上的元件向上移动，使其位置在（360，90）。在第 50 帧设置关键帧，并将此帧上的“白板”向上移动至（360，−60）的位置上。在第 15 ~ 65 帧之间创建传统补间动画。淡入效果如图 2-13 所示。

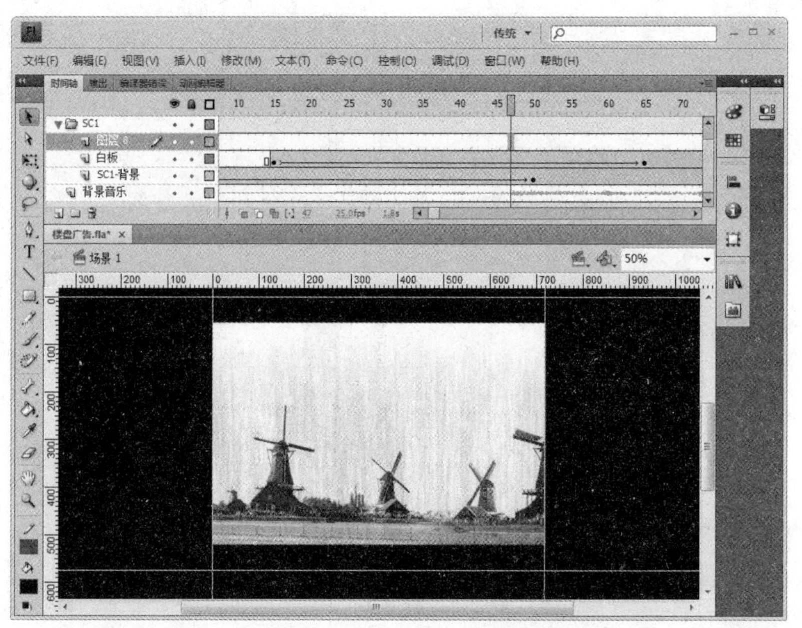

图 2-13 “SC1-背景”淡入效果

（6）制作文字 Logo 动画元件。按 Ctrl+F8 组合键，创建一个新的影片剪辑元件，命名为 SC1-logo，如图 2-14 所示。

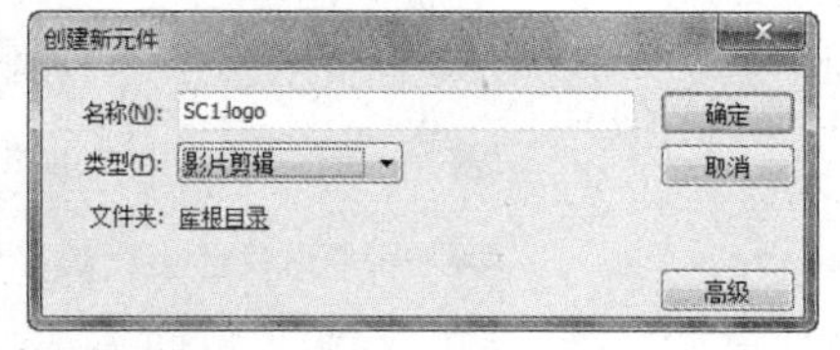

图 2-14 新建 SC1-logo 元件

（7）选择文本工具，输入文字“依林小镇”，设置字体为汉仪王行繁、大小为 65 点、颜色为#000000。新建图层 2，输入文字“尊享 我世界”，设置字体为汉仪中隶书繁、大小为 21 点、字符间距为-2、颜色为#000000。输入“Enjoy my world”、“Geniet van mijn wereld”，设置字体为 Cataneo BT、大小为 9 点、字母间距为 1.5、颜色为#000000，效果如图 2-15 所示。

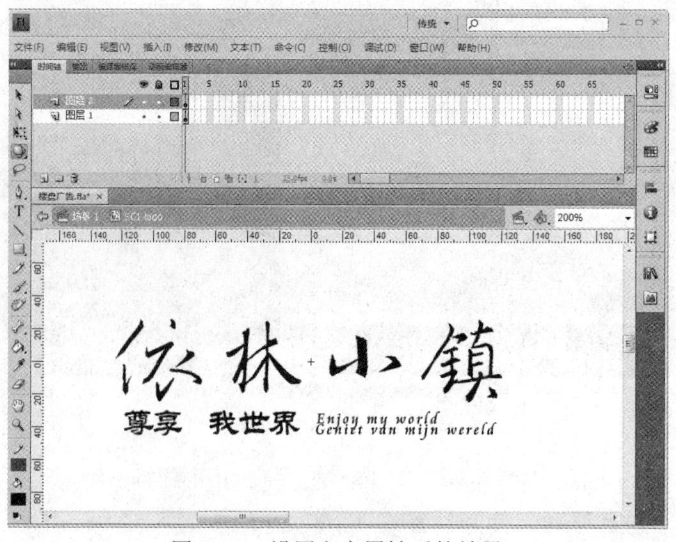

图 2-15 设置文字属性后的效果

（8）制作文字动画效果。隐藏“图层 2”，选中“图层 1”，在该层上方添加“图层 3”，在三层（图层 1、2、3）的第 40 帧插入普通帧。选中图层 3 的第 1 帧，选用喷涂刷工具多次喷涂“依林小镇”文字，选择喷涂出带蓝色边框的形状，按 Ctrl+B 组合键将其打散，如图 2-16 所示。

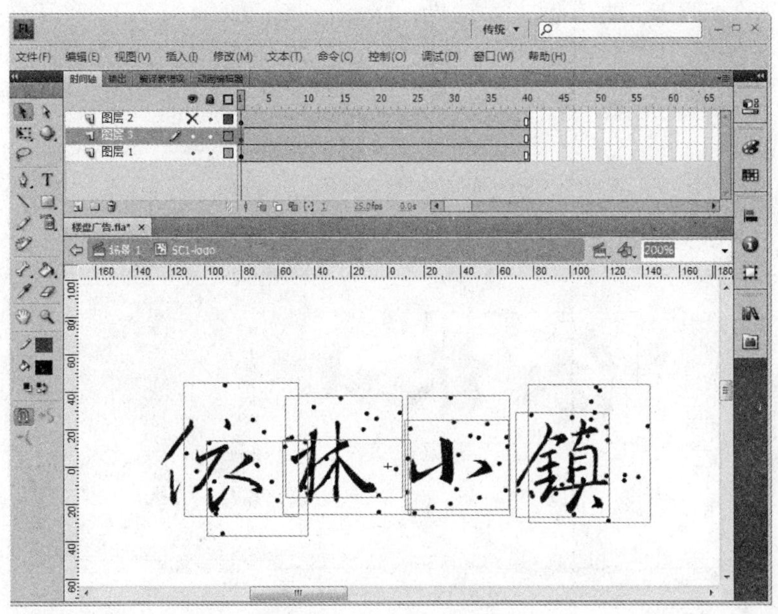

图 2-16　打散文字效果

（9）继续在图层 3 第 3 帧设置关键帧，并使用喷涂刷工具多次喷涂“依林小镇”文字，接着设置第 5 帧为关键帧，并使用喷涂刷工具喷涂“依林小镇”文字。重复以上工作，直至设置多个关键帧，并把“依林小镇”文字覆盖，效果如图 2-17 所示。

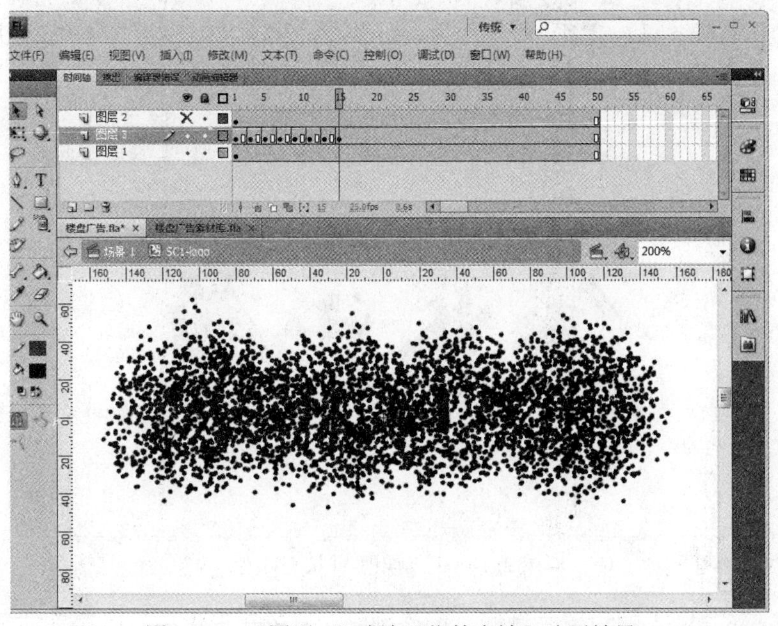

图 2-17　“图层 3”喷涂“依林小镇”动画效果

（10）在图层 3 的第 10 帧按 F7 键，设置空关键帧。在图层 1 的第 10 帧按 F6 键，设置关键帧，为此帧上的文字添加“投影”滤镜，将图层 3 设置为遮罩层，如图 2-18 所示。

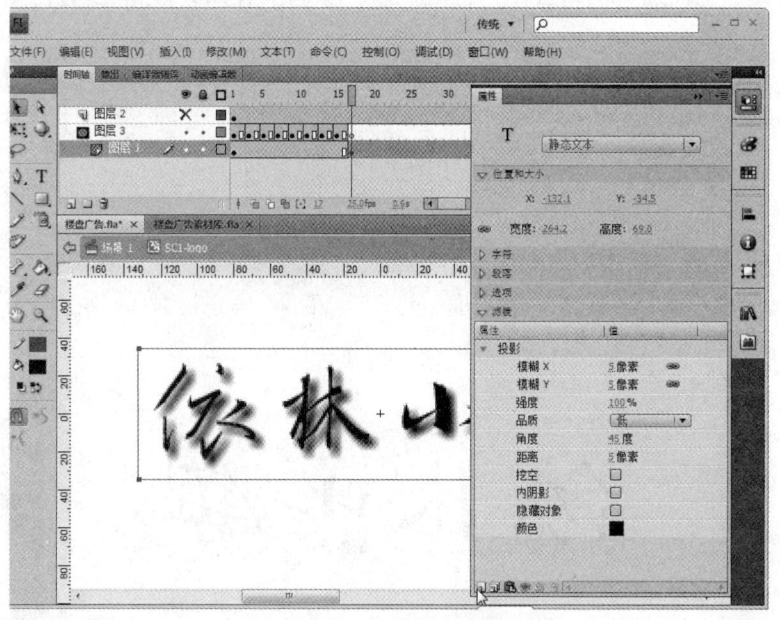

图 2-18　继续设置参数

（11）在图层 2 上方新建图层 4，在该层第 22 帧设置关键帧，绘制矩形，颜色自选，如图 2-19 所示。

图 2-19　绘制矩形并填充颜色

（12）在该层的第 35 帧设置关键帧，调整刚刚绘制的矩形大小，以覆盖住“图层 2”中的文字为准，中间创建形状补间动画，如图 2-20 所示。

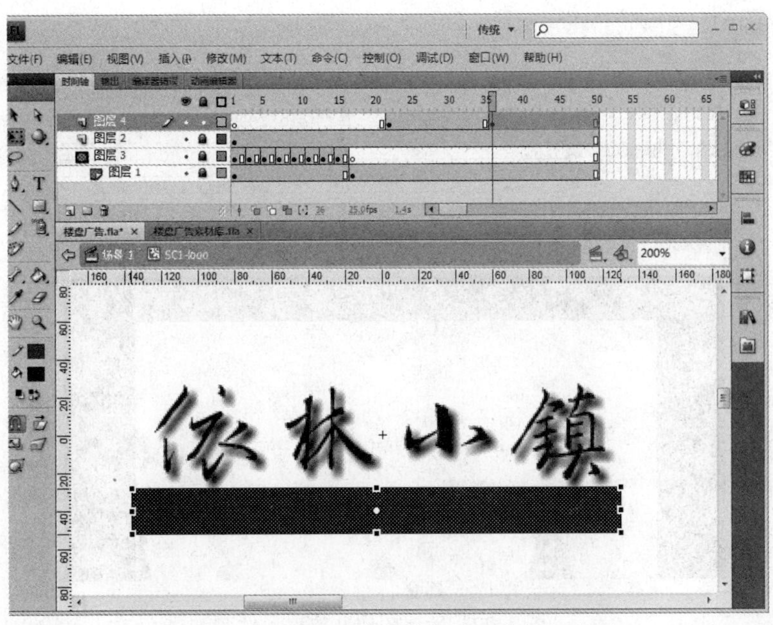

图 2-20 调整矩形大小并创建形状补间动画

（13）将图层 4 设置为遮罩层，设置被遮罩层为图层 3，在此元件的 4 个图层的第 50 帧设置普通帧，将图层 1 的第 50 帧转换为关键帧。按 F9 键，在“动作-帧”面板中输入代码“stop();”，如图 2-21 所示。这时将图层 2 的第 1 帧移到该层的第 22 帧处。

图 2-21 输入代码

（14）按 Ctrl+E 组合键返回主场景，在“白板”图层之上新建图层，命名为 LOGO。在该层的第 85 帧设置关键帧，按 Ctrl+L 组合键打开库，从库中拖出元件 SC1-logo，放置在背景的留白处，如图 2-22 所示。

图 2-22　新建图层并放置元件

（15）将“SC1-背景”“白板”“LOGO”这 3 层的第 175 帧、225 帧设置为关键帧。在第 225 帧中，将这 3 层中的实例亮度均设置为-100%，在这 3 层的第 175～225 帧之间创建传统补间动画，如图 2-23 所示。

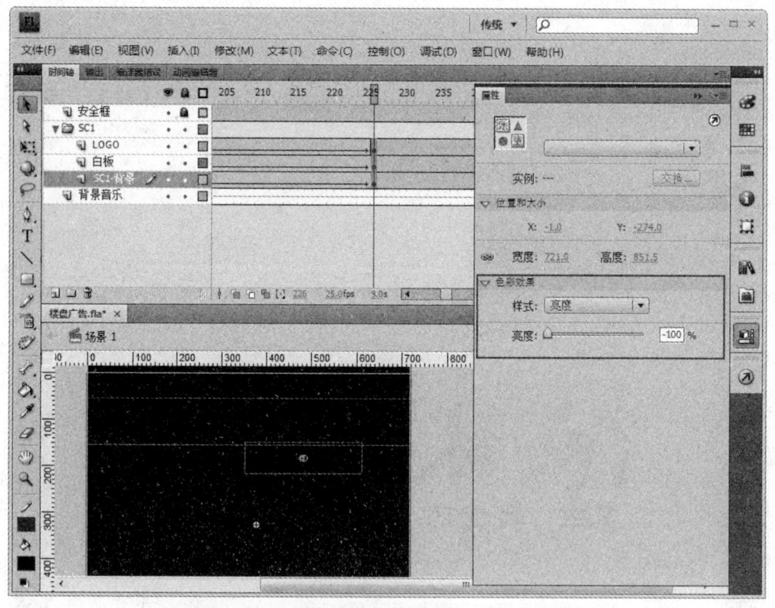

图 2-23　设置参数并创建传统补间动画

三、镜头二——小区环境

（1）制作 SC2。新建一个文件夹，命名为 SC2。插入一个新图层，命名为“SC2-画面 1”。将 bg2-1.jpg 拖放到该层第 240 帧上，在舞台上调整其大小，如图 2-24 所示。

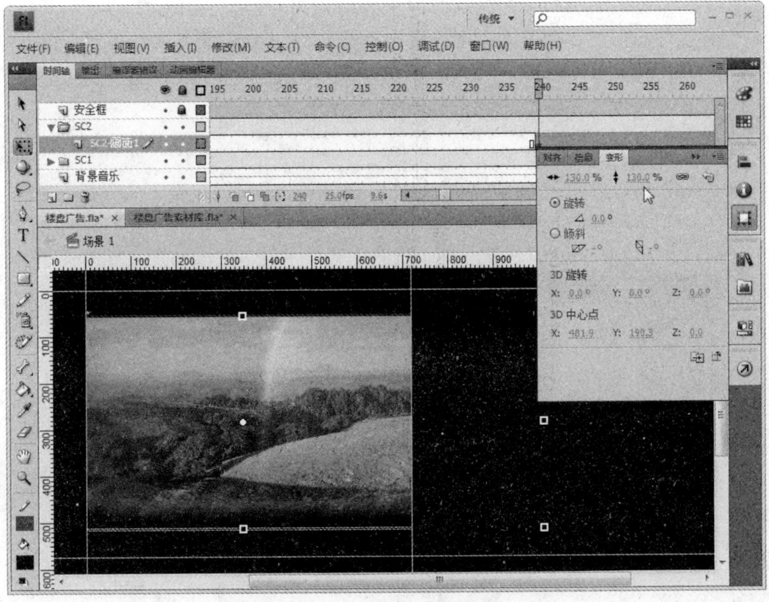

图 2-24　导入素材并调整大小

（2）选择放大后的位图，按 F8 键，将其转换为影片剪辑元件，命名为 bg2-1，如图 2-25 所示。

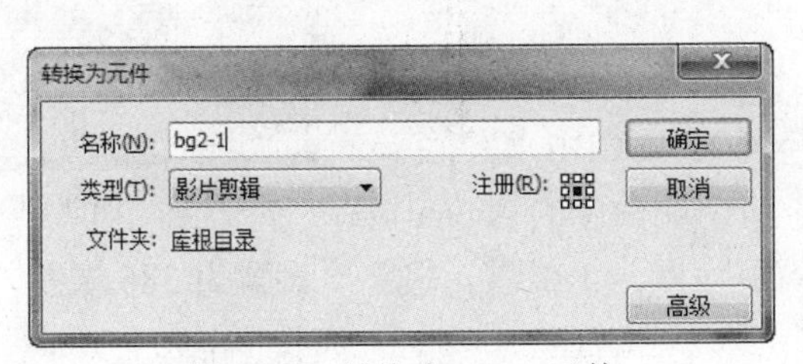

图 2-25　转换为 bg2-1 元件

（3）选中图层“SC2-画面 1”，在第 340 帧设置关键帧，单击该层第 240 帧，选中 MC bg2-1，设置其颜色属性及滤镜，如图 2-26 所示。

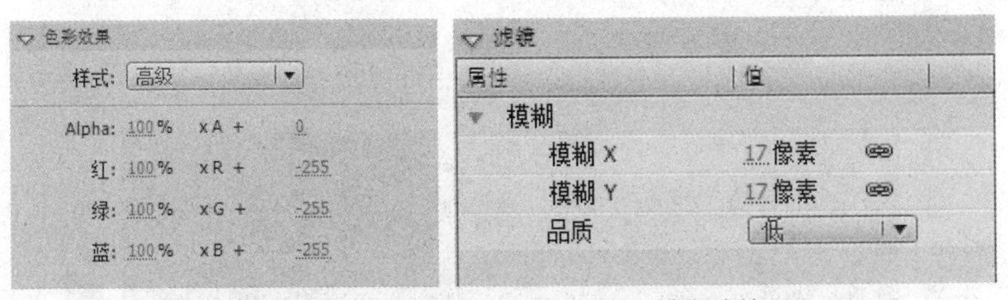

高级属性　　　　模糊滤镜

图 2-26　背景的属性设置

（4）单击第 240 帧，选中实例 bg2-1，将它向上移动 50 像素左右，再单击第 340 帧，打开颜色属性中的高级属性，将它的蓝色偏移量设置为−30。在第 240～340 帧创建传统补间动画，使“SC2-画面 1”有淡入的效果，如图 2-27 所示。

图 2-27　制作 SC2-画面 1 淡入效果

（5）制作老电影效果。按 Ctrl+F8 组合键新建图形元件，命名为 line，如图 2-28 所示，确定进入其编辑模式。

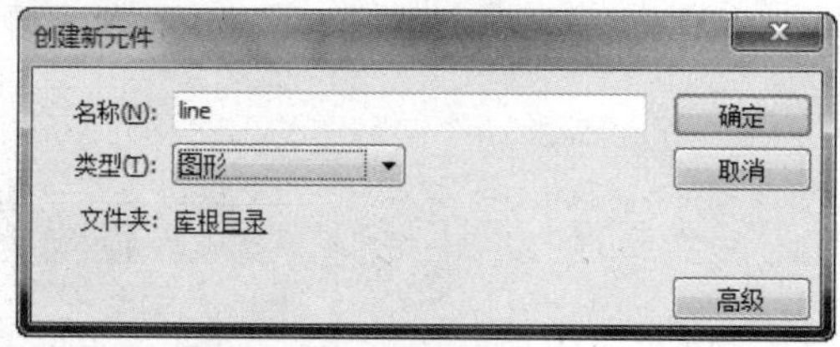

图 2-28　新建元件 line

（6）选择矩形工具，绘制无边框矩形，填充白色（#FFFFFF）—黄色（#FAFCBE）—白色（#FFFFFF）的渐变颜色，将两端白色的 Alpha 值调整为 0%，再将矩形的宽度设置为 1 像素，将高度设置为 386 像素，效果如图 2-29 所示。

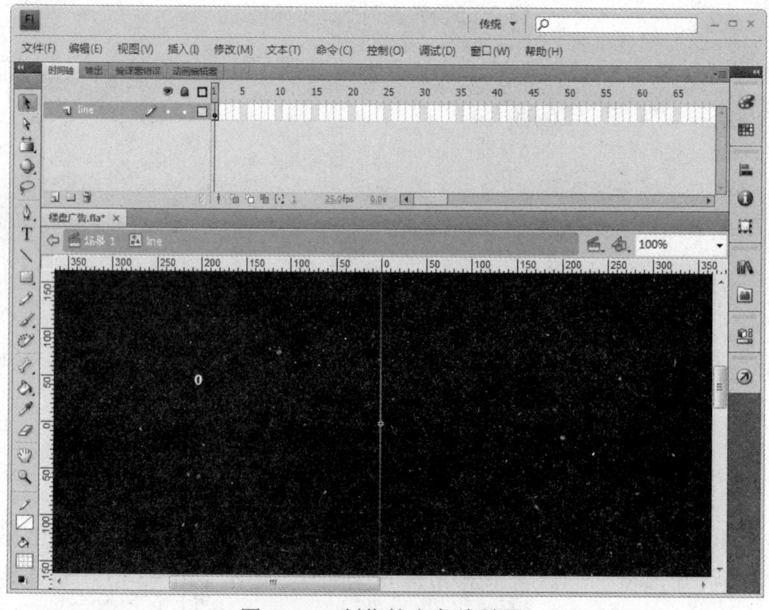

图 2-29　制作的白色线效果

（7）按 Ctrl+F8 组合键新建影片剪辑元件，命名为“线”，如图 2-30 所示，确定进入其编辑模式。

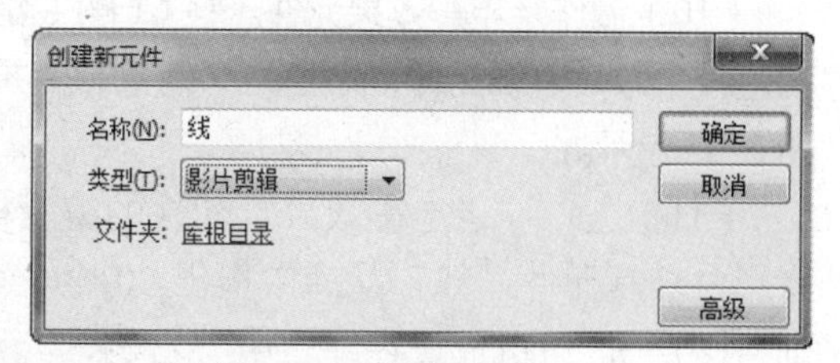

图 2-30　新建“线”元件

（8）进入“线”元件编辑模式后，将“图层 1”命名为 line，在该层的第 100 帧设置关键帧，按 Ctrl+L 组合键打开库，拖出刚刚制作完成的图形元件 line，放置在编辑模式的中心上，再在该层的 129 帧设置关键帧，将元件 line 垂直向上移动，位置设置为（0，–800），在 100 帧和 129 帧之间创建传统补间动画，效果如图 2-31 所示。

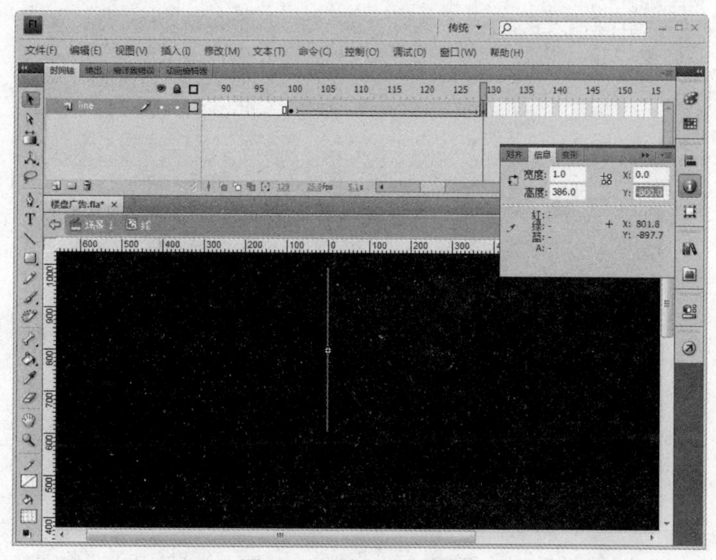

图 2-31　线的位移动画

（9）新建“图层 2”，命名为 Action，选中第 1 帧，按 F9 键，打开“动作-帧”面板，输入代码“gotoAndPlay(random(100));”，再将第 130 帧设置成关键帧，按 F9 键，打开“动作-帧”面板，输入代码“gotoAndPlay(1);”，如图 2-32 所示。

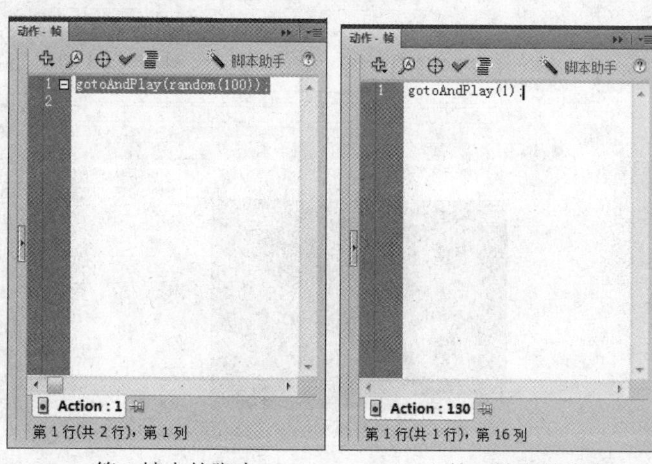

第 1 帧中的脚本　　第 2 帧中的脚本

图 2-32　输入脚本

（10）制作老电影效果元件。按Ctrl+F8组合键，创建一个影片剪辑元件，命名为“老电影效果”，如图2–33所示。

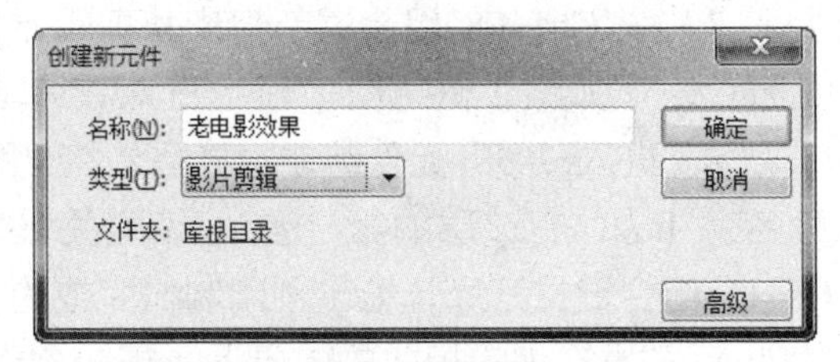

图2–33 创建“老电影效果”元件

（11）进入“老电影效果”元件的编辑模式，将影片剪辑元件“线”从库中拖出30个（可分散到各图层），随机放置在编辑中心右侧，参照标尺刻度，最右侧的不超过900，如图2–34所示。

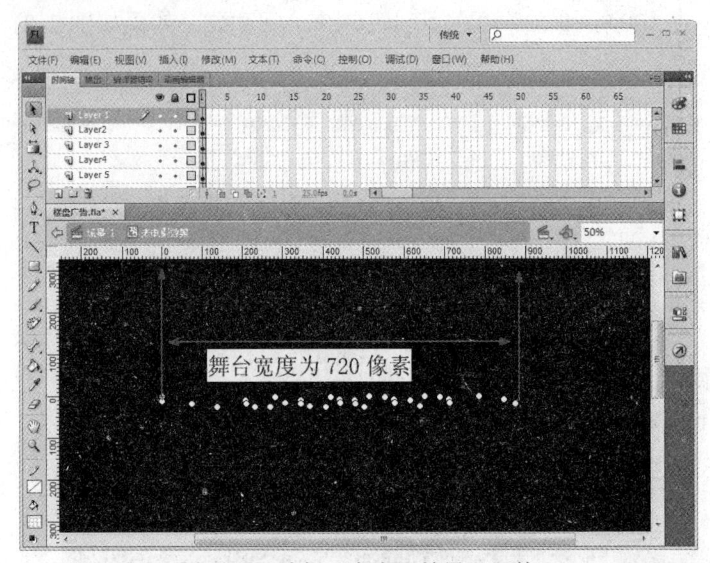

图2–34 编辑“老电影效果”元件

（12）按Ctrl+E组合键，返回主场景，在“SC2-画面1”图层之上新建图层，命名为“老电影效果”，在该层的第290帧设置关键帧，将影片剪辑元件“老电影效果”从库中拖出，放置在舞台下方，如图2–35所示。

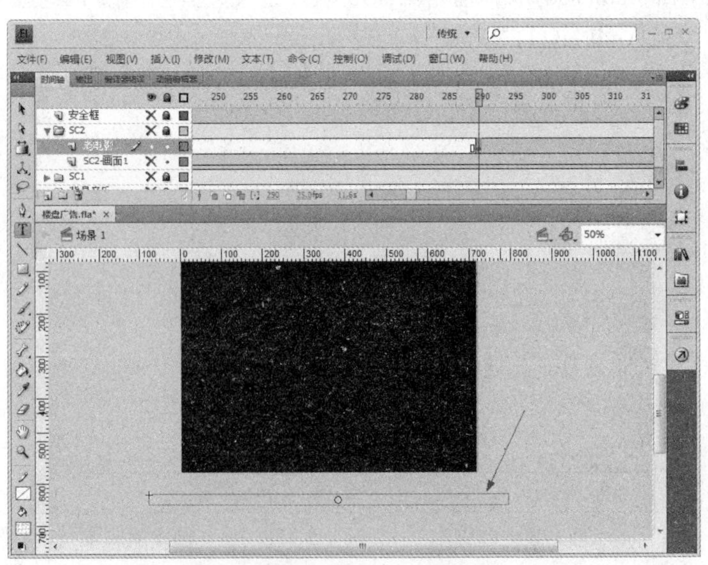

图2–35 在舞台中调用“老电影效果”实例

（13）按 Ctrl+F8 组合键新建影片剪辑元件，命名为“阳光”，如图 2-36 所示，确定进入其编辑模式。

（14）选取椭圆工具，绘制无边框圆形，设置直径为 150，设置径向渐变颜色为白色（Alpha 值为 100%）—白色（Alpha 值为 50%）—白色（Alpha 值为 0%），绘制好后放在编辑模式的中心上，效果如图 2-37 所示。

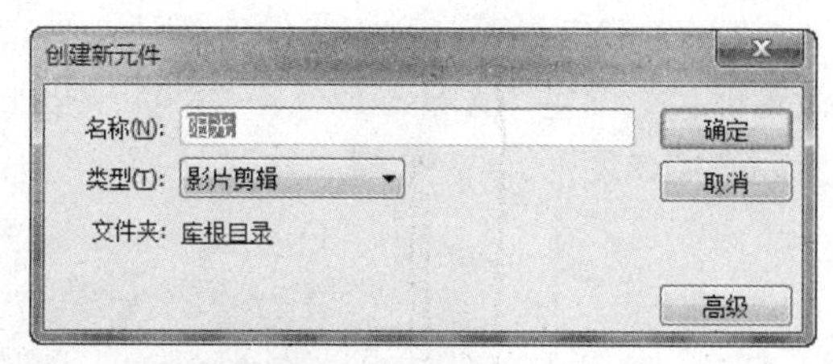

图 2-36　新建“阳光”元件

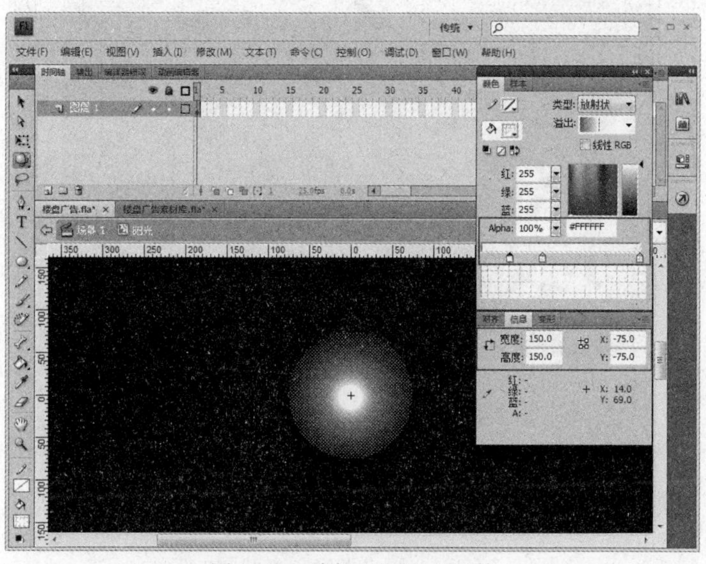

图 2-37　编辑“阳光”元件

（15）制作光晕。在该元件中新建图层，命名为“光晕”。选择椭圆工具，选择无填充模式，设置颜色为红色、线条粗细为 6 像素，绘制红色椭圆线框，设置大小为 250 像素，使之居中，如图 2-38 所示。按 F8 键，将其转换成图形元件。

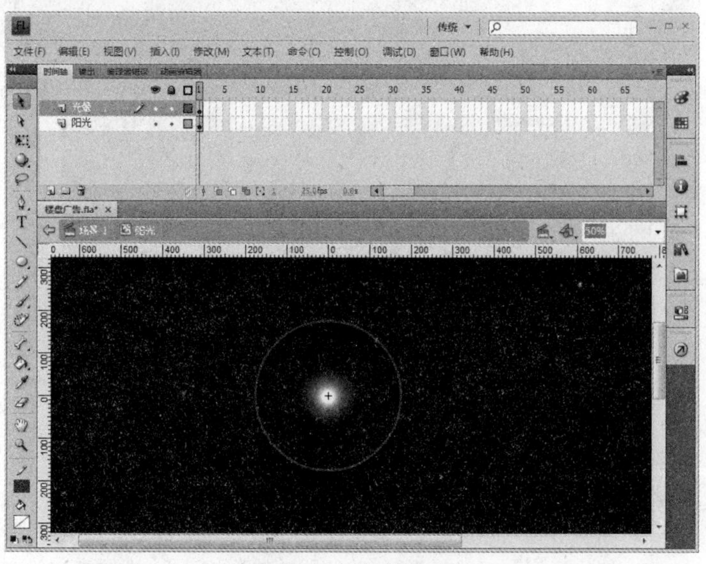

图 2-38　绘制光晕

（16）制作光芒。在该元件中新建图层，命名为“光芒”。选择矩形工具，选择无边框模式，设置颜色为白色（Alpla: 0%）—白色（Alpla: 100%）—白色（Alpla: 0%）线性渐变，绘制图形。然后选中该图形，按 F8 键，将其转换成图形元件，命名为“光芒”，效果如图 2-39 所示。

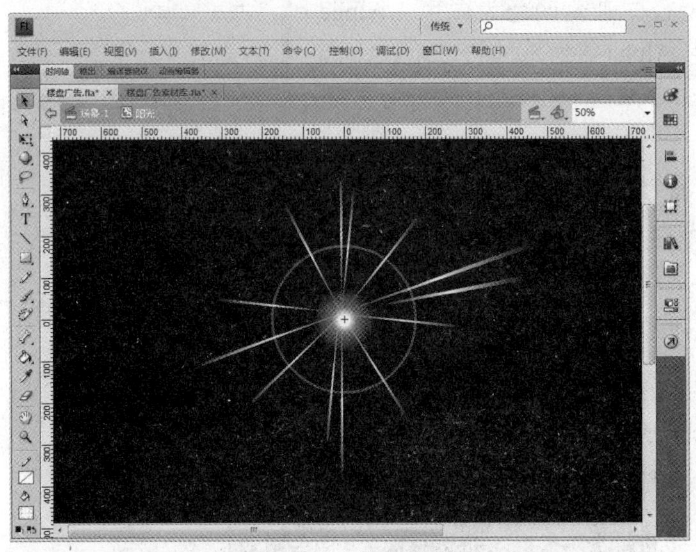

图 2-39　绘制的光芒效果

（17）制作发光效果。单击光晕层的第 30 帧，按 F6 键，将其设置为关键帧。将本层的第 100 帧设置为关键帧，将 100 帧中的“光晕”放大到 200%，将“光晕”的 Alpha 值设置为 0%，在第 30～100 帧之间创建传统补间动画。将“光芒”层的第 100 帧设置为关键帧，使用变形工具中的旋转功能，将该实例旋转 15° 左右即可。在该层的第 1～100 帧之间创建传统补间动画，效果如图 2-40 所示。

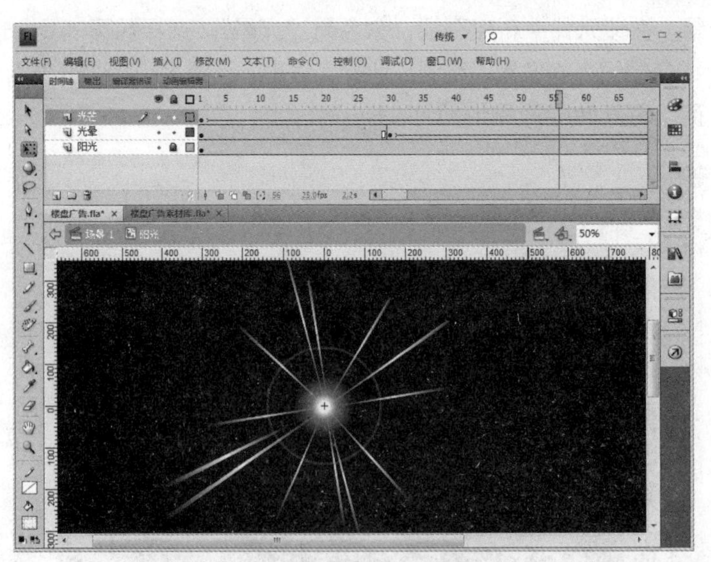

图 2-40　制作的发光动画效果

（18）按 Ctrl+E 组合键，返回主场景。在“老电影效果”图层上方插入一个新图层，命名为“阳光”，在该层的第 240～340 帧间制作阳光淡入动画，设置第 240 帧中元件的亮度为-100%，设置 340 帧中的元件 Alpha 值为 0%，在第 240～340 帧之间创建传统补间动画效果，如图 2-41 所示。

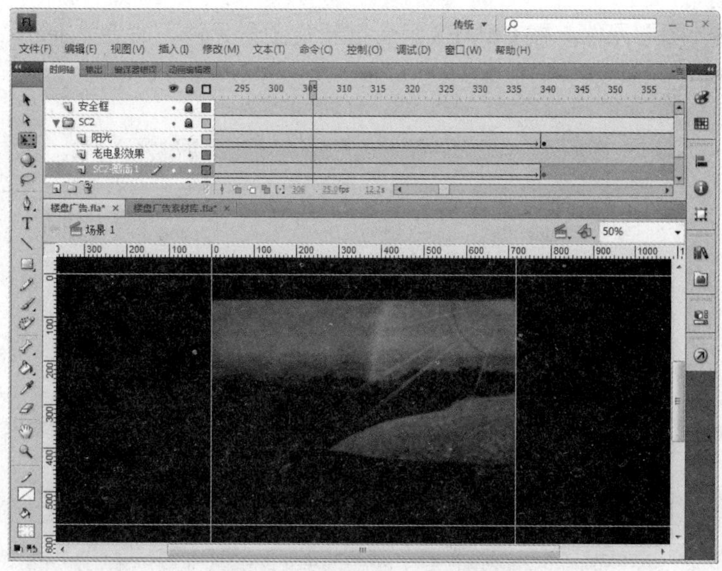

图 2-41　制作阳光淡入动画

（19）制作读书图形元件。按 Ctrl+F8 组合键新建图形元件，命名为 book，如图 2-42 所示，确定进入其编辑模式。

（20）将文件的背景暂时改成白色，以便于编辑此元件。从元件库中拖出 book.jpg 位图，将此位图缩小为原来的 80%。新建“图层 2”，选择矩形工具，选择无边框模式，绘制宽度为 900 像素、高度为 260 像素的矩形，填充由上到下的线性渐变颜色为黑色（Alpha: 0%）—黑色（Alpha: 100%）—黑色（Alpha: 100%），调换两层的图层顺序，如图 2-43 所示。

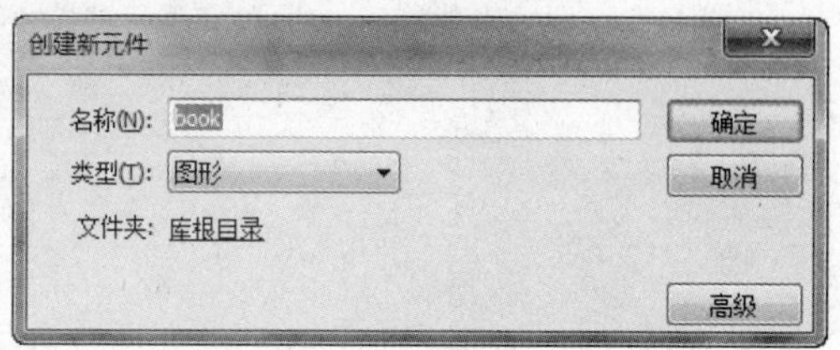

图 2-42　新建 book 元件

图 2-43　编辑 book 元件

（21）制作树叶图形元件。按 Ctrl+F8 组合键新建图形元件，命名为 leaf，如图 2-44 所示，确定进入其编辑模式。

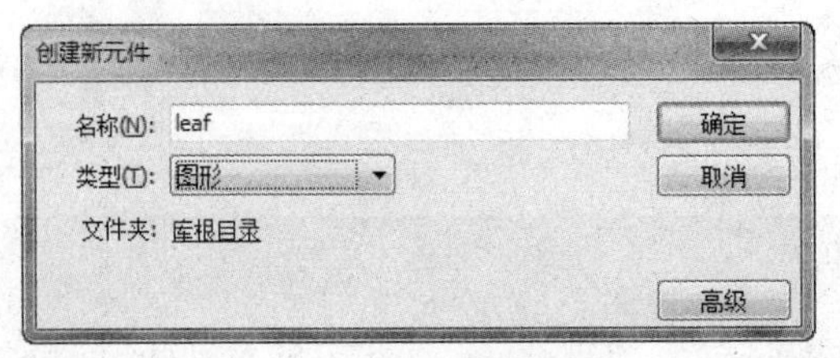

图 2-44　新建 leaf 元件

（22）进入 leaf 元件，从元件库中拖出 leaf.jpg 位图，使之居中，效果如图 2-45 所示。

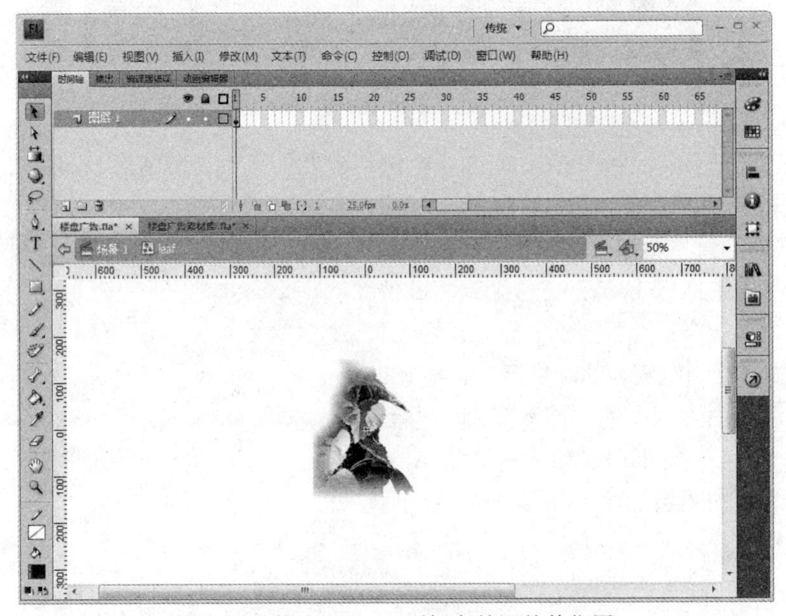

图 2-45　拖出 leaf.jpg 到舞台并调整其位置

（23）制作彩虹图形元件。按 Ctrl+F8 组合键新建图形元件，命名为 rainbow，如图 2-46 所示，确定进入其编辑模式。

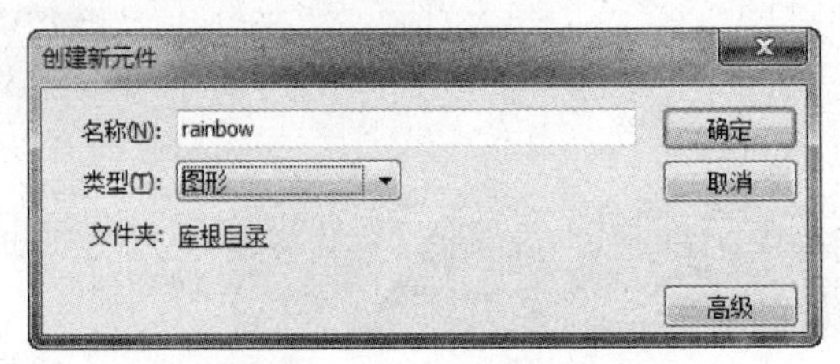

图 2-46　新建 rainbow 元件

（24）进入 rainbow 元件，从元件库中拖出 rainbow.jpg 位图，使之居中，效果如图 2-47 所示。

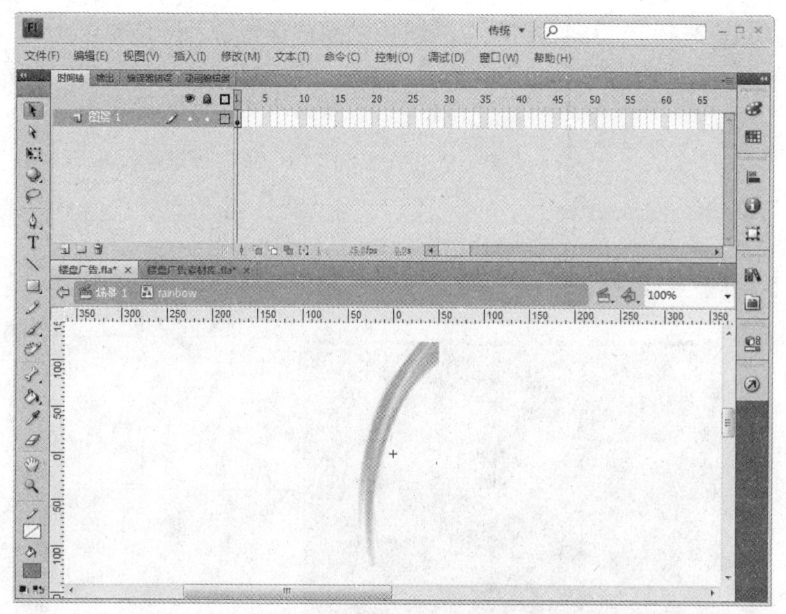

图 2-47　拖出 rainbow.jpg 到舞台并调整其位置

（25）按 Ctrl+E 组合键，返回主场景。在“阳光”图层上方插入一个新图层，命名为“读书”，在该层的第 280 帧设置关键帧，从库中拖出元件 book，再将第 315 帧设置为关键帧。单击本层的第 280 帧，设置这帧中的实例属性：位置向左上移动一点，亮度设置为−100%，然后在第 280～315 帧之间创建传统补间动画，如图 2-48 所示。

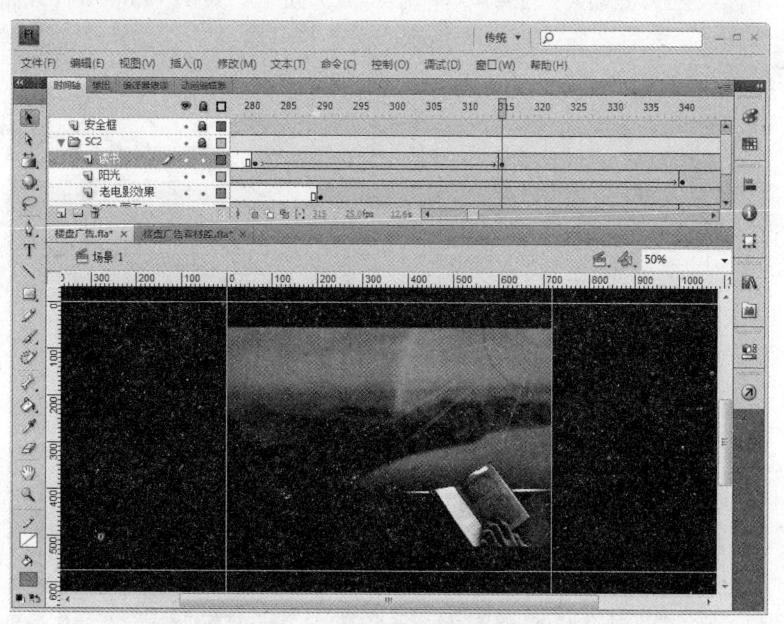

图 2-48　制作读书的动画效果

（26）在“读书”图层上方插入一个新图层，命名为“叶子”，在该层的第 280 帧设置关键帧，将元件 leaf 从库中拖出，放置在舞台的左侧，适当缩放。在本层第 360 帧设置关键帧，然后再次单击第 280 帧中的实例 leaf，设置它的颜色属性中的高级选项，设置红、绿、蓝的偏移值均为 100%，如图 2-49 所示。在这两个关键帧之间创建传统补间动画。

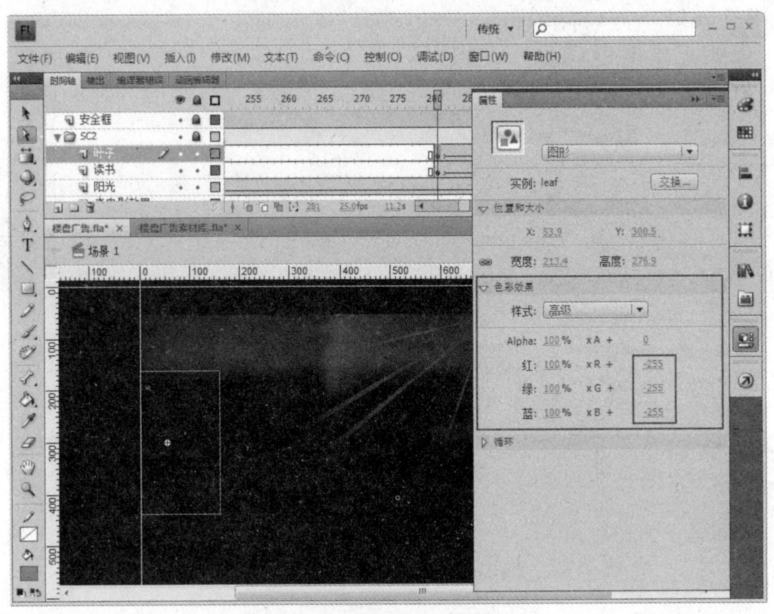

图 2-49　制作叶子动画效果

（27）在“叶子”图层上方插入一个新图层，命名为“彩虹”，在该层的第 325 帧设置关键帧，将元件 rainbow 从库中拖出，放置在舞台中上方，参照背景中的彩虹位置及大小进行调整。在本层的第 375 帧设置关键帧，然后再次单击第 325 帧中的实例 rainbow，设置它的颜色属性中的 Alpha 值为 0%，再适当旋转彩虹的角度以达到最佳效果。在这两个关键帧之间创建传统补间动画，如图 2-50 所示。

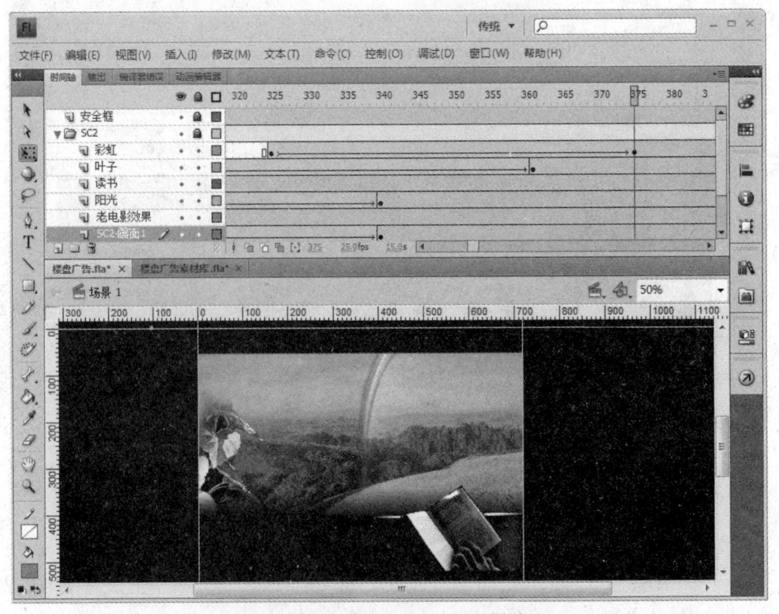

图 2-50　彩虹动画效果制作

（28）调换图层顺序，使“读书”图层在“彩虹”图层上方。在“彩虹”“叶子”“阳光”“SC2-

画面 1”图层的第 420、445 帧设置关键帧，在这 4 层的第 445 帧设置各实例的亮度均为-100%。在各层的第 420～445 帧之间创建补间动画，时间轴效果如图 2-51 所示。

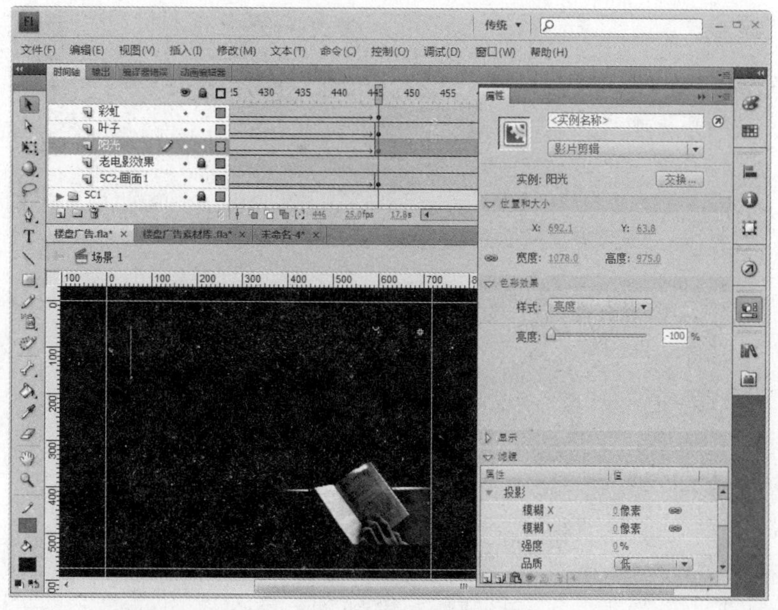

图 2-51　镜头二时间轴效果

（29）在“彩虹”图层上方插入一个新图层，命名为“女孩”，在该层的第 420 帧设置关键帧，从库中拖出位图 girl.jpg，按 Ctrl+T 组合键，打开“变形”面板，缩小此位图至原来的 85%，水平翻转此图，如图 2-52 所示。

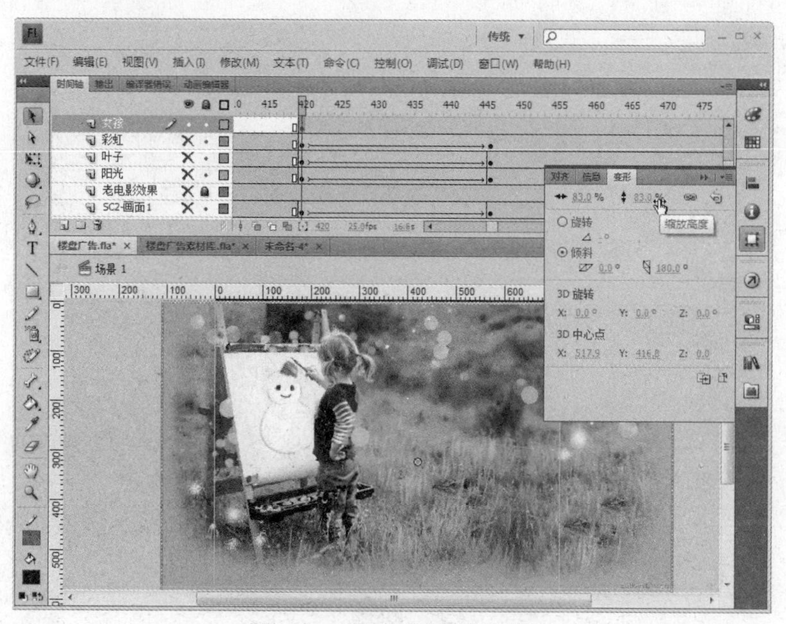

图 2-52　新建“女孩”图层

（30）选中位图 girl.jpg，按 F8 键，将其转换成影片剪辑元件，命名为“SC2-画面 2”。在本层的第 525 帧设置关键帧，按 Ctrl+T 组合键，打开变形面板，将该元件缩小为原来的 78%。

在颜色属性中的高级中，设置红色偏移为-48、绿色偏移为 0、蓝色偏移为 5。在第 420～525 帧之间创建传统补间动画，如图 2-53 所示。

图 2-53　制作“SC2-画面 2”动画效果

（31）单击“女孩”图层的第 420 帧，设置该帧上的元件“SC2-画面 2”的颜色属性中的 Alpha 选项值为 0%。单击本层的第 445 帧，设置该帧上的元件“SC2-画面 2”颜色属性中的高级选项值，设置红色偏移为-48。绿色偏移为 0。蓝色偏移为 5，效果如图 2-54 所示。

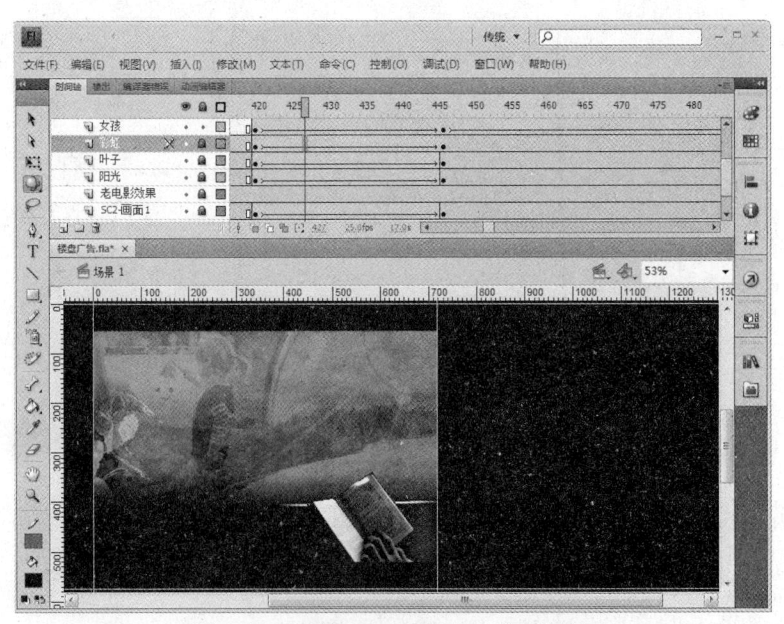

图 2-54　调整“SC2-画面 2”实例属性

（32）在“女孩”图层上方插入一个新图层，命名为“蒲公英”，在该层的 420 帧设置关键帧，从库中拖出影片剪辑元件“蒲公英”，放置在舞台右下方，位置为（605，330），水平翻转该元件。

在本层的第 525 帧设置关键帧，按 Ctrl+T 组合键，打开“变形”面板，将该元件缩小为原来的 75%，调整其位置为（520，315）。单击“蒲公英”图层的第 420 帧，设置该帧上的元件“蒲公英 2”的颜色属性中的 Alpha 选项值为 0%，在第 420～525 帧之间创建传统补间动画，如图 2-55 所示。

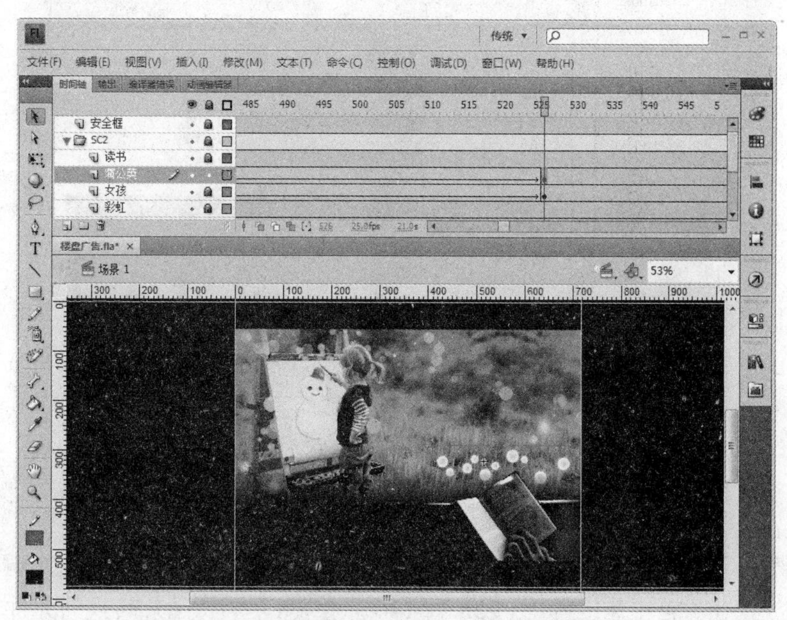

图 2-55　制作“蒲公英”的动画效果

（33）在“蒲公英”图层上方插入一个新图层，命名为“SC2-画面 3”，在本层的第 560 帧设置关键帧，从库中拖出 tree.jpg，放置在舞台上，位置为（390.6，233.8）。按 F8 键，将图片转换为元件，命名为 SC2-画面 3，如图 2-56 所示。

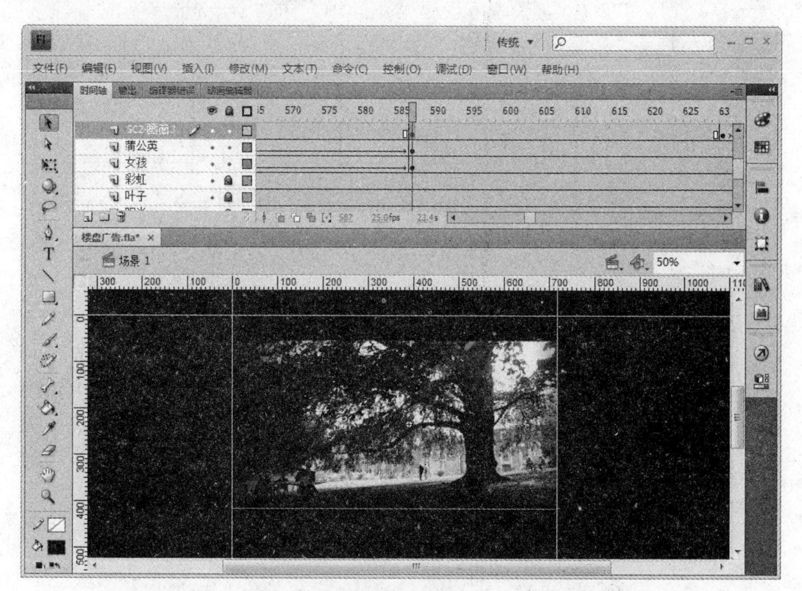

图 2-56　完成“SC2-画面 3”元件的转换

（34）在该层的第 655 帧设置关键帧，将实例的位置设置为（316，233.8）。在第 560～655

帧之间创建补间动画，然后在第 585、630 帧上设置关键帧，设置第 560、655 帧上实例的 Alpha 值为 0%，如图 2-57 所示。

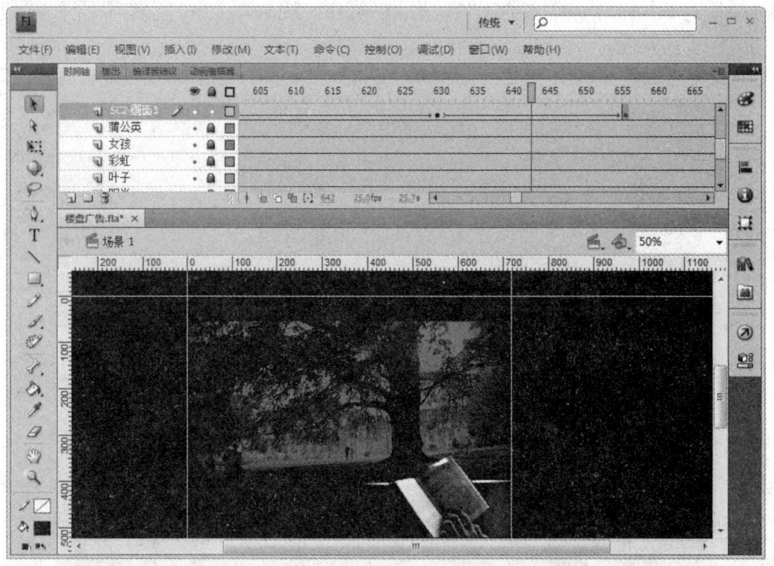

图 2-57　制作“SC2-画面 3”动画效果

（35）新建图层“SC2-画面 4”，按照上述方法，在该层的第 630 帧设置关键帧，从库中拖出 house.jpg，放置在舞台上，位置是（238.3，244）。按 F8 键，将图片转换为元件，命名为 SC2-画面 4。在该层的第 735 帧设置关键帧，设置实例的位置为（324.3，244），在第 630～735 帧之间创建补间动画。然后在第 655、710 帧上设置关键帧，设置第 630、735 帧上实例的 Alpha 值为 0%，如图 2-58 所示。

图 2-58　制作“SC2-画面 4”动画效果

（36）在“读书”层的第 710、735 帧上设置关键帧，将第 735 帧上实例的 Alpha 值为 0%，如图 2-59 所示。

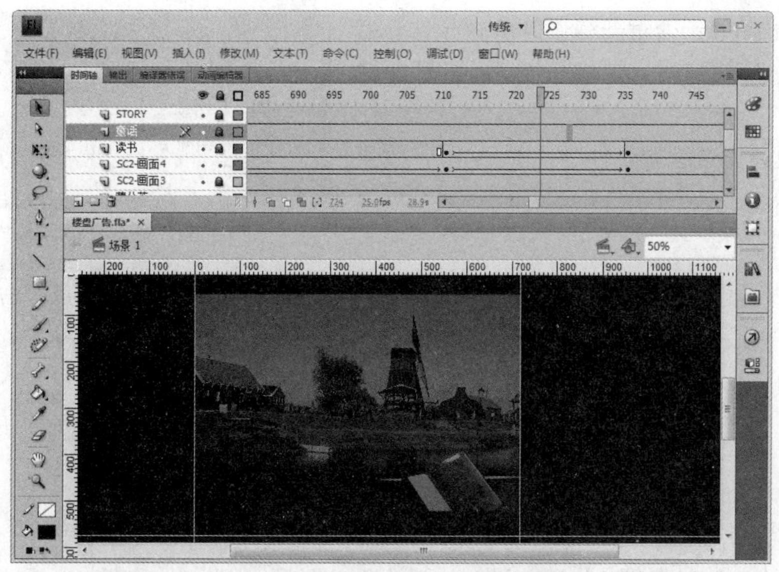

图 2-59　制作“读书”层动画效果

（37）制作文字元件。按 Ctrl+F8 组合键新建影片剪辑元件，命名为“童话故事”，确定进入其编辑模式，如图 2-60 所示。

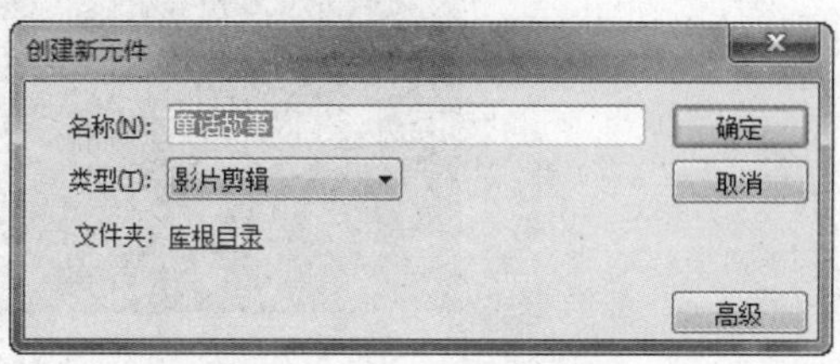

图 2-60　新建“童话故事”元件

（38）将文件背景颜色设置为黑色，以便编辑此元件。选择文本工具，输入文本“一个童话故事”，设置文本属性。设置字体为创意繁隶书，设置“童话”文字为绿色（#70EB7C），设置其他文字为白色，设置“童话”的字号为 44，其他参照设置效果图，效果如图 2-61 所示。

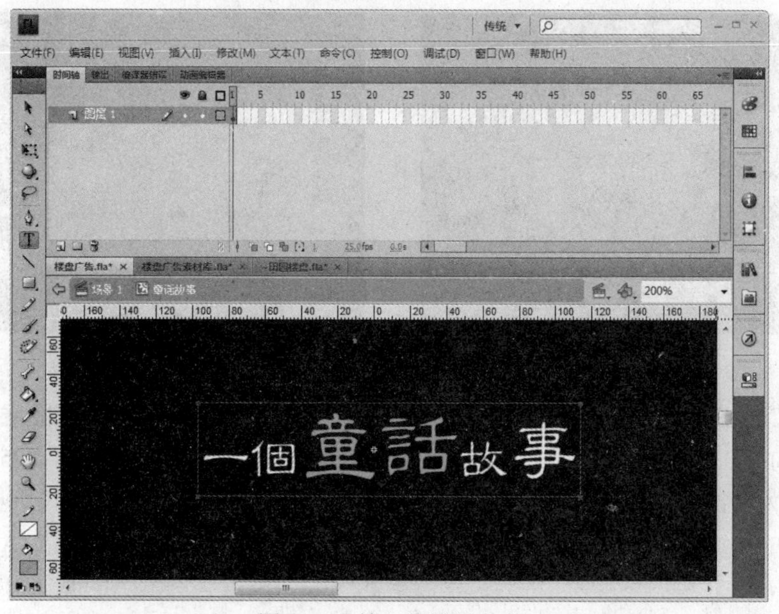

图 2-61　输入并设置文本

（39）按 Ctrl+F8 组合键新建影片剪辑元件，命名为“北欧风光”，确定进入其编辑模式，如图 2-62 所示。

（40）按上述方法编辑元件“北欧风光”，效果如图 2-63 所示。

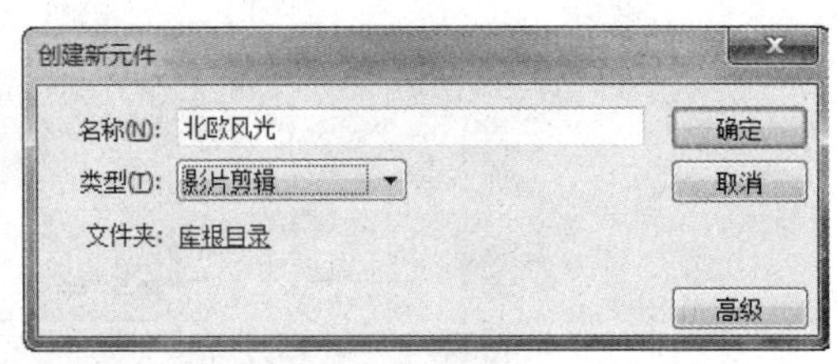

图 2-62　新建“北欧风光”元件

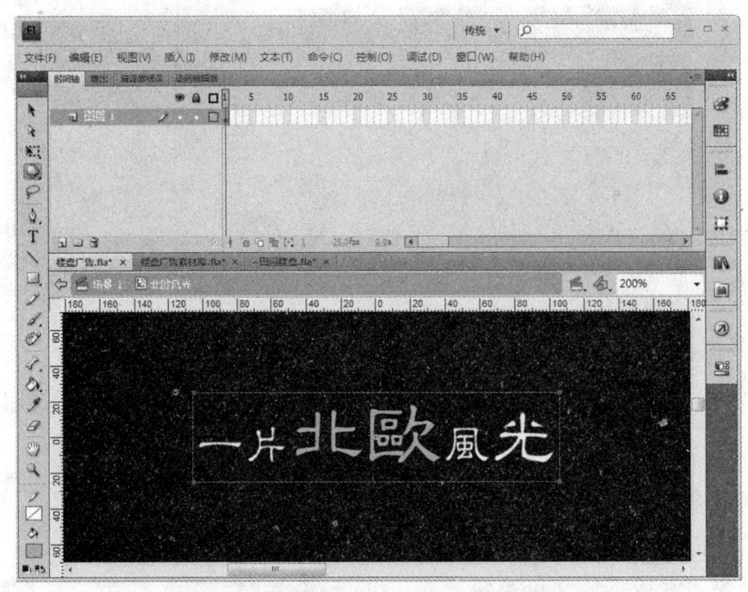

图 2-63　编辑元件“北欧风光”后的效果

（41）制作英文的元件，按上述方法继续制作影片剪辑元件 STORY 和 NORTH，效果如图 2-64 所示。

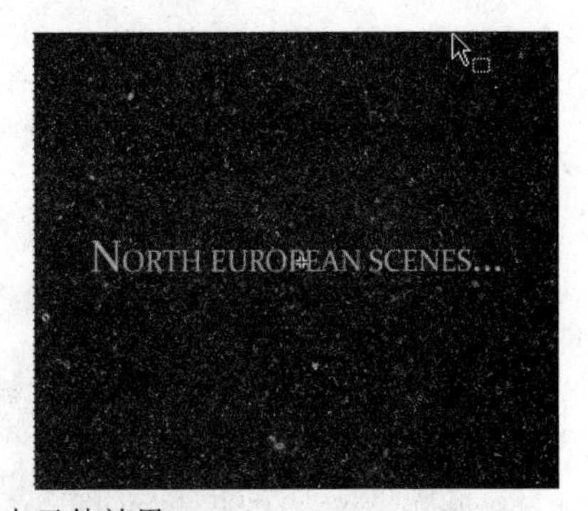

图 2-64　文本元件效果

（42）按 Ctrl+E 组合键，返回主场景。在“读书”图层上方插入一个新图层，命名为“童话”，在该层的 340 帧设置关键帧，从库中拖出元件“童话”，放置在（195，425）位置。再将第 525 帧设置为关键帧，移动元件至（280，425）的位置。在第 340～525 帧之间创建传统补间动画。在本层的第 360、380、505 帧设置关键帧。单击第 340 帧，设置实例的 Alpha 值为 0%；单击第 360 帧，设置实例亮度为 100%；单击第 525 帧，设置实例的 Alpha 值为 0%。“童话”层的动画制作如图 2-65 所示。

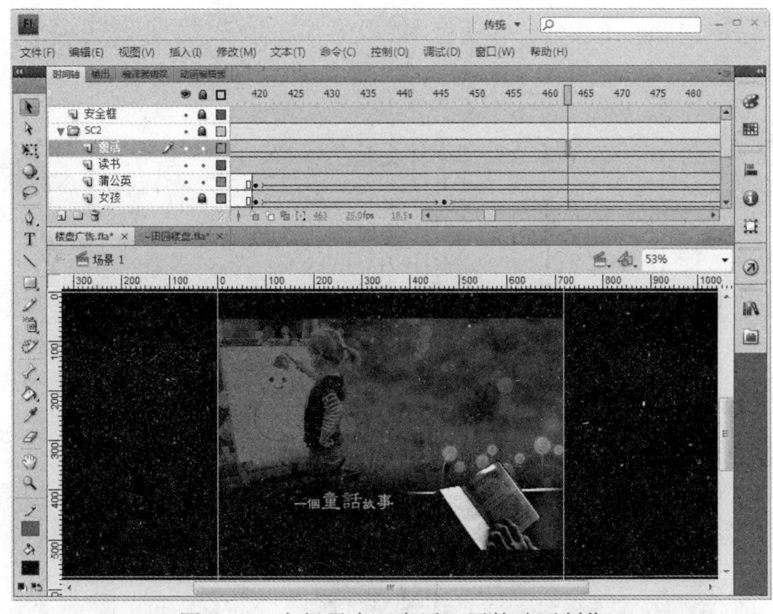

图 2-65 主场景中“童话”层的动画制作

（43）按上述方法制作其他英文、汉字动画效果。

四、镜头三——室内环境

（1）制作背景。新建一个文件夹，命名为 SC3。插入一个新图层，命名为“sc3-画面 1”。选中该层的第 735 帧，按 F6 键，插入关键帧。将 room1.jpg 文件拖放到舞台上，调整大小。按 Ctrl+K 组合键打开“对齐”面板，设置其相对于舞台右对齐、垂直居中对齐。单击调整后的图片，按 F8 键，将其转换为影片剪辑元件，命名为 room1。选中该层的第 820 帧，按 F5 键，插入普通帧，如图 2-66 所示。

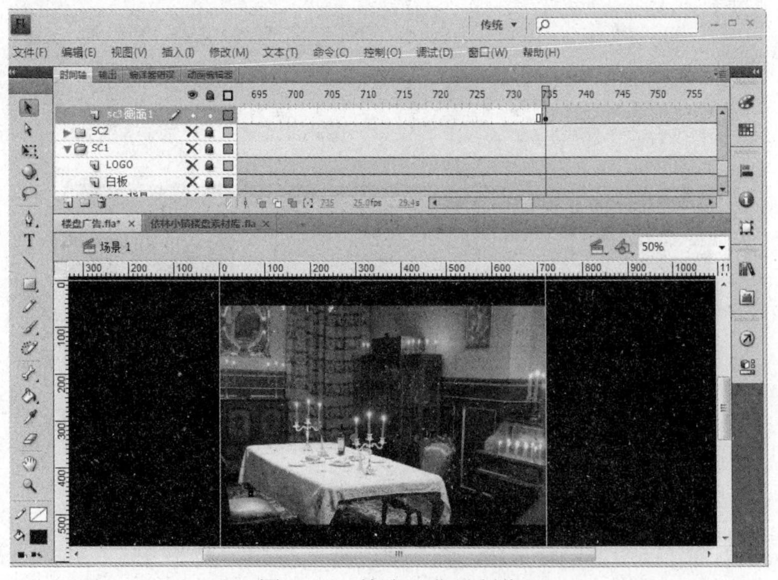

图 2-66 镜头三背景制作

（2）单击舞台中的 room1 实例，在颜色属性面板中设置它的亮度值为-100%，再对它的滤镜属性进行模糊的设置，设置其值为 8 像素，如图 2-67 所示。

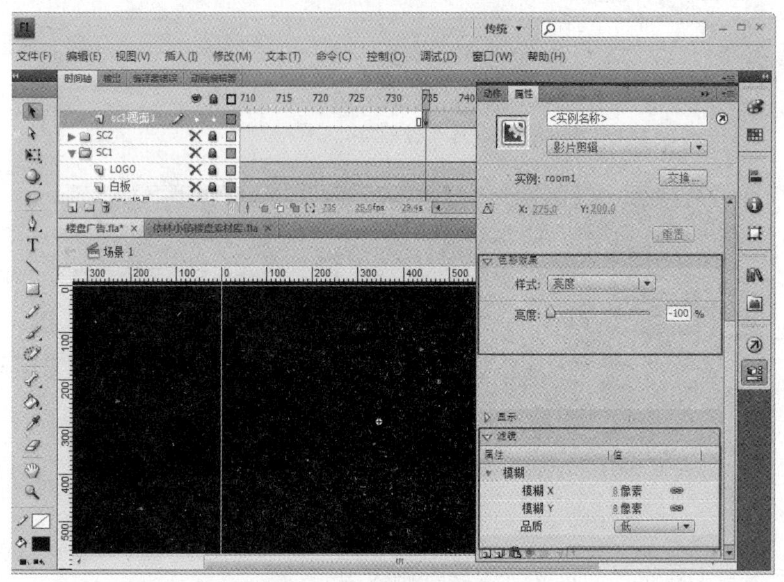

图 2-67　room1 实例的属性设置

（3）分别单击该层的第 765、800 帧，按 F6 键，设置关键帧。单击第 765 帧中的 room1 实例，在颜色属性面板中设置它的亮度值为 0%。单击第 800 帧中的 room1 实例，再对它的滤镜属性进行模糊的设置，设置值为 0 像素，在 3 个关键帧之间创建传统补间动画，如图 2-68 所示。

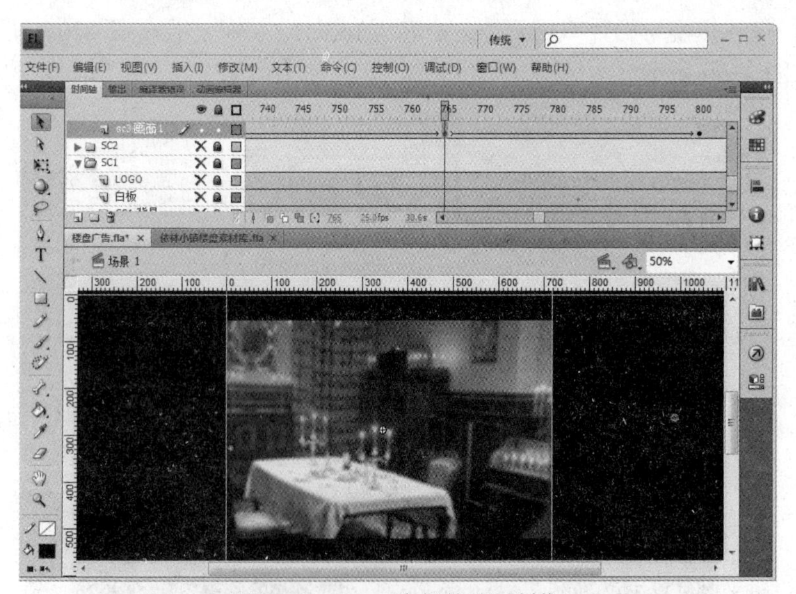

图 2-68　room1 实例的动画制作

（4）在“sc3-画面 1”图层的第 910、955 帧设置关键帧，将第 955 帧中的 room1 实例的颜色属性 Alpha 值设置为 0%。在第 910～955 帧之间创建传统补间动画，如图 2-69 所示。

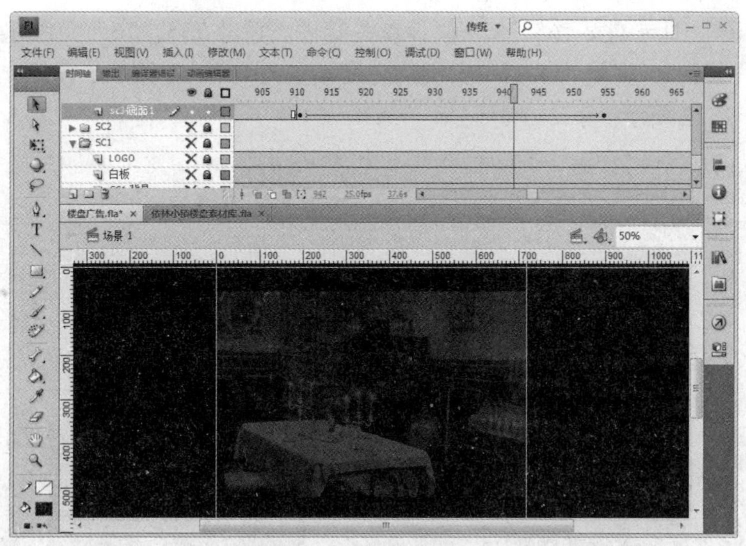

图 2-69　水波的制作

（5）新建图层，命名为“左部”，单击本层的第 735 帧，按 F6 键，设置关键帧。按 Ctrl+L 组合键打开库，拖出图片“左部.jpg”，按 Ctrl+I 组合键，打开“信息”面板，调整图片的宽和高为 150 像素、450 像素。单击修改后的图片，按 F8 键，将其转换成图形元件，命名为“左部”，如图 2-70 所示。然后将此实例拖到舞台左侧适当的位置上。

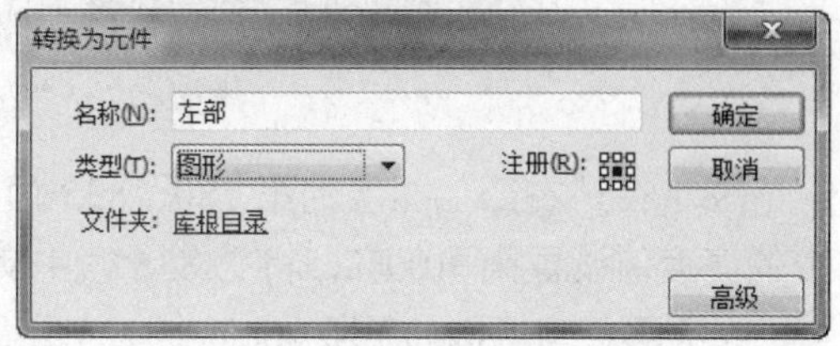

图 2-70　新建“左部”元件

（6）按相同的方法，将“右部”图层及“右部”图形元件制作完成。单击本层的第 735 帧，按 F6 键，设置关键帧。按 Ctrl+L 组合键打开库，拖出图片“右部.jpg”，按 Ctrl+I 组合键，打开“信息”面板，调整图片的宽和高为 210 像素、570 像素。单击修改后的图片，按 F8 键，将其转换成图形元件，命名为“右部”。将此实例拖到舞台右侧的适当位置，如图 2-71 所示。

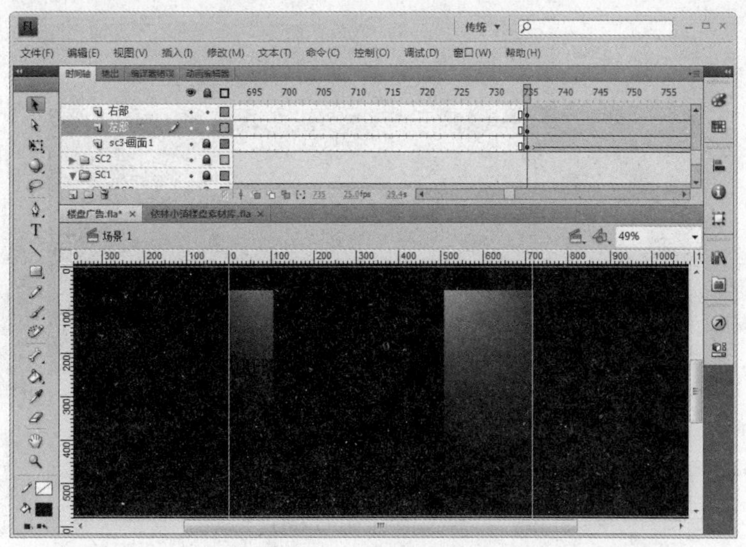

图 2-71　“右部”元件动画制作

（7）在“左部”图层的第 765、815 帧设置关键帧。将第 735、765 帧中的实例颜色属性中的亮度值设置为-100%，将第 815 帧中实例的亮度设置为 0%。在第 765～815 帧之间创建传统补间动画，如图 2-72 所示。

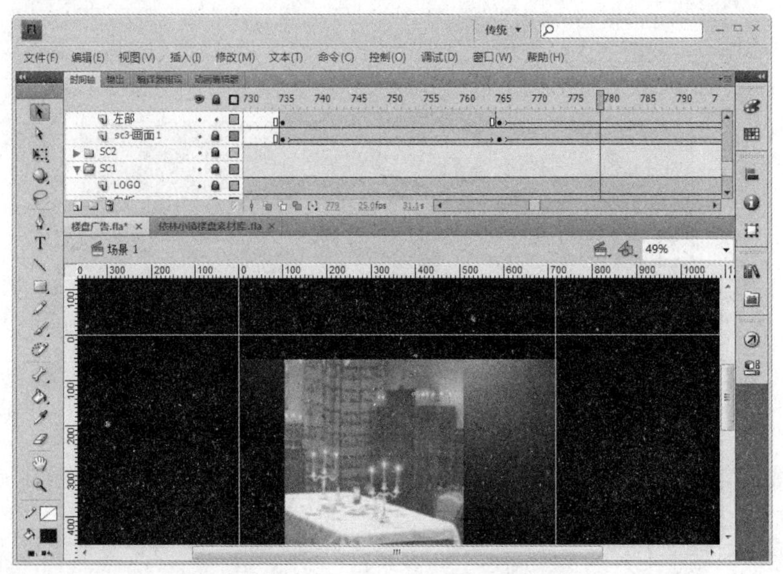

图 2-72 “左部”元件属性动画制作

（8）在“右部”图层的第 780、835 帧设置关键帧，将第 735、780 帧中的实例的颜色属性中的亮度值设置为-100%，将第 835 帧中实例的亮度设置为 0%。在第 780～835 帧之间创建传统补间动画，如图 2-73 所示。

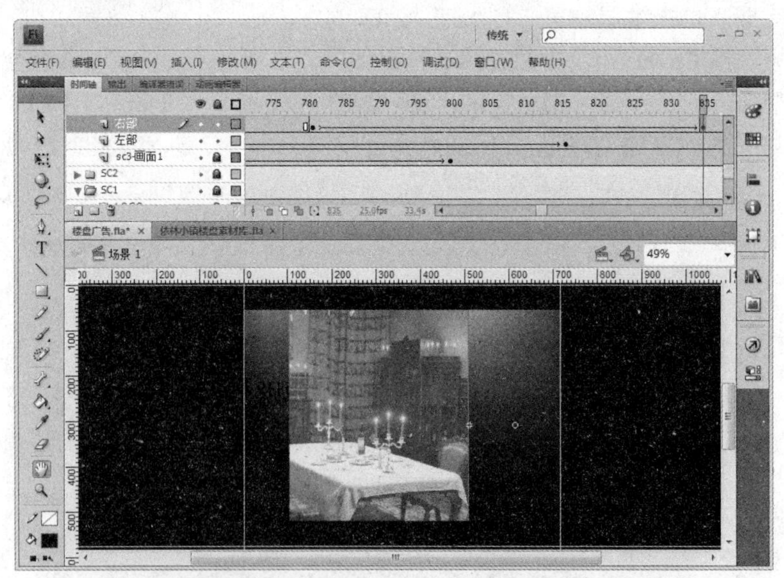

图 2-73 “右部”元件属性动画制作

（9）新建图层，命名为“附图”，单击本层的第 820 帧，按 F6 键，设置关键帧。按 Ctrl+L 组合键打开库，拖出图片“附图.jpg”，按 Ctrl+I 组合键，打开“信息”面板，调整图片的宽和高为 236 像素、318 像素。单击修改后的图片，按 F8 键，将其转换成图形元件，命名为“附图”。

然后将此实例拖到舞台右侧适当的位置上，使之与图片“右部”融为一体，如图 2-74 所示。

图 2-74 “附图”图层的元件编排

（10）在该层的第 865 帧设置关键帧，再将第 820 帧中的实例的颜色属性中的亮度值设置为-100%。在第 820～865 帧之间创建传统补间动画，如图 2-75 所示。

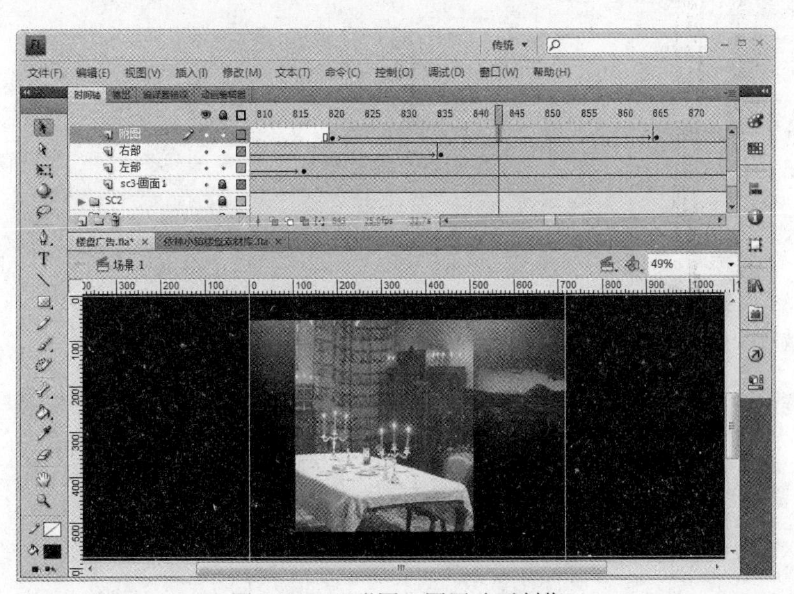

图 2-75 “附图”图层动画制作

（11）在图层“sc3-画面 1”之上新建图层，命名为“透明板”，在该层的第 735 帧设置关键帧，在舞台上绘制矩形，无边框模式，颜色属性 Alpha 值为 20%的白色（#FFFFFF），矩形的宽和高分别为 406 像素、500 像素，使其完全覆盖在“sc3-画面 1”之上，形成半透明的效果。在该层的第 940 帧插入空关键帧，如图 2-76 所示。

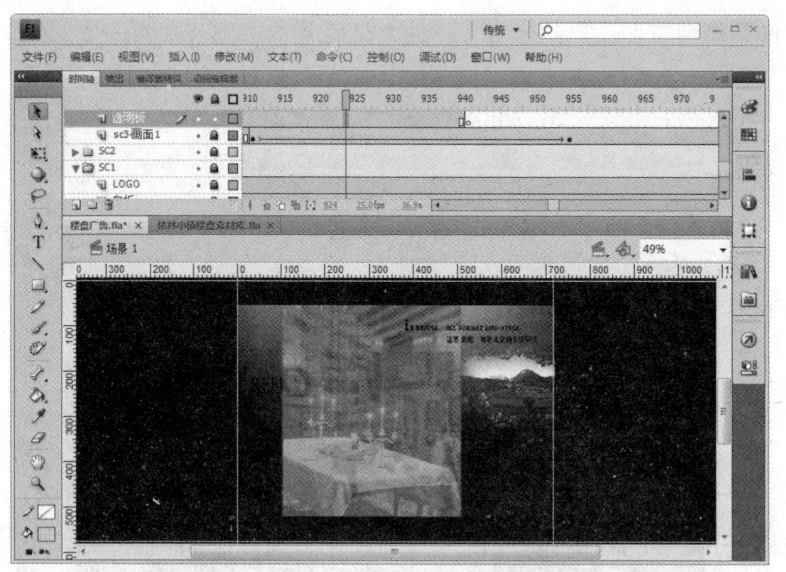

图 2-76 “透明板”元件属性设置

（12）在图层“右部”之上（图层“附图”之下）新建图层，命名为“sc3-画面 2”，在这层的第 910 帧设置关键帧。按 Ctrl+L 组合键打开库，拖出图片 room2.jpg，按 Ctrl+I 组合键，打开“信息”面板，调整图片的宽和高分别为 406 像素、500 像素。单击修改后的图片，按 F8 键，将其转换成图形元件，命名为 room2。然后将此实例拖到舞台中央偏左，使之覆盖在“sc3-画面 1”之上，如图 2-77 所示。

图 2-77 船起伏动画

（13）单击第 910 帧中的 room2 实例，将它的滤镜属性中的模糊值（x，y）均设置为 8 像素。在该层的第 955、1 035、1 095 帧设置关键帧。将第 910 帧中的 room2 实例颜色属性中的 Alpha 值设置为 0，再将 1 095 帧中的 room2 实例的滤镜中的模糊值（x，y）设置为 0 像素。在第 910～955 之间和第 1 035～1 095 之间创建传统补间动画，如图 2-78 所示。

图 2-78　花瓣飞舞动画制作

（14）在“sc3-画面 2”图层之上新建图层，命名为 flower，在这层的第 910 帧设置关键帧。按 Ctrl+L 组合键打开库，拖出图片 room2flower.jpg。按 Ctrl+I 组合键，打开“信息”面板，调整图片的宽和高分别为 168.5 像素、269 像素。单击修改后的图片，按 F8 键，将其转换成图形元件，命名为 flower。然后将此实例拖到舞台右下角，如图 2-79 所示。

图 2-79　小船淡入动画制作

（15）在该层的第 955、1 035、1 095 帧设置关键帧，单击 910 帧中的 room2 实例，将它的颜色属性中的 Alpha 值设置为 0%。单击 1 095 帧中的 room2 实例，将它的滤镜属性中的模糊值（X，Y）均设置为 5 像素，在第 910～955 帧之间和第 1 035～1 095 帧之间创建传统补间动画，如图 2-80 所示。

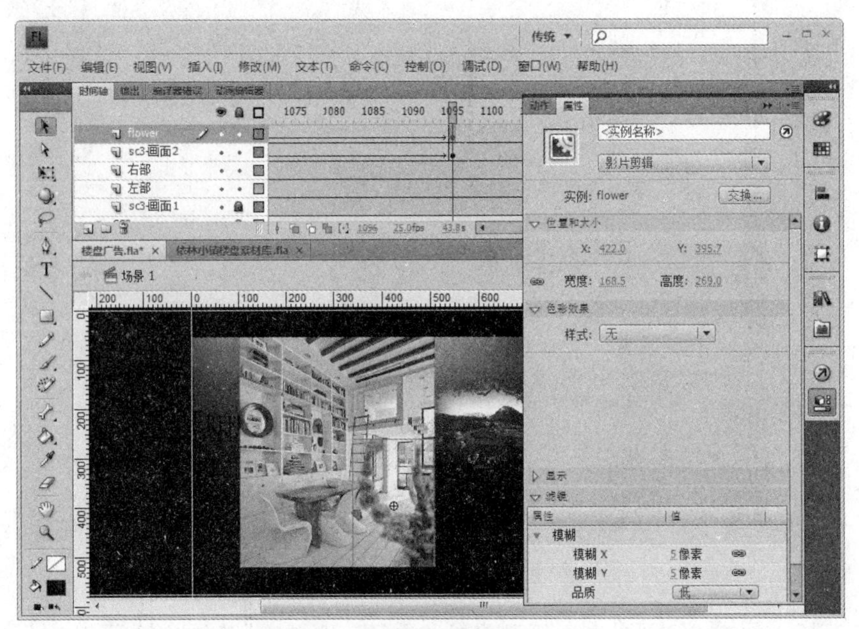

图 2-80　小船驶入海面动画制作

（16）在“附图”图层之上新建图层，命名为“字”，在该层的第 840 帧设置关键帧。按 Ctrl+L 组合键打开库，拖出图片“字.jpg”。单击此图片，按 F8 键，将其转换成图形元件，命名为“字”。然后将此实例拖到舞台右上角，如图 2-81 所示。

图 2-81　镜头三文字动画制作

（17）在本层的第 880 帧插入一个关键帧，再单击第 840 帧，将此帧中实例颜色的 Alpha 值设置为 0%。在第 840～880 帧之间创建传统补间动画。新建“英文”图层，按制作“字”的方法完成“英文”实例的制作，如图 2-82 所示。

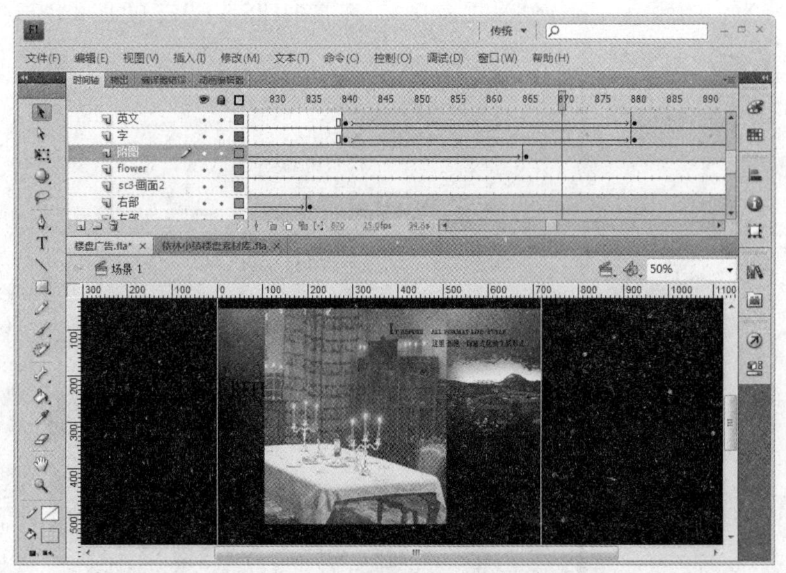

图 2-82　镜头三英文动画制作

（18）分别将“附图”、flower、“sc3-画面 2”“右部”“左部”图层的第 1 165 帧设置关键帧，再分别将这几层的第 1 222 帧设置成关键帧，单击各层 1 222 帧中的实例，将它们的颜色 Alpha 值设置为 0%。在每层的第 1 165～1 222 帧之间创建传统补间动画，时间轴效果如图 2-83 所示。

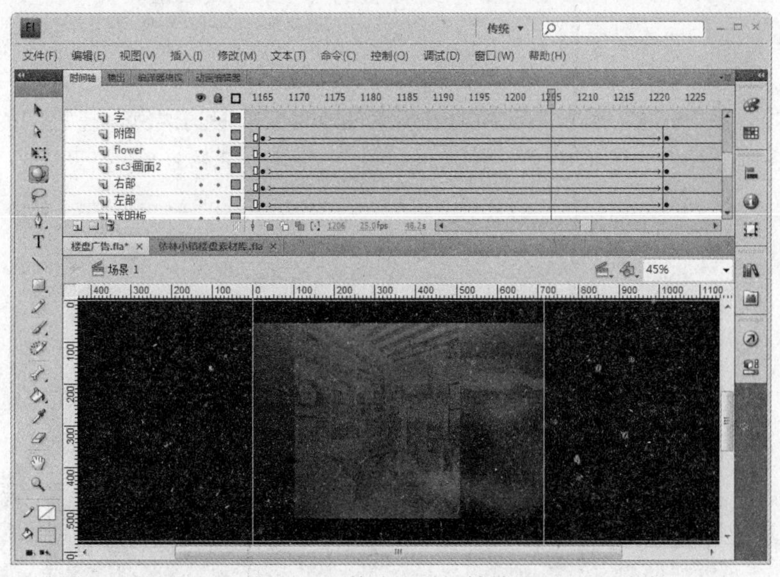

图 2-83　镜头三时间轴效果

五、镜头四——片尾

（1）新建一个文件夹，命名为 SC4。插入一个新图层，命名为“sc4-画面 1”。在该层的第 1 185 帧设置关键帧。按 Ctrl+L 组合键，将“片尾 1.jpg”文件拖放到舞台上，按 Ctrl+K 组合键打开“对齐”面板，设置图片相对于舞台水平居中对齐、垂直居中对齐。按 F8 键，将其转换为图形元件，命名为“片尾 1”。选中该层的第 1 255 帧，按 F6 键，插入关键帧。单击该层 1 185 帧中的实例，将它们的颜色 Alpha 值设置为 0%。在第 1 185～1 255 帧之间创建传统补间动画，如图 2-84 所示。

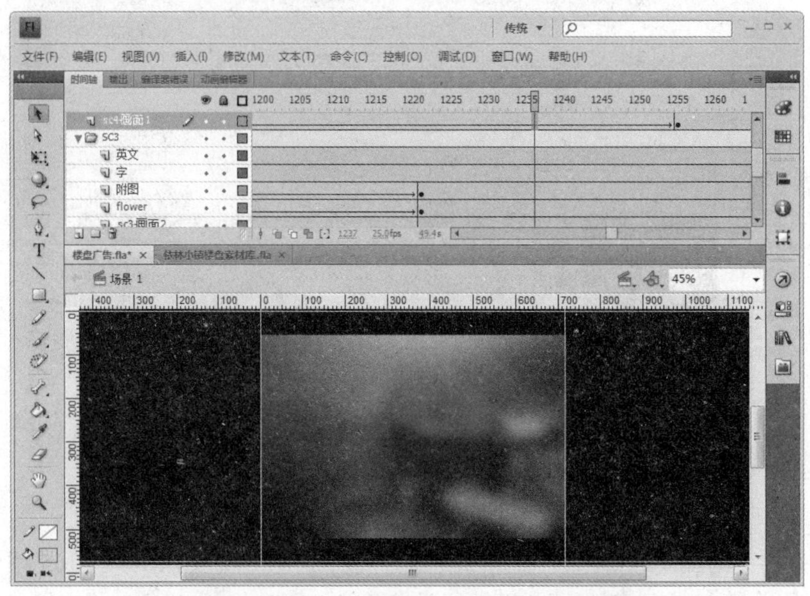

图 2-84　在“sc4-画面 1”图层上进行调整

（2）新建图层，命名为“sc4-画面 2”。在该层的第 1 265 帧设置关键帧。按 Ctrl+L 组合键，将“片尾 2.jpg”文件拖放到舞台上，按 Ctrl+K 组合键打开“对齐”面板，设置图片相对于舞台水平居中对齐、垂直居中对齐。按 F8 键，将其转换为图形元件，命名为“片尾 2”。选中该层的第 1 340 帧，按 F6 键，插入关键帧。单击该层 1 265 帧中的实例，将它们的颜色 Alpha 值设置为 0%。在第 1 265～1 340 帧之间创建传统补间动画，如图 2-85 所示。

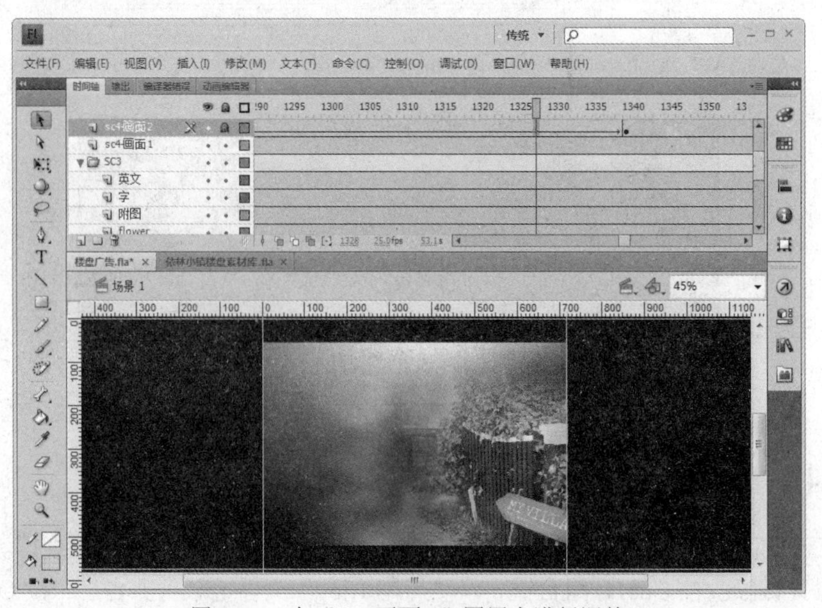

图 2-85　在“sc4-画面 2”图层上进行调整

（3）新建图层，命名为“sc4-画面 3”。在该层的第 1 330 帧设置关键帧。按 Ctrl+L 组合键，将“片尾 3.jpg”文件拖放到舞台上，按 Ctrl+K 组合键打开“对齐”面板，设置图片相对于舞台水平居中对齐、垂直居中对齐。按 F8 键，将其转换为图形元件，命名为“片尾 3”。选中该层的第 1 430 帧，按 F6 键，插入关键帧。单击该层 1 330 帧中的实例，将它们的颜色 Alpha 值设置为 0%。在第 1 330～1 430 帧之间创建传统补间动画，如图 2-86 所示。

图 2-86　在“sc4-画面 3”图层上进行调整

（4）制作“荧光”元件。按照镜头二中的“老电影效果”元件来完成“荧光”元件的制作，这里两个元件唯一的区别在于，老电影效果中是线条从下到上划过舞台，荧光中是白色到透明的放射状填充的圆形，此圆形的宽和高分别为 5 像素、5 像素，效果如图 2-87 所示（右图是显示比例放大 2 000%后的效果）。

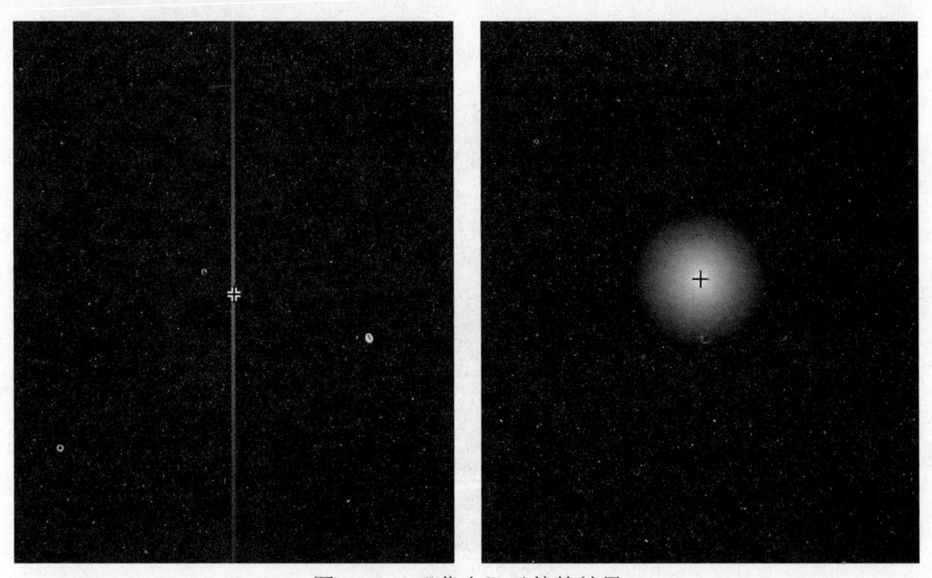

图 2-87　“荧光”元件的效果

（5）按 Ctrl+E 组合键，返回主场景。在“sc4-画面 3”上新建图层，命名为“荧光”。在该层的 1 225 帧设置关键帧。按 Ctrl+L 组合键，将“荧光”元件拖放到舞台底部。按 Ctrl+K 组合键打开“对齐”面板，设置图片相对于舞台垂直中齐，如图 2-88 所示。

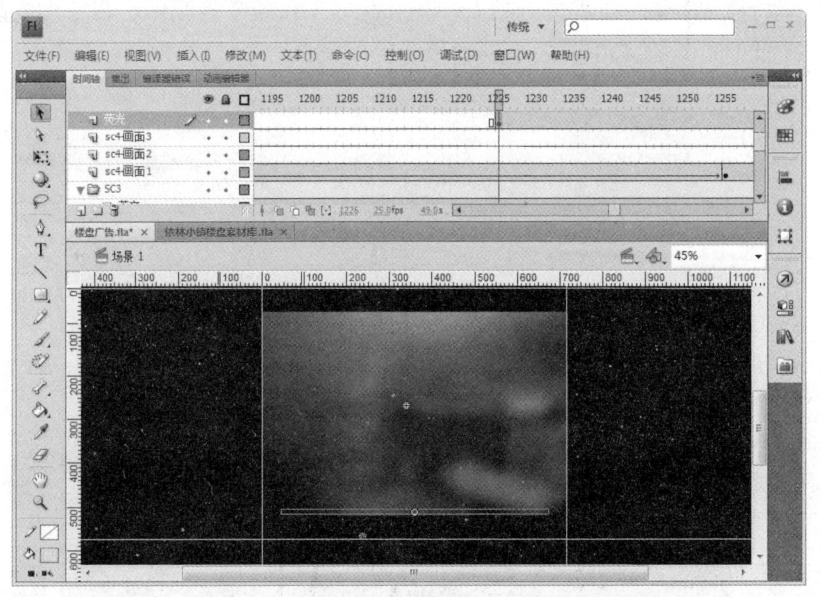

图 2-88　调整“荧光”元件

（6）在“荧光”图层上新建图层，命名为 LOGO-END。在该层的 1 450 帧设置关键帧。按 Ctrl+L 组合键，将 SC1 文件包中的 SC1-logo 元件拖放到舞台左侧，设置该元件颜色属性中的色调为白色，着色量为 100%，最终效果如图 2-89 所示。

图 2-89　最终效果

任务四　文件优化及发布

（1）选择“控制→测试影片→测试”菜单命令（或使用 Ctrl+Enter 组合键）打开播放器窗口，即可观看到动画，如图 2-90 所示。

图 2-90　测试影片

（2）选择“文件→导出→导出影片”菜单命令，弹出“导出影片”对话框，在“文件名”组合框中输入“楼盘广告.swf”，保存类型选取“SWF 影片（.swf）”选项，然后单击“保存”按钮进行保存即可，如图 2-91 所示。

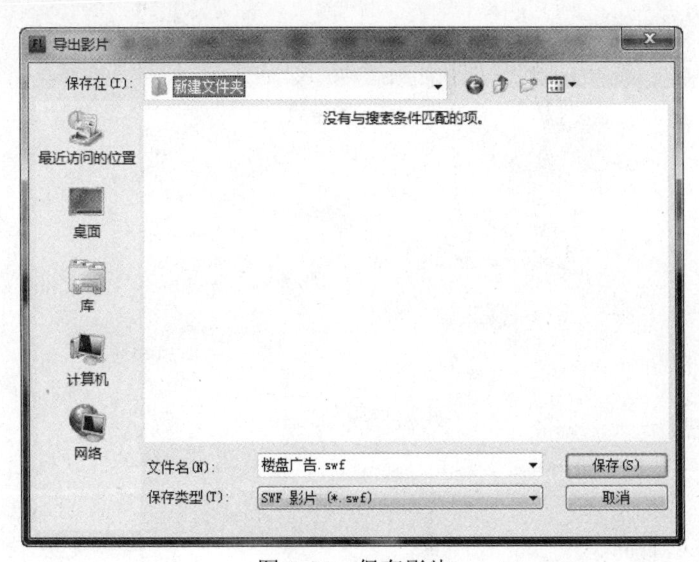

图 2-91　保存影片

拓展项目——商业楼盘宣传片

项目任务

设计并制作一个商业楼盘宣传片。

客户要求

为商业楼盘设计宣传片，突出主题，动画符合购物商圈特征与风格。

关键技术

- 素材选取及画面表达。
- 动画节奏及时间控制。

参考效果图

参考效果图如图 2-92 所示。

图 2-92　参考效果图

项目三

Flash 电子相册

学习目标

- 熟练使用 Flash 软件开发二维动画项目。
- 掌握 Flash 电子相册的一般制作流程。
- 能够熟练使用 Flash 动画技术制作文字、图片等特效动画。
- 能够利用 ActionScript 脚本语言制作交互动画、场景动画。

知识链接

一、Flash 电子相册的一般制作流程

Flash 电子相册是以各类照片为基本素材，搭配时尚、丰富多样的背景画面与好听的音乐，生动的文字及动画特效等，用 Flash 软件制作而成的新颖、美观、实用的新一代电子相册作品。它以一种现代新兴的影视艺术表现形式，给人一种图文并茂、声光融汇的视觉冲击效果，富有极强的叙事性，观赏性和艺术表现力。

Flash 电子相册通过多种形式的动画效果变换过程较完美地展现摄影（照片）画面的精彩瞬间，给欣赏电子相册的人带来欢乐和美好的回忆。制作者可以通过文字编辑等手段，充分展示照片的思想内涵，呈现电子相册潜在的艺术主题。并且，一套电子相册可以同时发布成多种格式的文件，其中有 Flash、HTML、GIF、JPEG、PNG、Windows 放映文件（.exe）、Macintosh 放映文件。人们可以任选其中一种或几种格式发布文件，这样就可以方便地随时随地感受到用电子相册记录下来的那段美好的记忆时光了。

要想制作出一个漂亮、观赏性强的电子相册，在制作前就应该对 Flash 电子相册制作流程中的每个阶段、每个细节都进行详细的计划与安排，然后按部就班地一步步去完成。Flash 电子相册的制作流程一般可分为如下 5 个阶段。

1. 背景页面模板制作

首先是要根据自己的喜好和构思来确定整个相册的主题，依据主题选择或下载一些已有素材模板进行编辑修改，或者通过自定义要添加的元素来亲自动手设计并制作电子相册所需要的每一页背景模板。这里一般采用 Photoshop、CorelDRAW、Illustrator 等应用软件进行编辑制作，主要是确定好元素的所在位置、大小、旋转角度、叠放层次、阴影效果、透明度、照片边框等属性，按指定文件格式保存每个背景页面（一般保存成 PNG 透明格式的文件，方便照片的插入），生成对应的若干模板。图 3-1 所示为一组儿童相册的背景页面模板效果图。

图 3-1　儿童相册背景页面模板效果图

2. 照片素材准备

要做出个性化、实用的电子相册，首先要挑选足够数量的电子照片，照片尽量为外景或室内光线充足的照片，或是影楼的写真艺术照等（照片最好是同类别的，即全是生活照或全是写真照等，这样做出的相册效果会更加协调，富有美感）。根据个人爱好和搭配需要可以利用 Photoshop 等图像处理软件对电子照片进行相应的修饰处理，如调节电子照片的明暗度和色彩等，在不影响照片观赏效果的前提下，针对电子相册总容量的限制要求对照片进行必要的剪裁。图 3-2 所示为一组宠物狗室内写真照片效果图。

图 3-2　宠物狗室内写真照片效果图

3. 音乐素材准备

电子相册的背景音乐与一些 Flash 动画的特殊音效可根据个人兴趣与爱好进行选择，要求是 WAV 或 MP3 格式的音乐文件。如果选用的音乐文件的播放时间与电子相册模板的播放时间配合不够协调，则可以根据电子相册模板的时间，利用 Goldwave、Cooledit 等音频处理软件对歌曲或特殊音效进行编辑和裁剪，以使音乐与模板时间一致、配合协调。

4. 页面动画制作

还需要为每个背景页面添加相应的动画效果，让静止的页面变得生动起来。这里可以添加一些文字特效的小动画来帮助展示相册主题，可以通过图片切换、放大、淡入、淡出等效果以多种形式呈现照片内容，并可适当添加一些闪烁的小星星、下落的花瓣等活泼的常见 Flash 小动画来点缀背景页面，使人们在欣赏电子照片的时候在感受到鲜活、美好记忆的同时，体味到一种动态的美感享受。页面动画可以直接做在对应图层上，也可以把动画做成一个个的影片剪辑元件，再根据实际需要放到合适位置。

5. 动画调试及发布

将所有的电子照片和页面动画合理插入到相应的每页背景模板中之后，就基本完成了整个动画的制作过程，接下来要做的就是动画发布前的调试工作。调试阶段主要是查看所添加的动画是否按照所期望的情况进行播放、效果是否流畅、衔接是否紧凑、所有页面的大小和色彩等细节是否完全符合设计要求，如果发现问题，则要及时纠正以完善作品的效果及质量。

经过调试没有问题后便可直接发布 Flash 动画，在动画的发布设置中，用户可以对动画的文件格式、画面和声音品质等进行设置，根据动画文件的使用环境和实际用途设置合理的参数，避免出现为了提高动画品质而增加文件大小，从而影响文件的正常传输和不必要的空间浪费。

二、元件、实例、帧及其相关操作

1. 元件

Flash 元件是放置在库里的可以反复使用的图形、按钮或动画，它主要有图形元件、按钮元件和影片剪辑元件 3 种类型。

（1）图形元件：可以用来创建单帧的图形，也可以用来创建一段动画。图形元件有自己独立的时间轴，当主时间轴与它具有相当长度的帧数时，图形元件上的动画可以正常地与主时间轴同步播放。当主时间轴的帧数长度多于图形元件的帧数长度时，图形元件上的动画将随着主时间轴的播放进度循环播放。当主时间轴的帧数长度少于图形元件的帧数长度时，图形元件上的动画将无法完整播放。图形元件不具有交互性能，也不能添加滤镜效果及设置混合模式。

图形元件的创建方法有两种：一种是通过选择“插入→新建元件”菜单命令或按 Ctrl+F8 组合键，弹出“创建新元件”对话框，如图 3-3 所示，在“名称”文本框中输入新元件名称，在“类型”下拉列表框中选择“图形”选项，再单击“确定”按钮，就会进入元件编辑窗口，如图 3-4 所示。与主场景窗口不同，在图形元件编辑窗口中，在场景 1 名称后面会出现元件类型图标及元件名称，表示正在编辑此元件。窗口中的十字符号表示图形元件的中心。元件编辑完成后，可以通过单击“场景 1”名称图标或按 Ctrl+E 组合键，返回到主场编辑窗口，编辑好的新元件会自动保存在库里以备使用。另一种创建图形元件的方法是将已经绘制好的图形或制作好的动画序列转换成新图形元件，通过选择“修改→转换为元件”菜单命令或按 F8 键，可以创建为单帧图形或一段动画的图形元件，并且在转换成新元件的同时可以指定注册中心点，如图 3-5 所示。

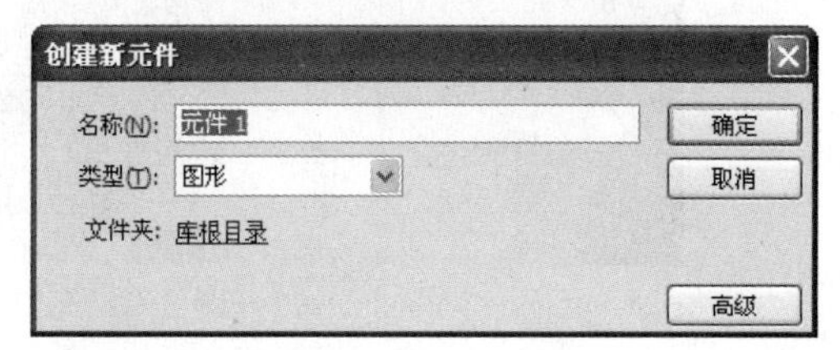

图 3-3　创建新元件

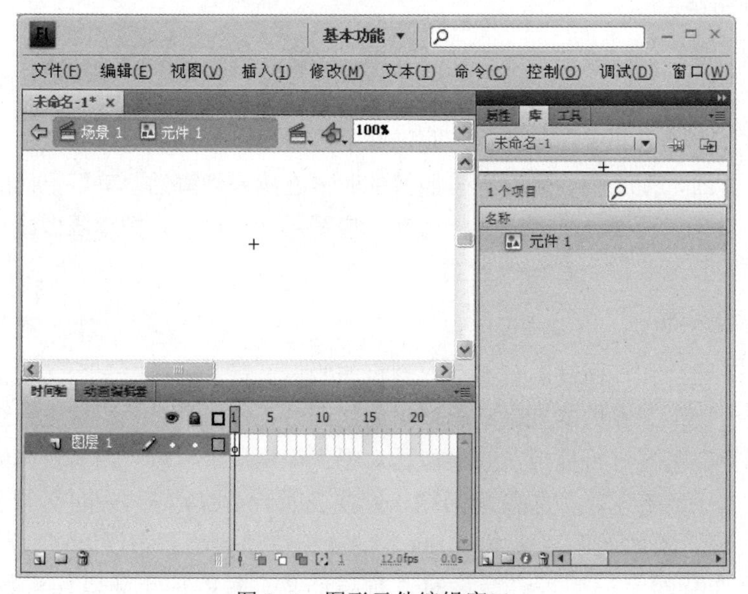

图 3-4　图形元件编辑窗口

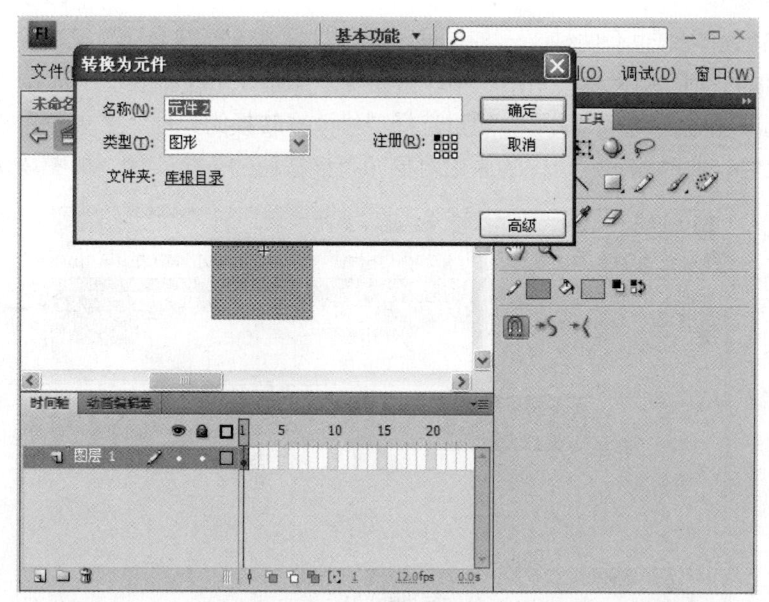

图 3-5　转换为元件

（2）按钮元件：主要用于实现交互操作，有时也用来制作一些特殊动画效果，如鼠标跟随等。按钮元件共有 4 种状态：弹起、指针经过、按下和点击，如图 3-6 所示。

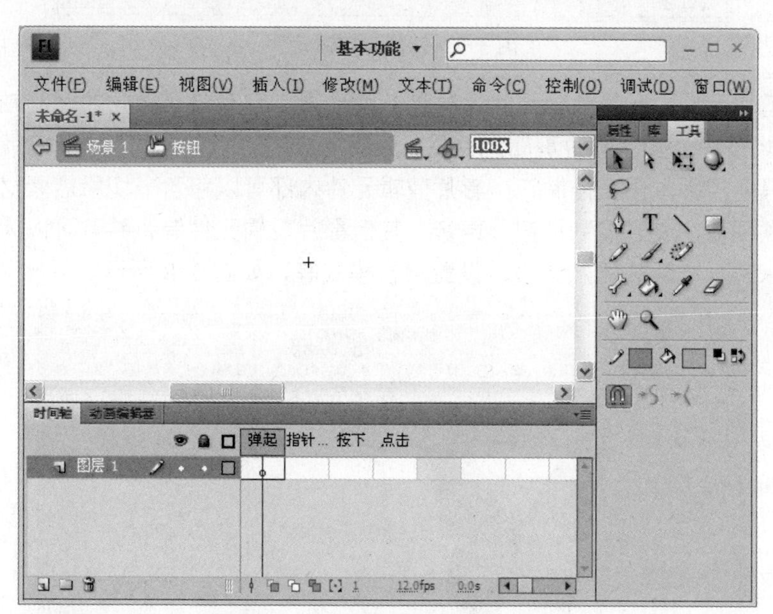

图 3-6　按钮元件的 4 种状态

按钮元件的编辑窗口与图形元件类似，只是时间轴发生了变化，实际上是由弹起、指针经过、按下、点击 4 帧组成，其中各帧所代表的含义如下。

- 弹起：指鼠标指针没有触碰过按钮时的外观显示状态。
- 指针经过：指鼠标指针滑过按钮时，按钮呈现的外观显示状态。
- 按下：指鼠标左键点按按钮时，按钮呈现的外观显示状态。
- 点击：指按钮的有效点击区域。

按钮元件的创建方法也有两种：一种是通过选择“插入→新建元件”菜单命令或按 Ctrl+F8 组合键，在弹出的“创建新元件”对话框中，只要在“类型”下拉列表框中选择“按钮”选项即可；另一种是选择已经绘制好的图形，通过选择“修改→转换为元件”菜单命令或按 F8 键，将其转换为按钮元件，此时编辑窗口中的原始对象即为该按钮的一个实例，如图 3-7 所示。

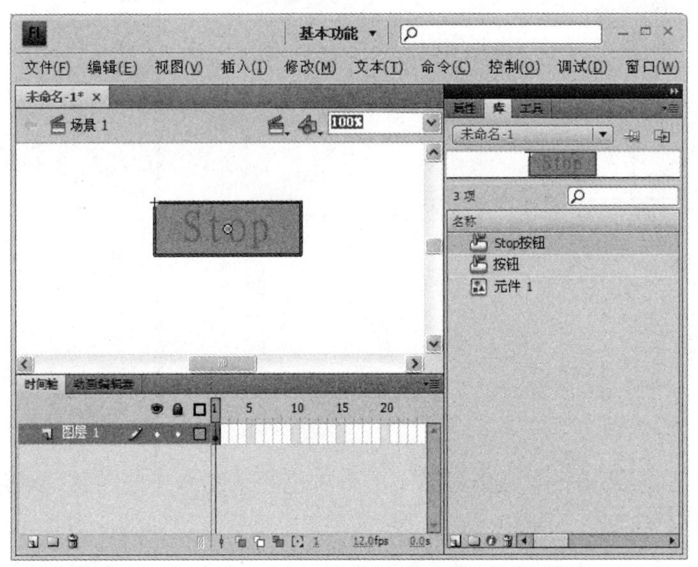

图 3-7　转换为按钮元件

（3）影片剪辑元件：影片剪辑元件本身是一段动画，它有自己独立的时间轴（不受主时间轴限制）。当在场景中添加了影片剪辑元件后，只要播放主时间轴上的动画，它就会跟着自动循环播放，这时只能用脚本语言控制它。影片剪辑元件内部可以包含一切所需素材，这些素材可以是单独的一帧图像、交互控制按钮、声音、其他影片剪辑元件等，并且可以为影片剪辑元件添加动作脚本来实现交互或添加滤镜、设置混合模式等，如图 3-8 所示。

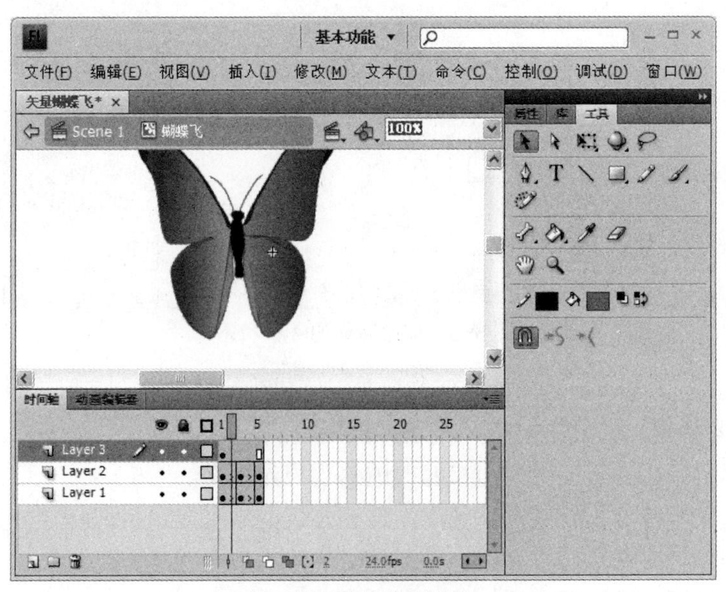

图 3-8　影片剪辑元件

影片剪辑元件的直接创建方法与图形元件相同，只要在“类型”下拉列表框中选择“影片剪辑”选项即可。另一种是把已创建好的动画序列转换为影片剪辑元件，即选择动画序列的所有帧，单击鼠标右键，弹出快捷菜单，选择“剪切帧”或“复制帧”命令，通过按 Ctrl+F8 组合键新建一个影片剪辑元件。再次单击鼠标右键，弹出快捷菜单，选择“粘贴帧”命令，将其转换为影片剪辑元件。

2. 实例

当把元件从库里拖到场景或其他元件中使用时，称其为元件的一个实例。实例是一个独立对象，人们可以给实例命名，它具有位置和大小、色彩效果、混合模式等属性。实例与实例之间不会相互影响，修改一个实例的属性不会影响元件。但如果库中元件一旦被修改，则该元件的所有实例都会发生相应的变化。

3. 帧

帧是时间轴上的一个个小格，它是 Flash 中最小的时间单位。根据帧的不同作用，可以将帧分为以下 3 类，如图 3-9 所示。

- 关键帧：包括关键帧和空白关键帧。关键帧用于定义动画中对象的主要变化，它在时间轴中以实心的黑色小圆表示，动画中所有需要显示的对象都必须添加到关键帧中；空白关键帧在时间轴中以空心的小圆表示，主要用于结束或间隔动画中的画面。
- 普通帧：就是不起关键作用的帧，它在时间轴上以灰色方块表示，主要用于延续关键帧的状态。
- 过渡帧：包括动画过渡帧和形状过渡帧。它是通过计算过渡帧前后两个关键帧得到的一些帧，其中包含了元件的属性变化。

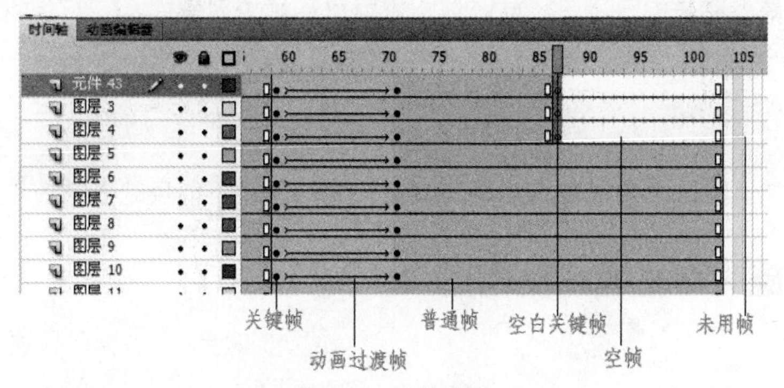

图 3-9 帧的类型

帧的创建方法有菜单命令、快捷键和右键快捷菜单 3 种，见表 3-1。

表 3-1 帧的创建方法

帧类型	快捷键	菜单命令	右键菜单
关键帧	F6	插入→时间轴→关键帧	插入关键帧
空白关键帧	F7	插入→时间轴→空白关键帧	插入空白关键帧
普通帧	F5	插入→时间轴→帧	插入帧

人们可以通过单击、拖动等方式选择、移动单帧与多帧。对于选定的帧可以通过右键快捷

菜单进行剪切、复制、粘贴、删除等编辑操作。

三、遮罩动画

1. 遮罩原理与创建

遮罩动画是通过遮罩层有选择地显示位于其下方的被遮罩层中的内容。在一个遮罩动画中，遮罩层只有一个，被遮罩层可以有多个。遮罩的作用就是使场景或某个特定区域外的对象不可见。有时也可只遮挡住元件的某一部分，形成一些特殊效果。

遮罩的创建方法很简单，只需在选中的图层上单击鼠标右键，在弹出的快捷菜单中选择“遮罩”命令，则当前图层转变为遮罩层，图层图标变成遮罩层图标，并自动把其下方的一个图层变为关联的被遮罩层，图标也更改成被遮罩层图标。如果想让更多的图层变为关联的被遮罩层，则只需将相应的图层拖到被遮罩层下方即可，如图 3-10 所示。

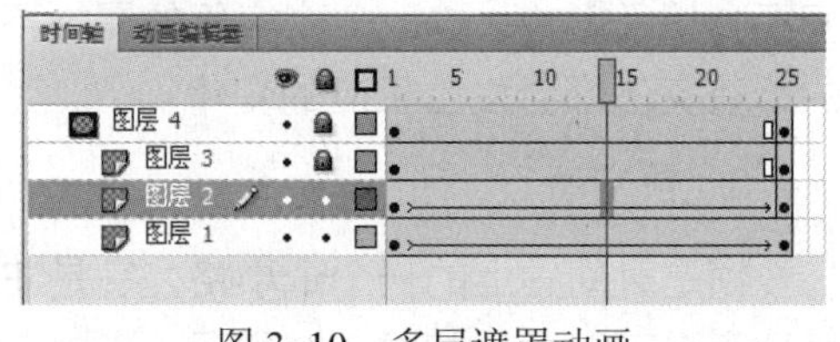

图 3-10 多层遮罩动画

2. 遮罩元素与技巧

（1）遮罩层中的对象可以是图形、按钮、影片剪辑、文字、位图等，但不能使用线条（如果一定要用线条，可将其转换为填充），并且这些对象在动画播放时是看不到的。被遮罩层中的对象只能透过遮罩层中的对象被看到，可以是图形、按钮、影片剪辑、文字、位图、线条等。人们可以在遮罩层或被遮罩层中分别或同时使用形状补间动画、动作补间动画、引导动画等多种动画手段，从而使遮罩动画变成一个可以施展无限想象力的创作空间。

（2）要在场景中显示遮罩效果，可以锁定遮罩层和被遮罩层。

（3）不能用一个遮罩层试图去遮罩另一个遮罩层。

（4）可以用 AS 语句建立遮罩，但这种情况下只能有一个被遮罩层，并且不能设定其 Alpha 属性。

（5）遮罩上的透明度、渐变色、线条与颜色样式等属性不能反映到被遮罩层上。

项目实施——主题写真相册

任务一　电子相册创意方案编写

写真照片主要是由客户的主观意识决定，结合摄影师的建议，通过服装造型、场景、表情动作等的完美结合来表现自身个性，展示故事情境，表达主题情结等，以此留下对青春、对精彩瞬间的美好记忆。

本项目针对时下流行的主题写真摄影而设计，内置多种不同风格的背景页面模板，画面精美、清晰，展现典雅公主气质、时尚却不张扬的自我个性、视觉传达内心宣言等主题，内页嵌入优美的动画设计，配上相应的文字与图片，把摄影的精彩瞬间串成幸福的电子相册，让人们翻看这些艺术照片的同时回忆起一段甜美的时光。

效果展示

背景页面效果展示如图 3-11 所示。

图 3-11　背景页面效果展示

任务二　素材准备 

一、动画环境设置

（1）新建一个 Flash 文件，设置影片舞台尺寸为 900 像素 × 610 像素，设置背景为白色、帧频为 12fps，将文件以“主题写真相册”命名并保存，如图 3-12 所示。

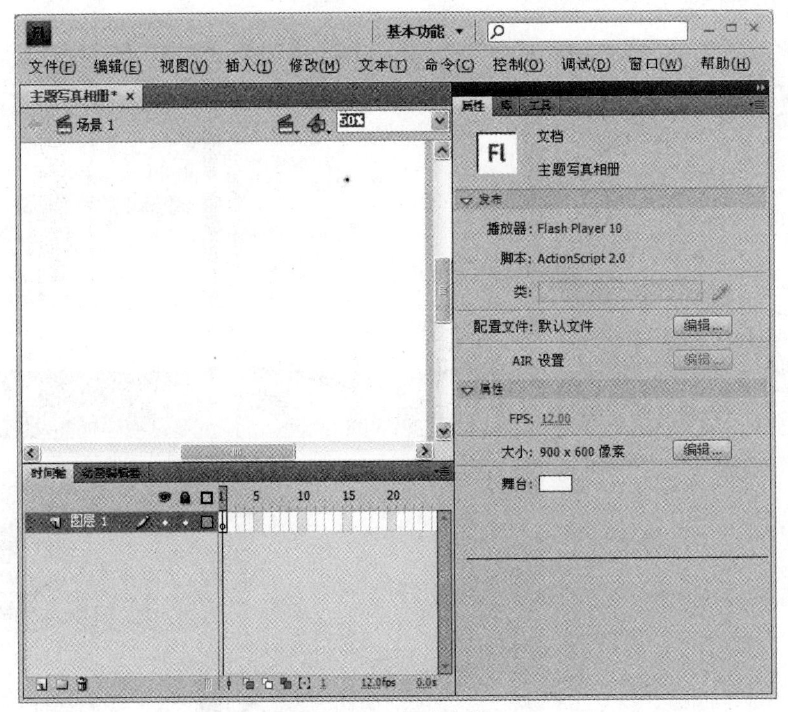

图 3-12 新建文档

（2）按 Ctrl+Alt+Shift+R 组合键，打开标尺，用选择工具为舞台添加辅助线，如图 3-13 所示。

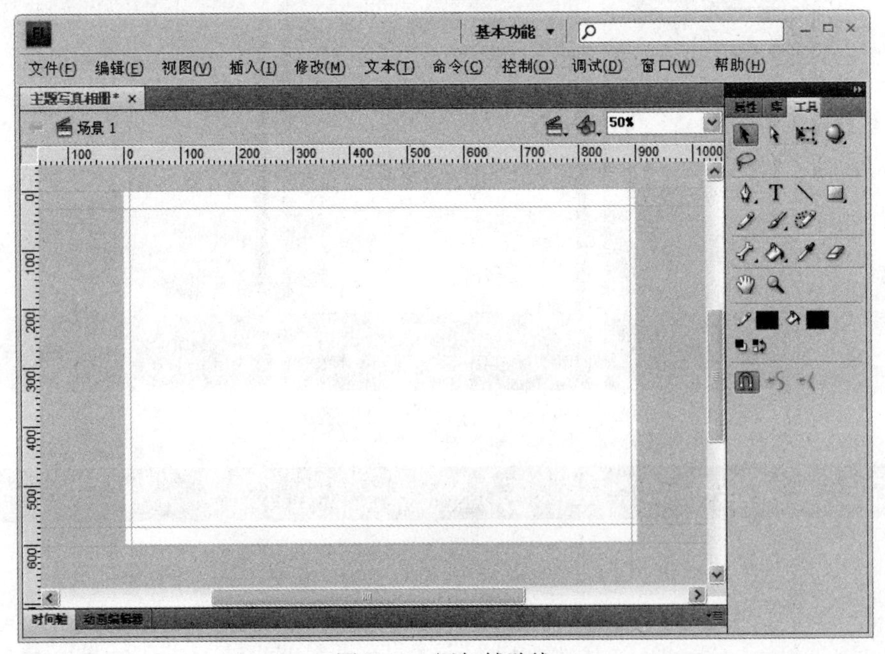

图 3-13 添加辅助线

（3）选择“文件→导入→导入到库”菜单命令，导入背景音乐（you can trust in me.mp3），并导入图片素材 1 页.png～12 页.png，如图 3-14 所示。

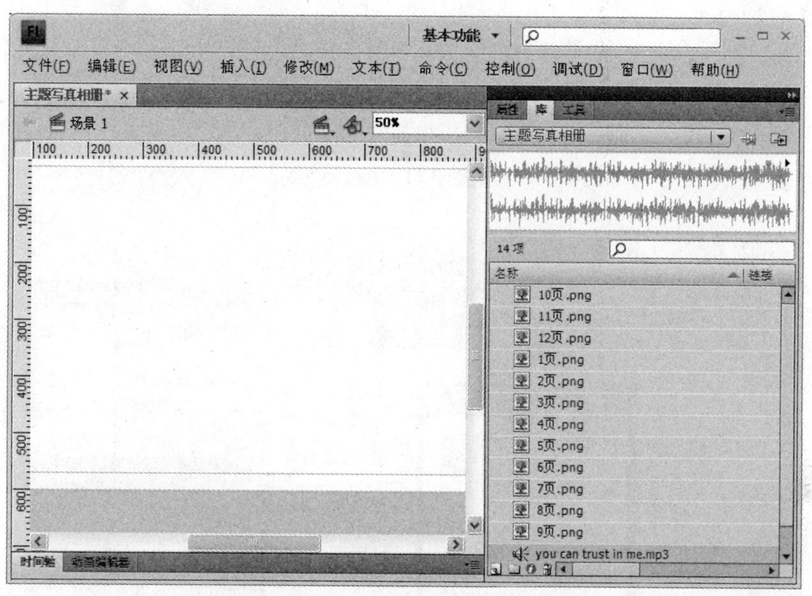

图 3-14　导入声音、背景页面素材

（4）添加背景音乐。将图层 1 重命名为“音乐”，将 you can trust in me.mp3 文件从库中拖放到舞台上，将同步模式设置为“事件”，循环播放，如图 3-15 所示。

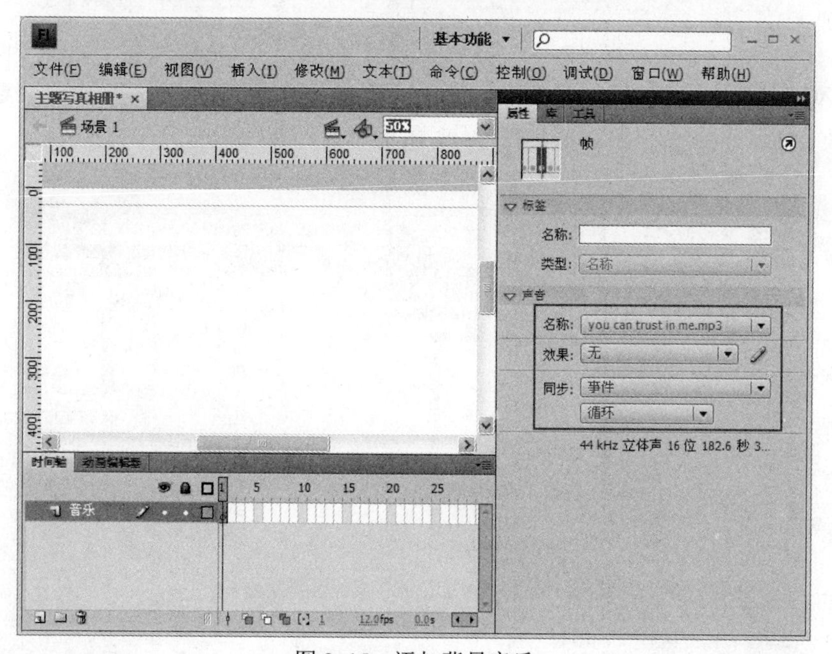

图 3-15　添加背景音乐

（5）制作背景页面元件。按 Ctrl+F8 组合键，创建一个新的影片剪辑元件，命名为“背景页面”，如图 3-16 所示。

（6）将图层 1 重命名为“背景页面”，在按住 Shift 键的同时分别单击第 1、12 帧，选中 1～12 帧，按 F6 键，插入关键帧。选择第 2 帧，将“2 页.png”文件拖放到舞台上，调整大小（宽为 440，高为 550）。按 Ctrl+K 组合键打开“对齐”面板，设置其相对于舞台左对齐、顶对齐（也可以在属性面板设置位置坐标 x、y 的值都为 0），如图 3-17 所示。

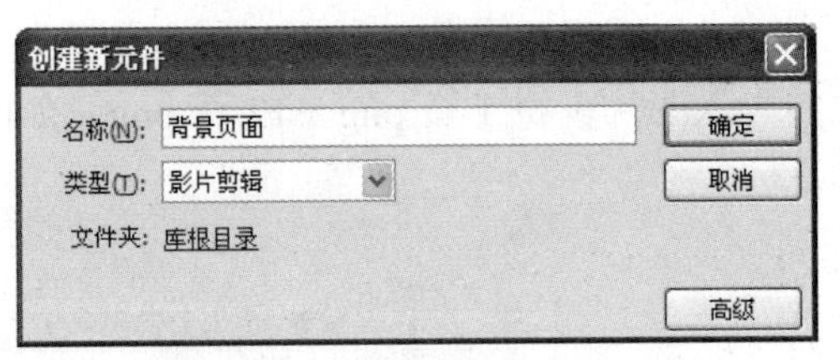

图 3-16　创建“背景页面”元件

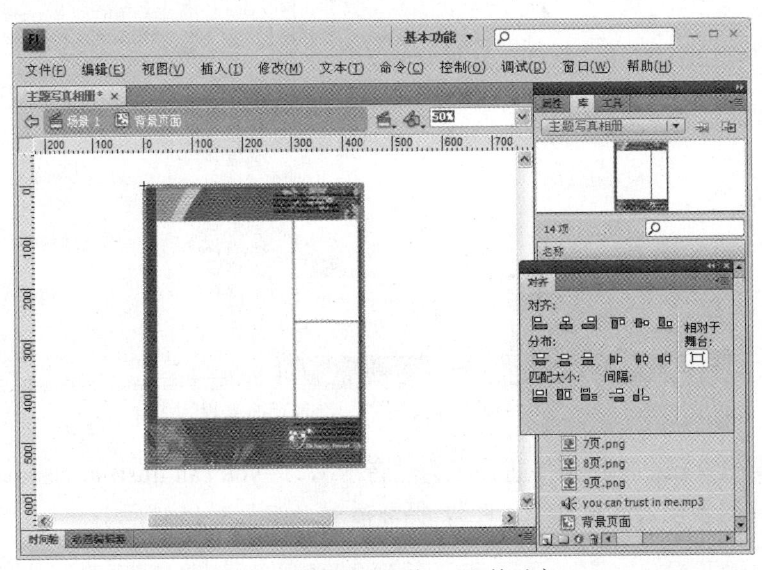

图 3-17　插入“2 页.png”并对齐

（7）分别选择第 3～12 帧，并将 3 页.png～12 页.png 插入到对应的关键帧上，按 Ctrl+K 组合键打开“对齐”面板，设置每个关键帧上的页面对象相对于舞台左对齐、顶对齐，如图 3-18 所示。

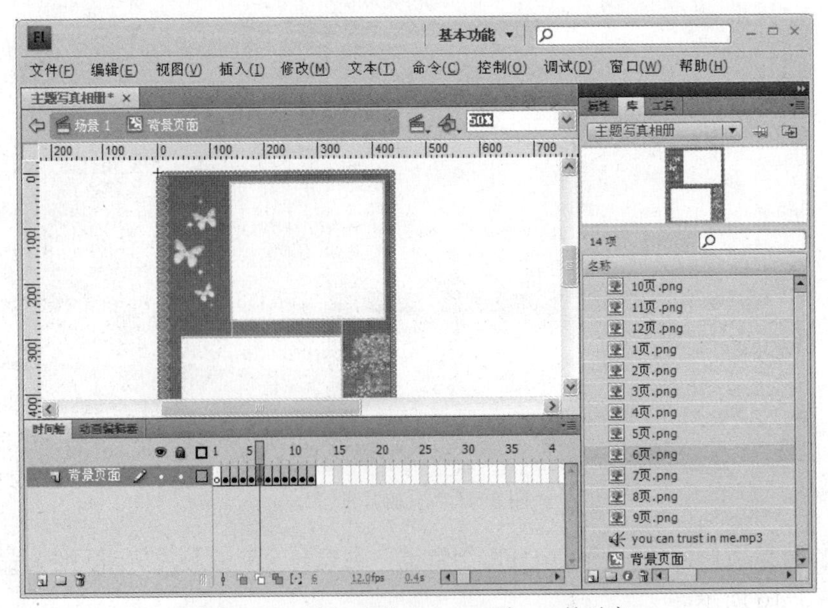

图 3-18　插入 2 页.png～12 页.png 并对齐

（8）选择第 1 帧，利用矩形工具在舞台上绘制一个无边框的填充为黑色的矩形。选中刚绘制的矩形，在属性面板设置其宽、高分别为 440 和 550。按 Ctrl+K 组合键打开“对齐”面板，设置相对于舞台左对齐、顶对齐，如图 3-19 所示。

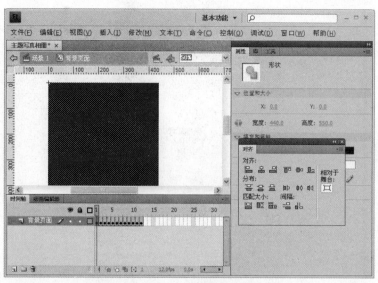

图 3-19　绘制矩形并设置

（9）新建图层，命名为“页面动画”，并将其拖到“背景页面”图层下方，框选第 2～12 帧，按 F6 键，插入关键帧，如图 3-20 所示。

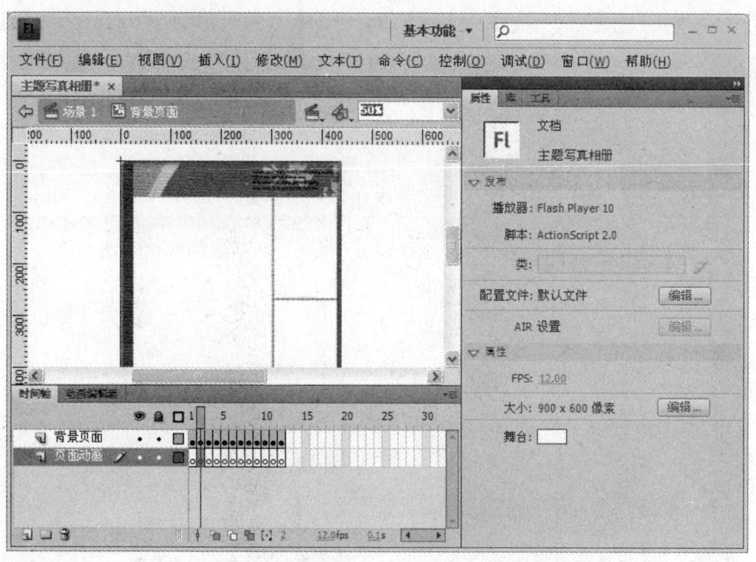

图 3-20　新建“页面动画”图层

二、页面动画制作

（1）制作飘落的心动画元件。按 Ctrl+F8 组合键，创建一个新的影片剪辑元件，命名为“心形”，进入其编辑窗口。选择钢笔工具，绘制出心形的轮廓线。利用转换锚点工具和部分选取工具调整其形状以至满意。按 Shift+F9 组合键打开颜色面板，在“类型”下拉列表框中选择“线性”选项，调整滑块的颜色和位置，使左、右滑块的颜色值为（#F086DC）和（#E0059F）。选择颜料桶工具填充心形，删除轮廓线，如图 3-21 所示（滑块的颜色和位置可根据个人喜好调整）。

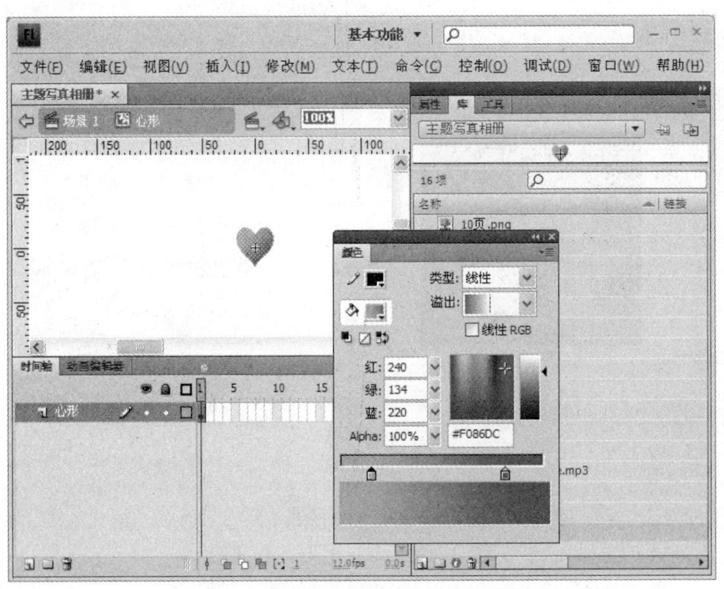

图 3-21　创建“心形”影片剪辑元件

（2）按 Ctrl+F8 组合键，创建一个新的影片剪辑元件，命名为“飘落的心”。进入其编辑窗口，将图层 1 重命名为“心形”，从库中拖动“心形”影片元件到舞台。按 Ctrl+K 组合键打开对齐面板，设置相对于舞台水平居中对齐、垂直居中对齐，在“属性”面板中指定实例名称为 heart，如图 3-22 所示。

图 3-22　创建“飘落的心”影片剪辑元件

（3）新建图层，重命名为 action。单击第 1 帧，按 F9 键，打开“动作-帧”面板，在代码编辑窗口输入如下代码，如图 3-23 所示。

```
stop();
import mx.transitions.Tween;
import mx.transitions.easing.*;
heart._visible = false;
var interval_id:Number;
var i:Number = 1;
var duration:Number = 200;
var total:Number = 500;
function create_heart()
{
    var fm = heart.duplicateMovieClip("fm" + i, total - i );

    fm._x = random(750) + 50;
    fm._alpha = random(40) + 61;
    fm._xscale = fm._yscale = random(60) + 41;

    if( i % 2 == 0 )
        rotation = random(90) - 270;
    else
        rotation = random(270) + 90;

    new Tween(fm, "_rotation", Regular.easeOut, rotation, 0, 1.5, true);
    new Tween(fm, "_x", Elastic.easeInOut, fm._x, fm._x + random(120) - 60, 3, true);
    fm_tween = new Tween(fm, "_y", None.easeOut, -30, 430, random(3) + 3, true);

    fm_tween.onMotionFinished = function()
    {
        removeMovieClip(fm);
    }
    if(i >= total)
    {
        i = 1;
    }
    i++;
}
interval_id = setInterval(this, "create_heart", duration);

bg.useHandCursor = false;
bg.onRelease = function()
{
    this.play();
}
```

图 3-23　代码

（4）制作晃动的“线条”图形元件。按 Ctrl+F8 组合键，创建一个新的图形元件，命名为“线条”。进入其编辑窗口，单击第 1 帧，选择矩形工具，设置笔触为 0.1，在舞台上绘制白色矩形，在“属性”面板中修改其宽度、高度属性值分别为 4 和 300。按 Ctrl+K 组合键，打开“对齐”面板，设置相对于舞台水平居中对齐、垂直居中对齐，如图 3-24 所示（暂时将舞台背景颜色修改成黑色）。

（5）按 Ctrl+F8 组合键，创建一个新的影片剪辑元件，命名为“晃动的线条”。进入其编辑窗口，新建图层 2～图层 6。单击图层 1 的第 1 帧，从库中拖动“线条”元件到舞台上，对齐到舞台中心。选择第 1 帧，复制帧，再分别选中图层 2～图层 6 的第 1 帧，粘贴帧，调节图层 2～图层 5 上元件的宽度属性为 1，调整图层 1、图层 6 上元件的宽度属性为 2，并摆放好位置，如图 3-25 所示。

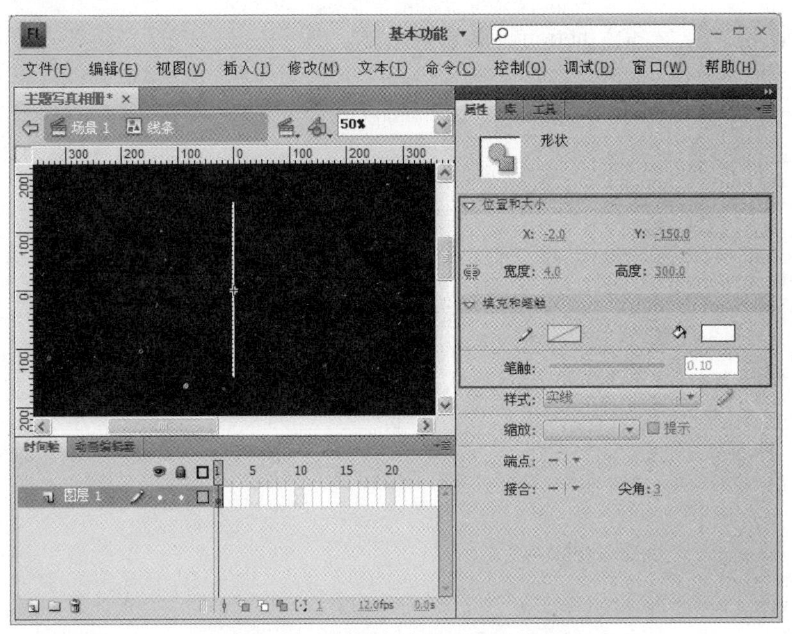

图 3-24　创建“线条”图形元件

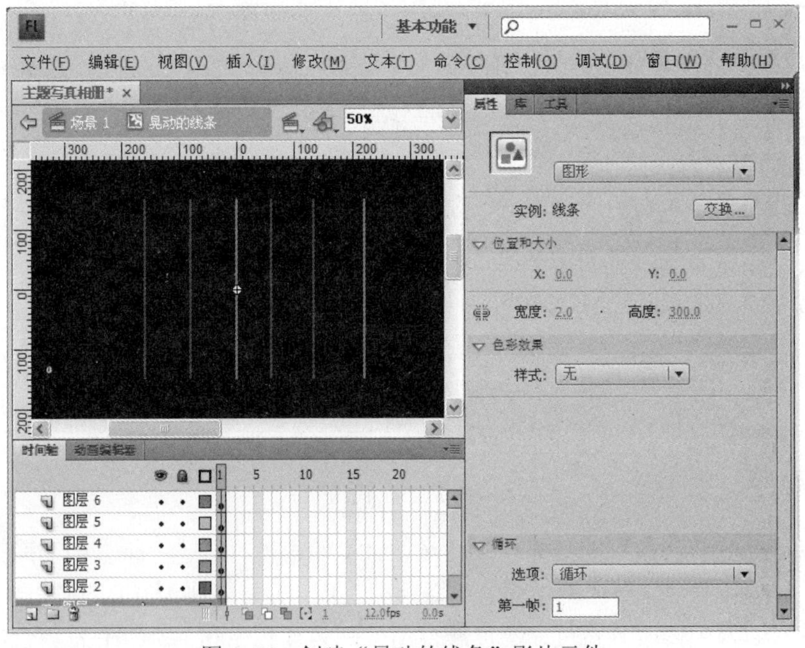

图 3-25　创建“晃动的线条”影片元件

（6）选择图层 1 的第 80 帧，按 F6 键，将线条水平向右移动一段距离。选择第 160 帧，按 F6 键，将线条水平向左移动一段距离，选中帧，创建传统补间。在图层 2～图层 6 中制作类似的线条移动动画（只是各图层位置不同，可根据自己喜好灵活掌握），如图 3-26 所示。

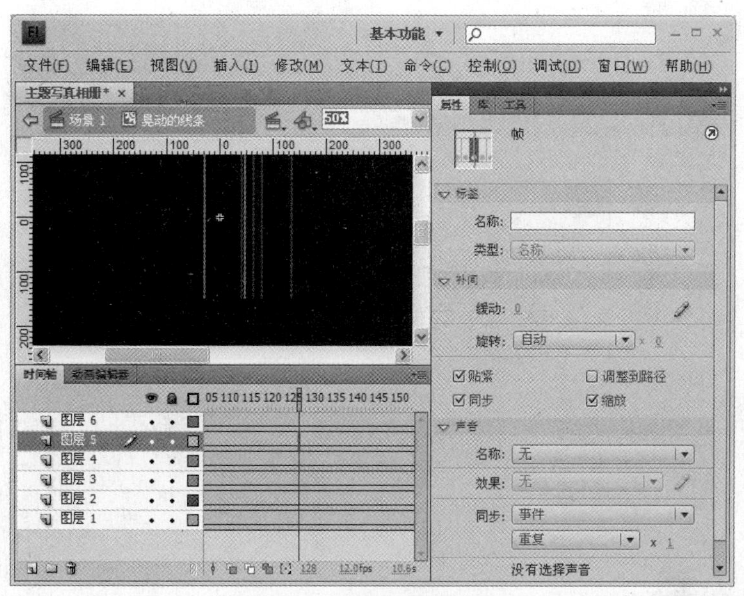

图 3-26 制作线条晃动动画

（7）制作“蝴蝶飞”影片元件。按 Ctrl+F8 组合键，创建一个新的影片剪辑元件，命名为“蝴蝶飞”。进入其编辑窗口，将图层 1 重命名为“右翅膀”，新建图层 2 并命名为“左翅膀”，新建图层 3 并命名为“身体”。选择“文件→导入→导入到库”菜单命令，导入图片素材左翅膀.png、右翅膀.png、身体.png。从库中拖动图片文件到对应图层的第 1 帧，并摆放好位置，如图 3-27 所示。

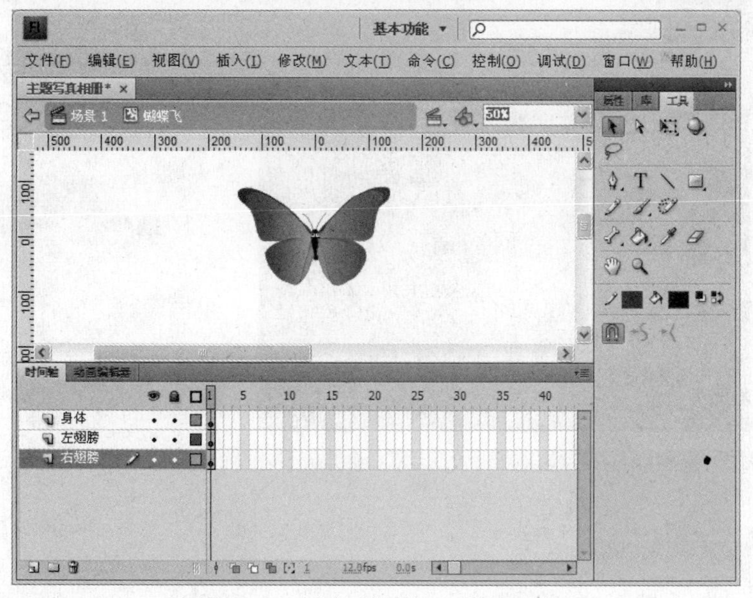

图 3-27 创建“蝴蝶飞”影片元件

（8）按 F8 键，将第 1 帧的 3 个图片分别转换成对应的图形元件，即身体、左翅膀、右翅膀。选择“身体”图层的第 5 帧，按 F5 键，插入普通帧。单击“左翅膀”图层的第 1 帧，选择任意变形工具，调整图形元件中心点到右侧边缘中点上，使用同样的方法调整“右翅膀”图形元件中心点到左侧边缘中点上，如图 3-28 所示。

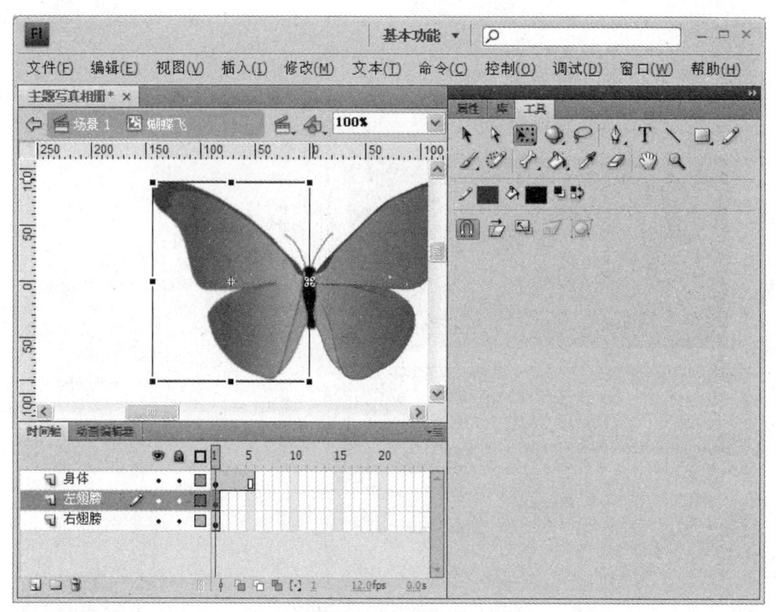

图 3-28　调整图形元件中心点的位置

（9）同时选择翅膀的两个图层的第 3 帧，按 F6 键，插入关键帧。再次选择两个图层的第 5 帧，按 F6 键，插入关键帧。选择第 3 帧的翅膀，运用任意变形工具调整其宽度和高度，选择中间帧，创建传统补间动画，如图 3-29 所示。

图 3-29　调整翅膀的形状

（10）按 Ctrl+F8 组合键，创建一个新的影片剪辑元件，命名为“蝴蝴飞舞”。进入其编辑窗口，从库中拖动“蝴蝶飞”影片元件到舞台上。按 F6 键，插入多个关键帧，调整每个关键帧的蝴蝶位置，利用任意变形工具调整蝴蝶的旋转方向，完成蝴蝶飞舞动画，如图 3-30 所示。

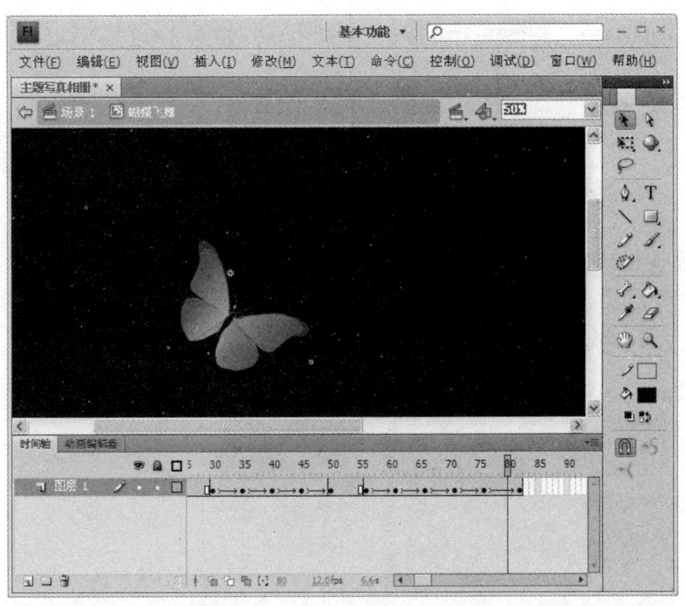

图 3-30 制作蝴蝶飞舞动画

（11）制作“雪花”动画元件。按 Ctrl+F8 组合键，创建一个新的图形元件，命名为“雪花”。进入其编辑窗口，将舞台显示比例设为 400%，选择椭圆工具在舞台的中心绘制无笔触颜色的填充白色的圆，调整填充类型为放射状，调整滑块位置，修改右侧滑块的 Alpha 值为 53%，如图 3-31 所示。

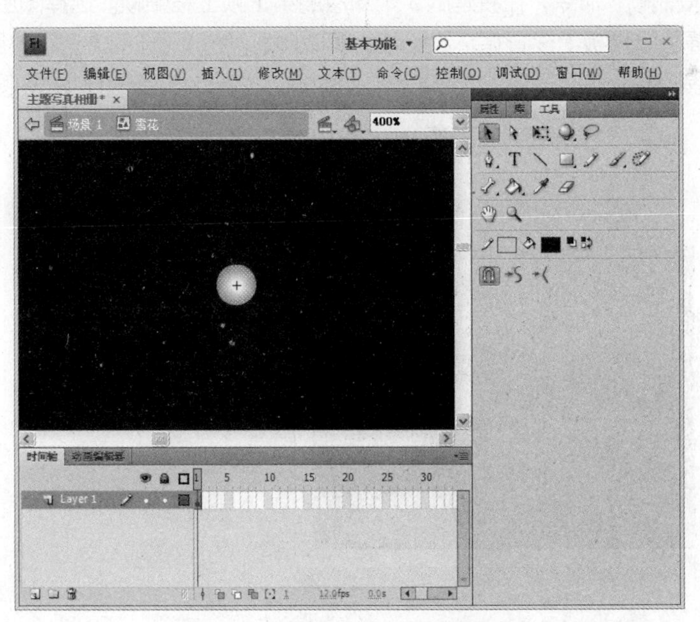

图 3-31 创建“雪花”图形元件

（12）按 Ctrl+F8 组合键，创建“下雪 1”图形元件。从库中把“雪花”图形元件拖放到舞台上，单击图层 1，添加传统运动引导层，在引导层上用铅笔工具绘制一条平滑的线条路径。在引导层的第 80 帧，按 F5 键，插入普通帧。在图层 1 的第 80 帧按 F6 键插入关键帧，打开“贴紧至对象”，调整第 1 帧中的雪花位于引导线的上端，调整第 80 帧中的雪花位于引导线下端，在图层 1 的第 1～

80 帧之间创建传统补间动画，制作一片雪花飘落的动画，如图 3-32 所示。

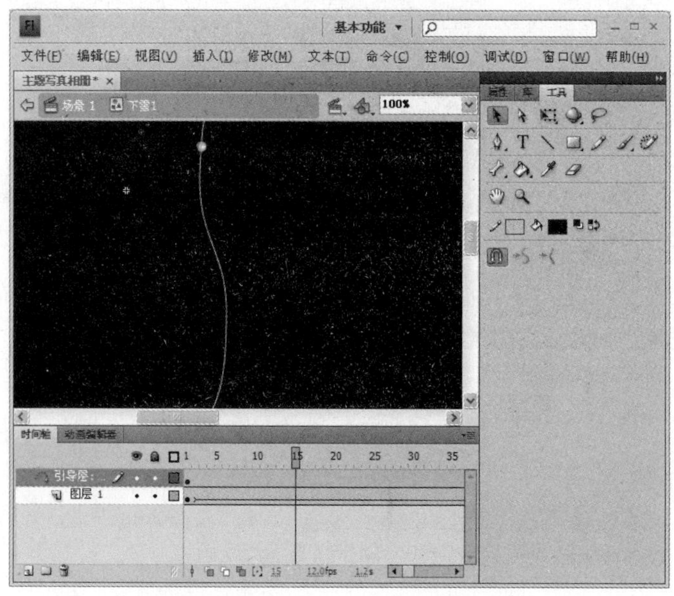

图 3-32　创建“下雪 1”图形元件

（13）按 Ctrl+F8 组合键，创建“下雪 2”图形元件，从库中把“下雪 1”图形元件拖放到舞台上，并在第 80 帧按 F5 键插入普通帧。新建 3 个图层，选中图层 1 的第 1 帧并单击鼠标右键，在弹出的快捷菜单中选择“复制帧”命令，在新建的 3 个图层的第 1 帧上粘贴帧。选择图层 2 第 1 帧上的“下雪 1”实例，在“属性”面板上设置循环起始帧为第 20 帧，使用同样的方法调整图层 3“下雪 1”实例的循环起始帧为第 40 帧，图层 4“下雪 1”实例的循环起始帧为第 60 帧，如图 3-33 所示。

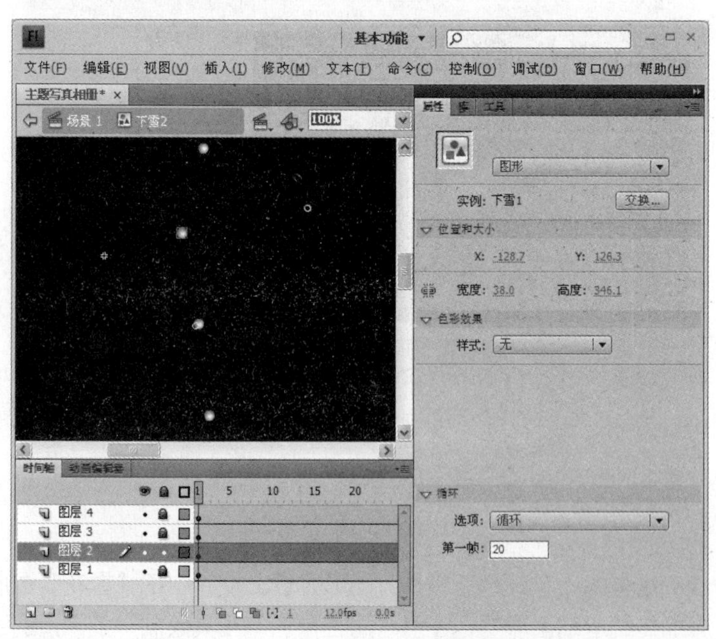

图 3-33　创建“下雪 2”图形元件

（14）按 Ctrl+F8 组合键，创建“下雪 3”影片元件。从库中把“下雪 2”图形元件拖放到舞台上，新建图层 2、图层 3，将雪花按照大雪、中雪和小雪分布在 3 个图层上，按住 Alt 键进行拖动复制，使雪花覆盖整个屏幕，并利用任意变形工具对其中的部分雪花进行缩放和水平翻转，在每层的第 80 帧按 F5 键插入普通帧，如图 3-34 所示。

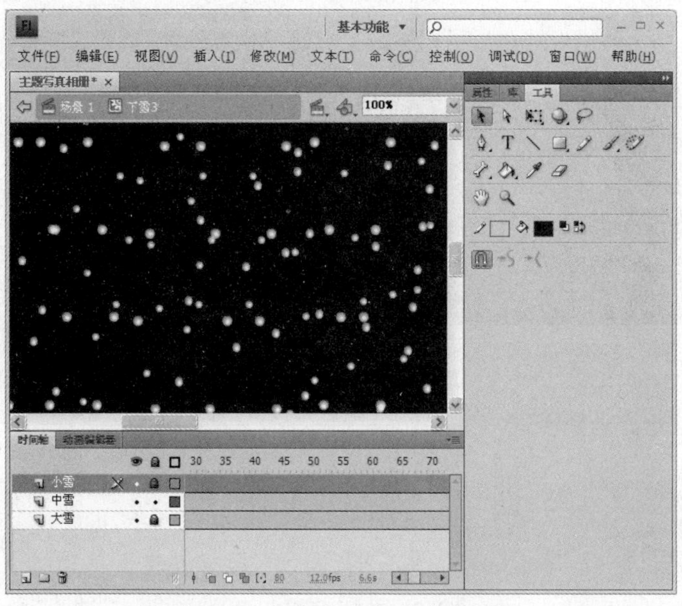

图 3-34　创建“下雪 3”影片元件

（15）制作“文字动画”元件。按 Ctrl+F8 组合键，创建“文字动画”影片元件。进入元件编辑窗口，选择文本工具，在舞台上输入“About me”，设置文本字体为 Baby Kruffy，大小为 45。选中文字，按 Ctrl+B 组合键分离文字，选择“修改→时间轴→分散到图层”菜单命令，将各个字母分散到不同的图层上，如图 3-35 所示。

图 3-35　创建“文字动画”影片元件

（16）选择图层 A，按 F8 键，将字母 A 转换为元件 A 图形元件。分别选择第 30、60 帧，按 F6 键插入关键帧。选择第 30 帧，将字母 A 向左上角移动一段距离，在第 1～60 帧创建传统补间动画，如图 3-36 所示。

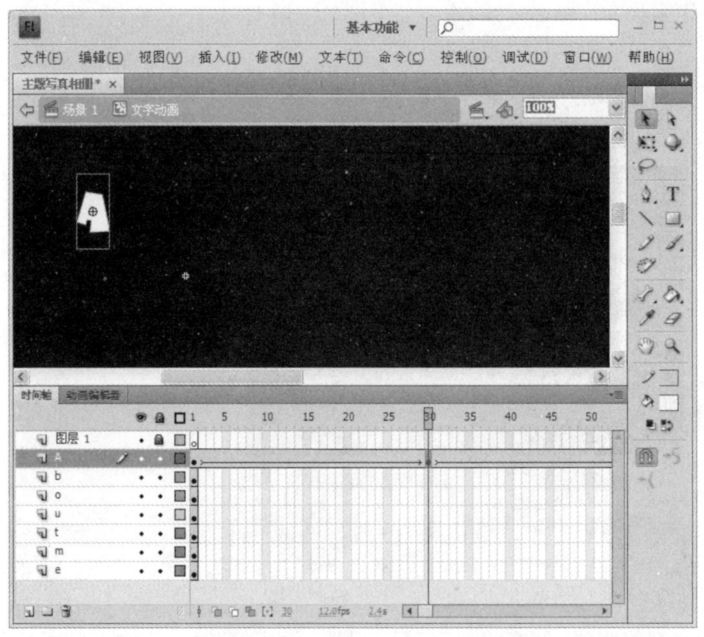

图 3-36　制作字母 A 动画

（17）参照字母 A 的动画制作方法，将其他图层的字母转换为对应的图形元件（元件以字母名称命名即可），并制作文字向外移动再回到原位的一段动画，具体的动画形式可以自由把握，如图 3-37 所示。

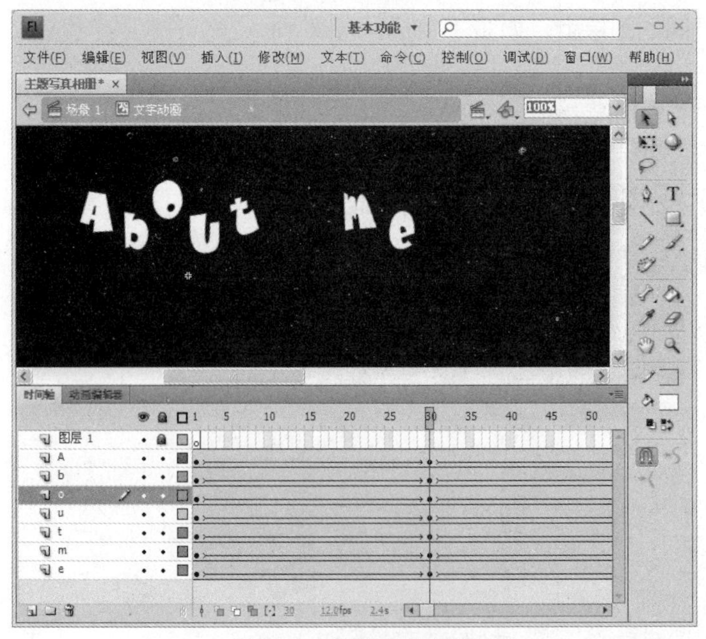

图 3-37　制作文字动画

（18）制作“心形 2”图形元件。按 Ctrl+F8 组合键，创建“心形 2”图形元件，进入元件编辑窗口，利用钢笔工具等绘制心的形状，如图 3-38 所示。

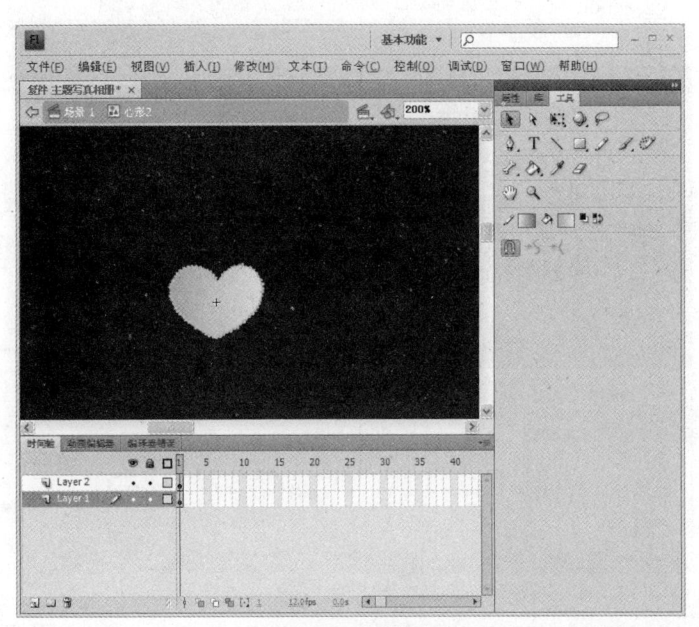

图 3-38　绘制心形

（19）按 Ctrl+F8 组合键，创建“心形消失”影片元件。进入元件编辑窗口，从库中拖动“心形 2”元件到舞台上，选择第 45 帧，按 F6 键插入关键帧，利用选择工具将“心形 2”元件向右上角移动一段距离，在“属性”面板上将“心形 2”实例的 Alpha 值调整为 0%，如图 3-39 所示。

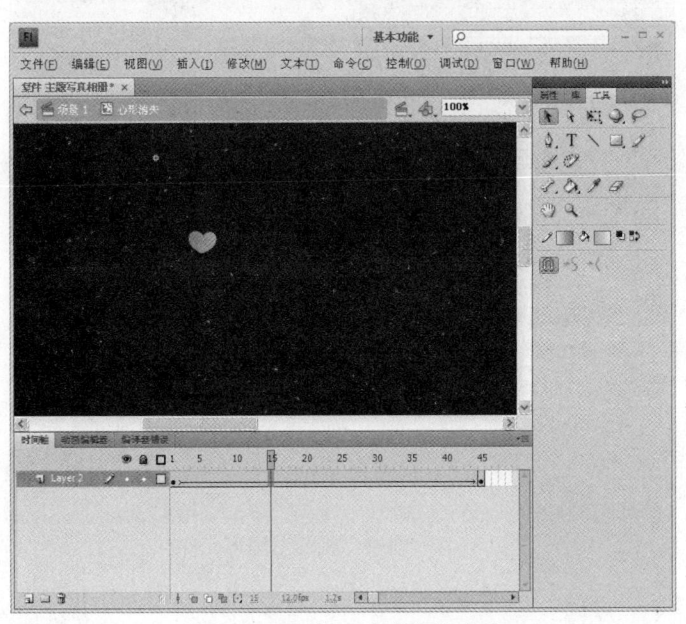

图 3-39　制作心形消失的动画

（20）按 Ctrl+F8 组合键，创建“消失的心形”影片元件。进入元件编辑窗口，从库中拖动“心形消失”元件到舞台上，复制帧，连续新建 9 个图层，分别粘贴帧，调整各个元件实例的大小、位置和方向，制作心形慢慢消失的动画，如图 3-40 所示。

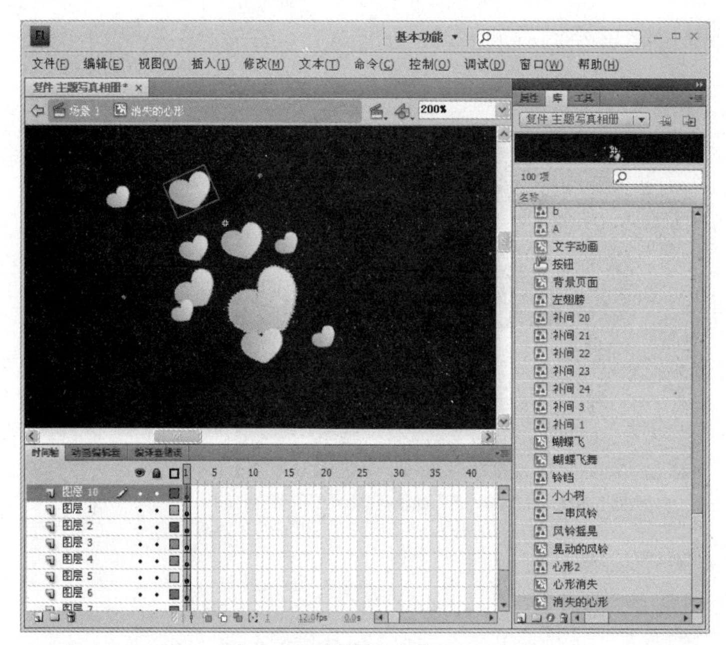

图 3-40　制作消失的心动画

（21）制作晃动的风铃动画元件。按 Ctrl+F8 组合键，创建“风铃”图形元件，进入元件编辑窗口，导入风铃图片，如图 3-41 所示。

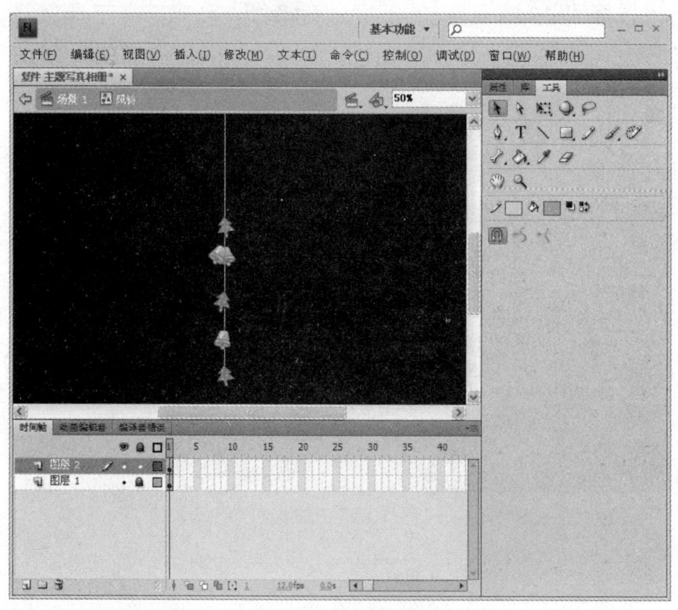

图 3-41　创建“风铃”图形元件

（22）按 Ctrl+F8 组合键，创建“风铃摆动”图形元件。从库中拖动“风铃”图形元件到舞台上，分别选择第 12、24 帧，按 F6 键插入关键帧。单击第 12 帧的“风铃”实例，利用任意变形工具将实例的中心点调整到风铃顶端，并将风铃向右摆动一小段距离，如图 3-42 所示。

（23）按 Ctrl+F8 组合键，创建“摆动的风铃”影片元件。从库中拖动“风铃摆动”图形元件到舞台上，复制多个元件实例，调整其中部分元件实例的方向与位置，单击第 24 帧，按 F6

键插入关键帧，如图 3-43 所示。

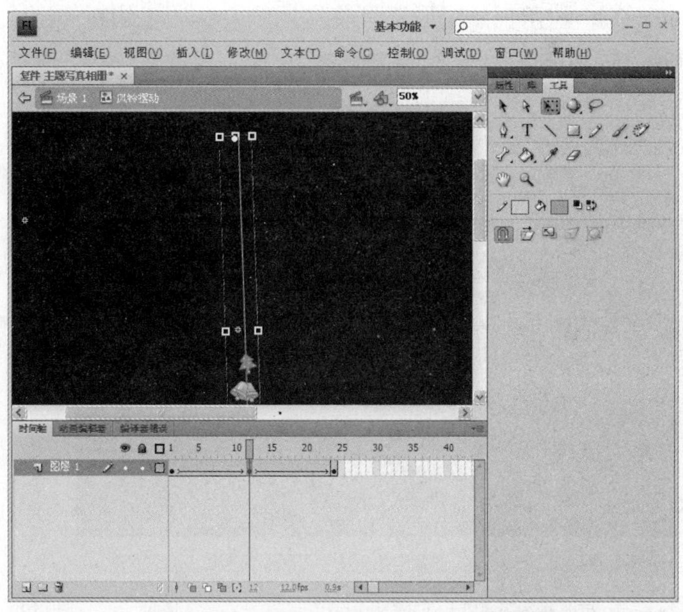

图 3-42　创建“风铃摆动”图形元件

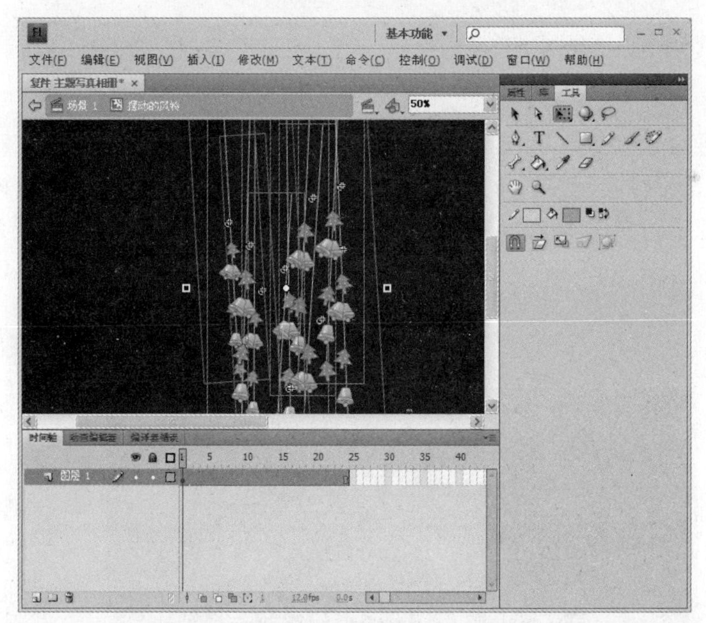

图 3-43　创建“摆动的风铃”影片元件

任务三　动画制作 

一、翻页动画制作

（1）按 Ctrl+F8 组合键，创建“翻页”影片元件。进入元件编辑窗口，将图层 1 重命名为

leftpage，从库中拖动“背景页面”元件到舞台上，将元件实例命名为 leftpage，调整实例在舞台上的位置为（−440，0），利用任意变形工具将实例中心点调整到右侧边缘的中点上。单击第 2、43 帧，按 F6 键插入关键帧，如图 3-44 所示。

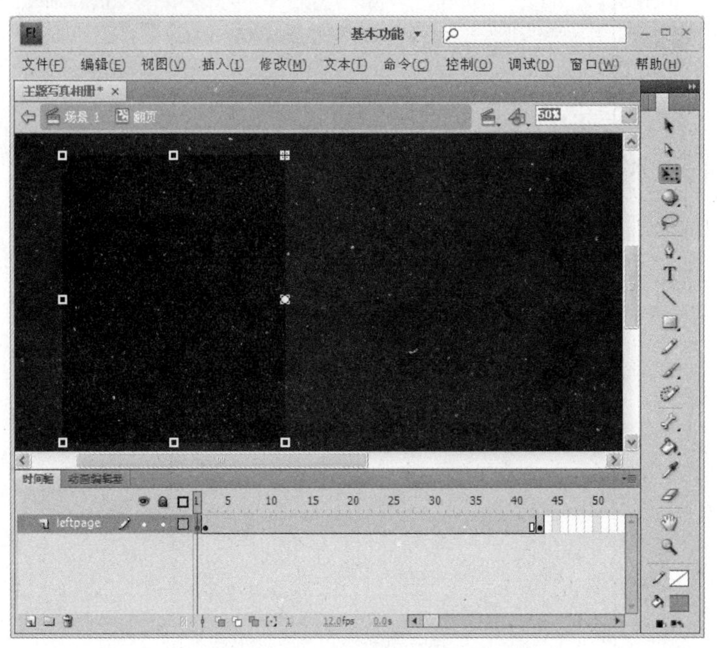

图 3-44　设置 leftpage 实例

（2）新建图层 2 并重命名为 rightflip，从库中拖动“背景页面”元件到舞台上，将元件实例命名为 rightflip，设置实例在舞台上的位置为（0，0），利用任意变形工具将实例中心点调整到左侧边缘的中点上。单击第 2、43 帧，按 F6 键插入关键帧，如图 3-45 所示。

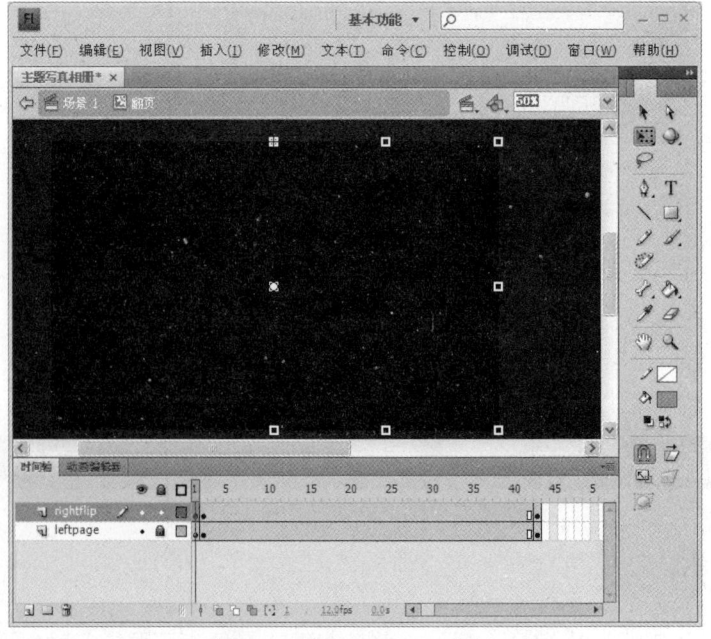

图 3-45　设置 rightflip 实例

（3）新建图层 3 并重命名为 leftflip，从库中拖动“背景页面”元件到舞台上，将元件实例命名为 leftflip，调整实例在舞台上的位置为（0，0），利用任意变形工具将实例中心点调整到左侧边缘的中点上。单击第 2、9、10、18、19、20 帧，按 F6 键插入关键帧，如图 3-46 所示。

图 3-46　设置 leftflip 实例

（4）选择 leftflip 图层的第 9 帧，利用任意变形工具调整页面（先水平向左推动缩放，再垂直向上倾斜），效果如图 3-47 所示。

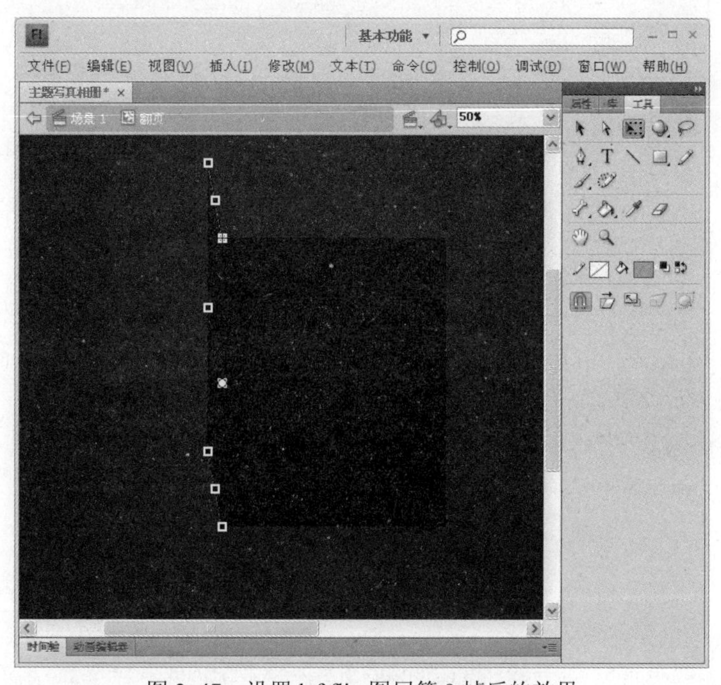

图 3-47　设置 leftflip 图层第 9 帧后的效果

（5）选择 leftflip 图层的第 10 帧，利用任意变形工具调整页面（可复制第 9 帧，粘贴后在其基础上进行修改），效果如图 3-48 所示。

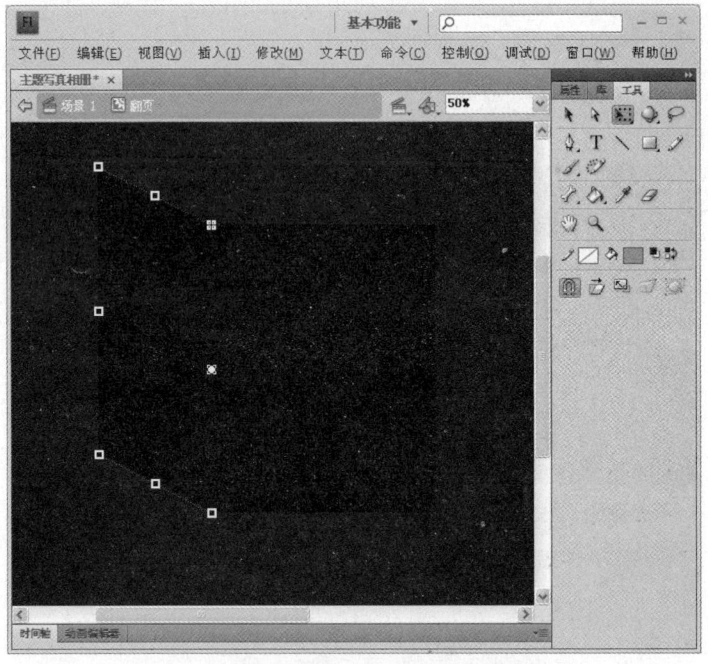

图 3-48　设置 leftflip 图层第 10 帧后的效果

（6）选择 leftflip 图层的第 18 帧，利用任意变形工具调整页面（此处页面位置由右侧调整到了左侧），效果如图 3-49 所示。

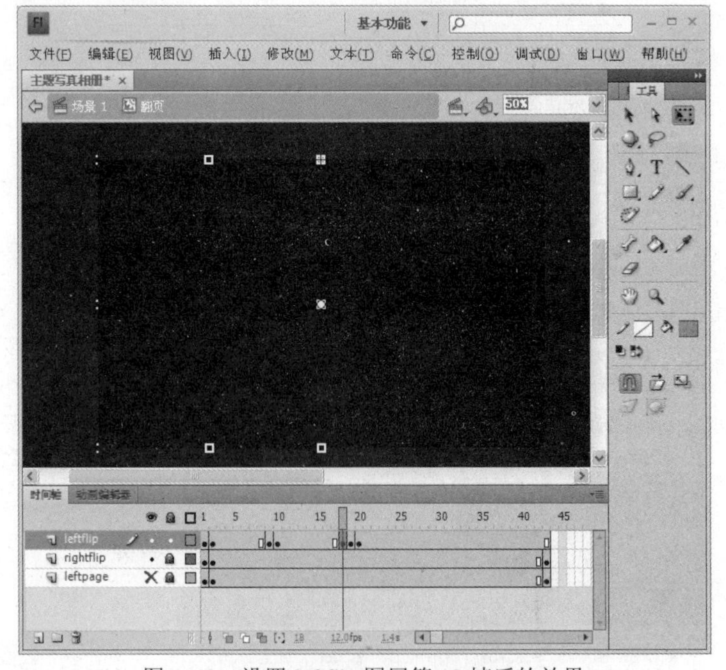

图 3-49　设置 leftflip 图层第 18 帧后的效果

（7）复制第 18 帧并粘贴到第 19 帧，把第 19 帧上的页面移到不可见之处，效果如图 3-50 所示。

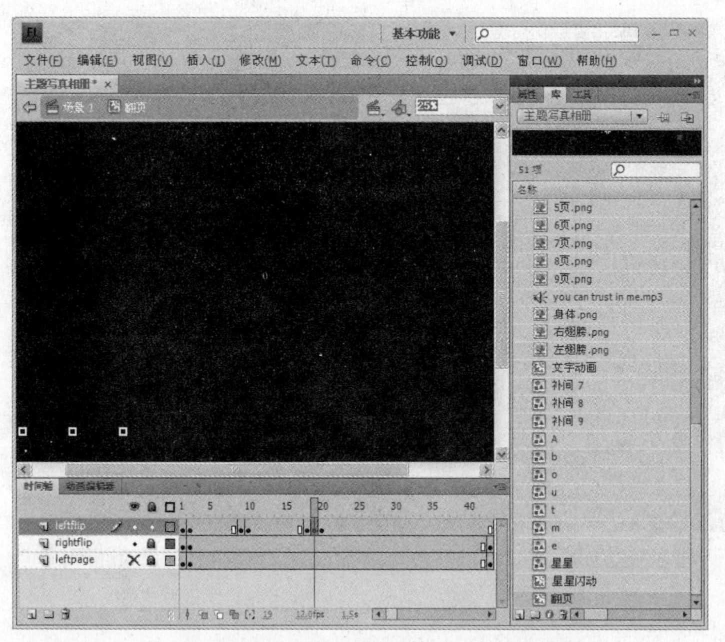

图 3-50　设置 leftflip 图层第 19 帧后的效果

（8）复制第 18 帧并粘贴到第 29 帧。选择第 29 帧，按 F6 键插入关键帧，利用任意变形工具调整页面，效果如图 3-51 所示。

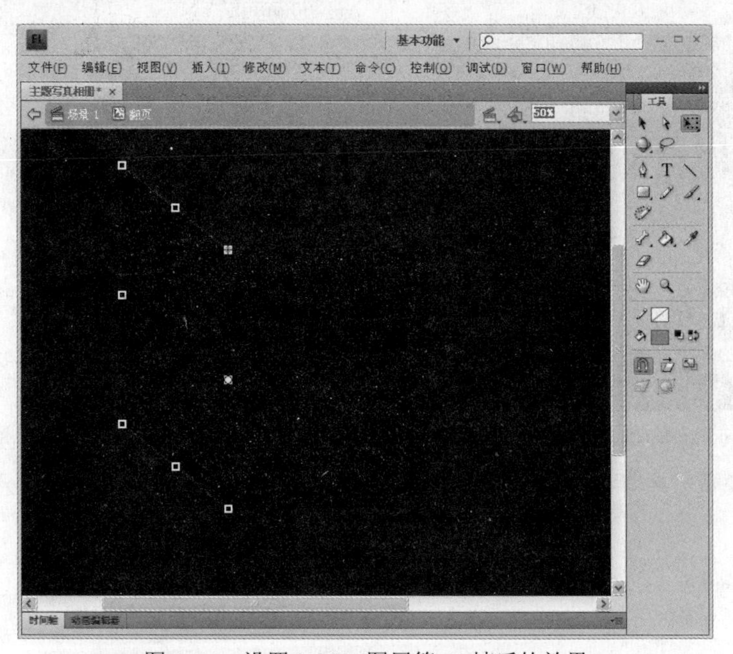

图 3-51　设置 leftflip 图层第 29 帧后的效果

（9）选择第 30 帧，按 F6 键插入关键帧，利用任意变形工具调整页面，效果如图 3-52 所示。

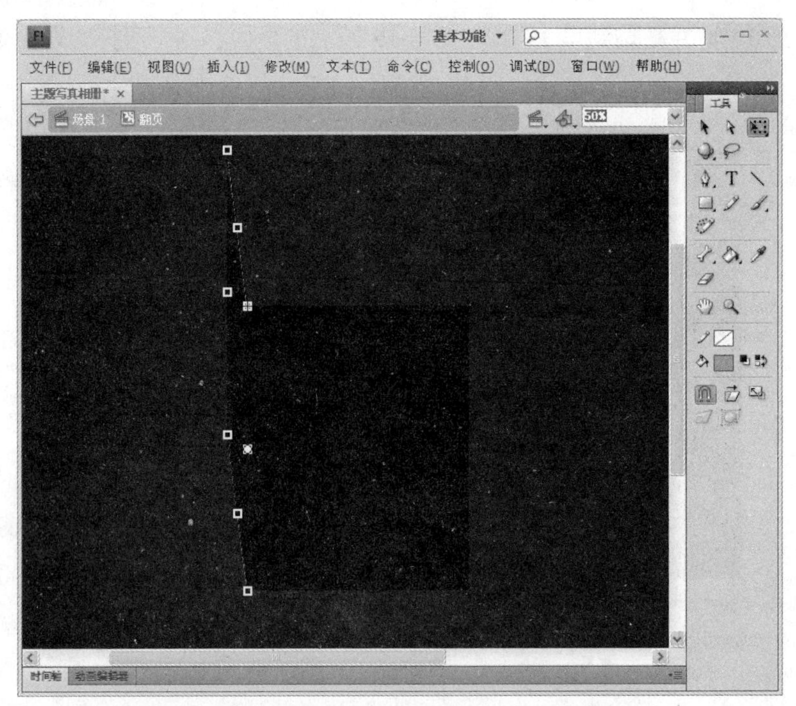

图 3-52　设置 leftflip 图层第 30 帧后的效果

（10）选择第 42 帧，按 F6 键插入关键帧，利用任意变形工具调整页面，效果如图 3-53 所示。

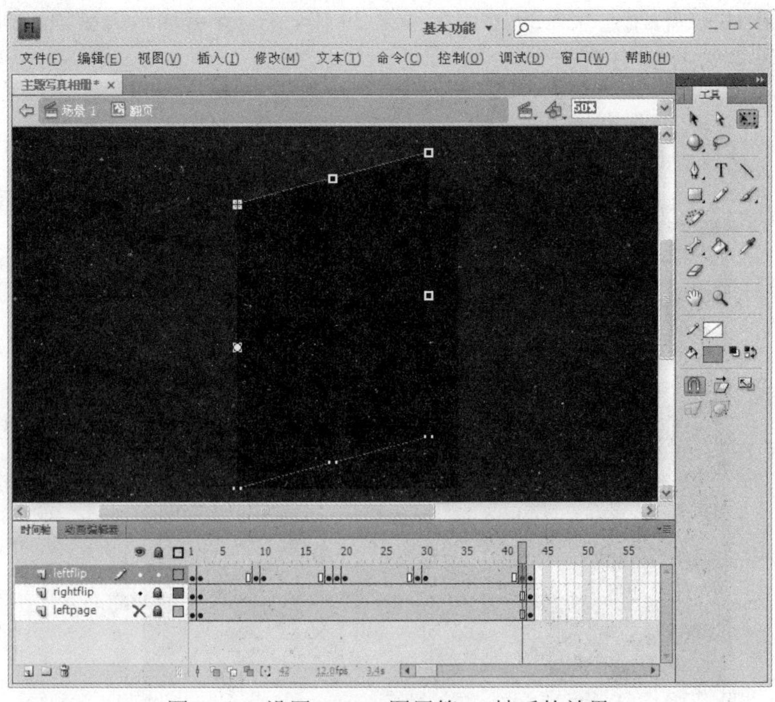

图 3-53　设置 leftflip 图层第 42 帧后的效果

（11）复制第 1 帧后粘贴到第 43 帧，并把第 43 帧上的页面移到不可见之处。为 leftflip 图层创建传统补间动画，效果如图 3-54 所示。

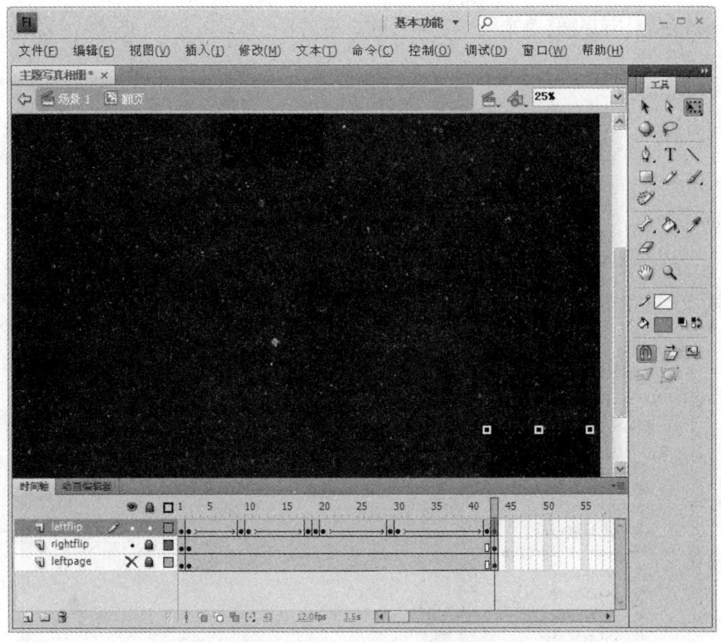

图 3-54　设置 leftflip 图层第 43 帧后的效果并创建传统补间动画

二、添加脚本

（1）选择 leftpage 图层的第 1 帧，按 F9 键，打开“动作-帧”面板，输入如下代码：

```
tellTarget ("rightflip" ) {
    nextFrame();
}
```

此时的面板如图 3-55 所示。

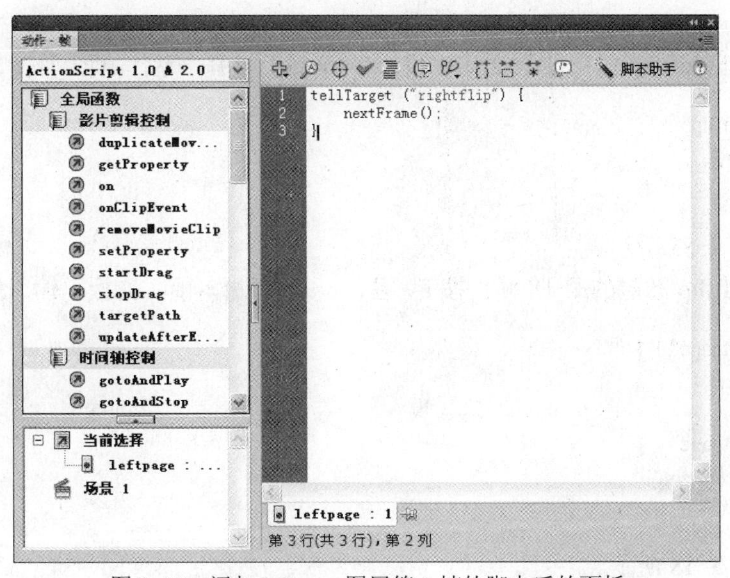

图 3-55　添加 leftpage 图层第 1 帧的脚本后的面板

（2）选择 leftpage 图层的第 2 帧，按 F9 键，打开“动作-帧”面板，输入如下代码：

```
tellTarget ("rightflip" ) {
    nextFrame();
}
tellTarget ("rightflip" ) {
    nextFrame();
}
```

输入代码后的面板如图 3-56 所示。

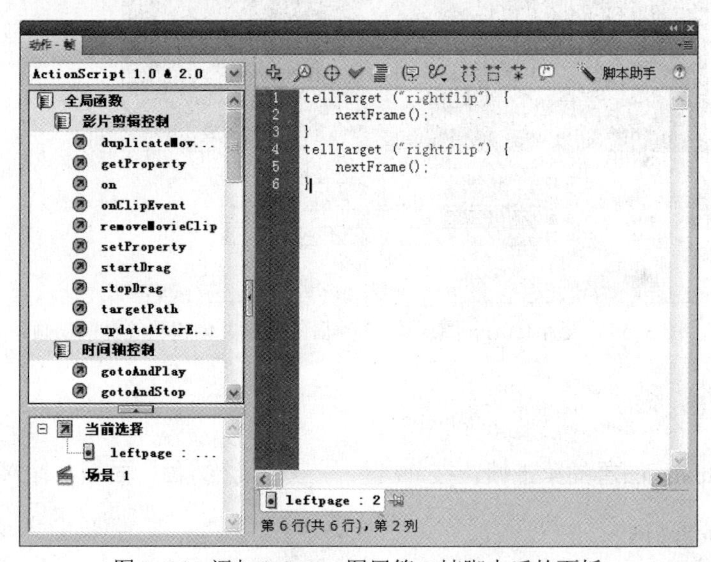

图 3-56　添加 leftpage 图层第 2 帧脚本后的面板

（3）分别选择 leftflip 图层的第 1、19 帧，按 F9 键，打开“动作-帧”面板，输入如下代码：

```
stop();
```

（4）分别选择 leftflip 图层的第 2、10 帧，按 F9 键，打开“动作-帧”面板，输入如下代码：

```
tellTarget ("leftflip" ) {
    nextFrame();
}
```

此时的面板如图 3-57 所示。

（5）选择 leftflip 图层的第 18 帧，按 F9 键，打开“动作-帧”面板，输入如下代码：

```
tellTarget ("leftpage" ) {
    nextFrame();
}
tellTarget ("leftpage" ) {
    nextFrame();
}
```

此时的面板如图 3-58 所示。

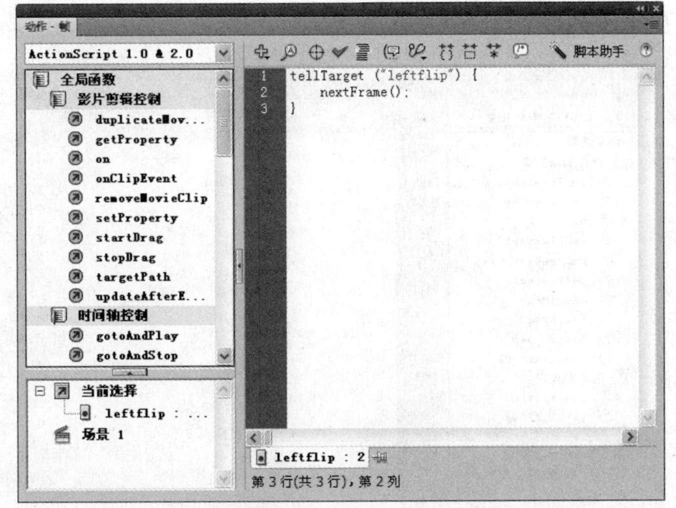

图 3-57　添加 leftflip 图层第 2、10 帧脚本后的面板

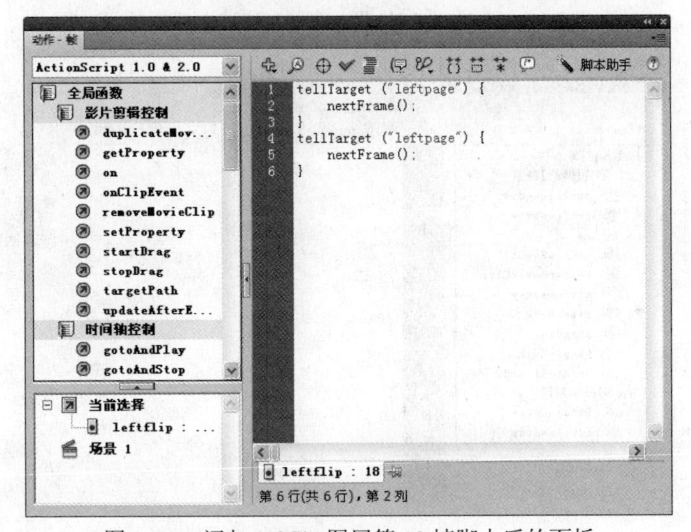

图 3-58　添加 leftflip 图层第 18 帧脚本后的面板

（6）选择 leftflip 图层的第 20 帧，按 F9 键，打开“动作-帧”面板，输入如下代码：

```
tellTarget ("leftpage" ) {
    prevFrame();
}
tellTarget ("leftpage" ) {
    prevFrame();
}
```

此时的面板如图 3-59 所示。

（7）选择 leftflip 图层的第 29 帧，按 F9 键，打开“动作-帧”面板，输入如下代码：

```
tellTarget ("leftflip" ) {
    prevFrame();
}
```

此时的面板如图 3-60 所示。

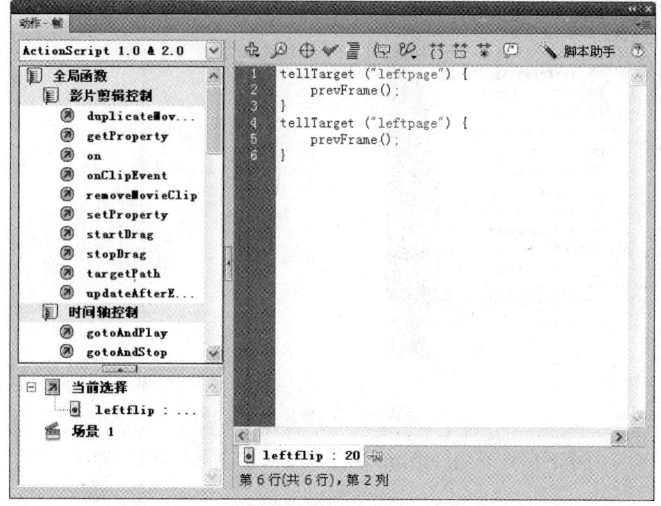

图 3-59　添加 leftflip 图层第 20 帧脚本后的效果

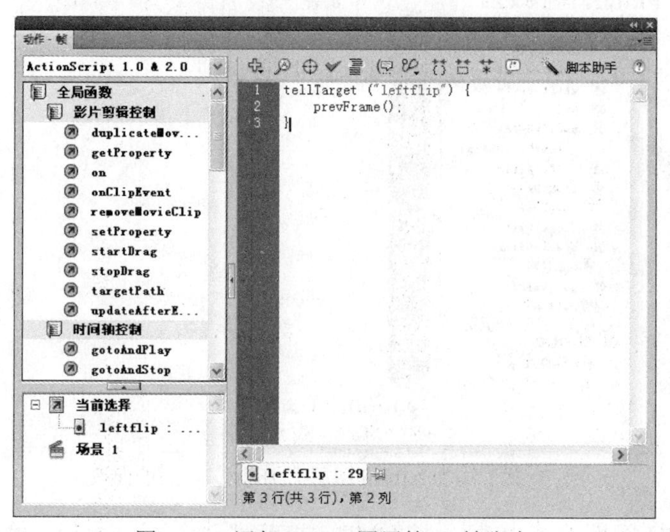

图 3-60　添加 leftflip 图层第 29 帧脚本

（8）选择 leftflip 图层的第 43 帧，按 F9 键，打开“动作-帧”面板，输入如下代码：

```
tellTarget ("leftflip") {
    prevFrame();
}
stop();
tellTarget ("rightflip") {
    prevFrame();
}
tellTarget ("rightflip") {
    prevFrame();
}
```

此时的面板如图 3-61 所示。

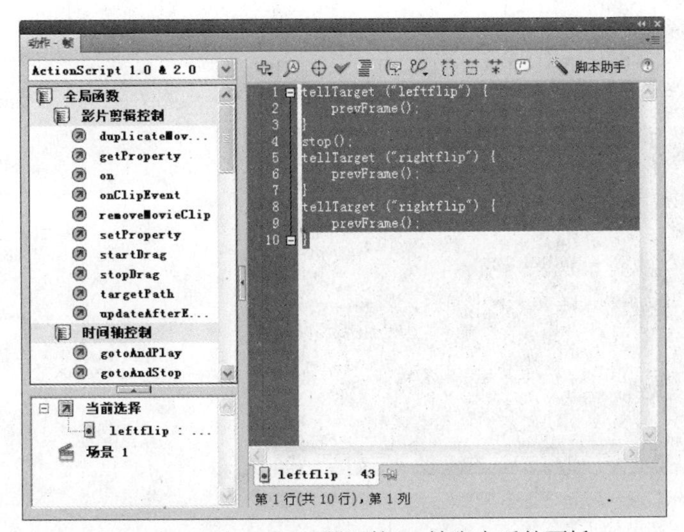

图 3-61　添加 leftflip 图层第 43 帧脚本后的面板

三、完善翻页影片元件

（1）新建图层 4，将其移动到图层面板最下方，在第 1 帧绘制无边框的填充矩形，调整位置为（–440，0），大小为 440 像素 × 550 像素，如图 3-62 所示。

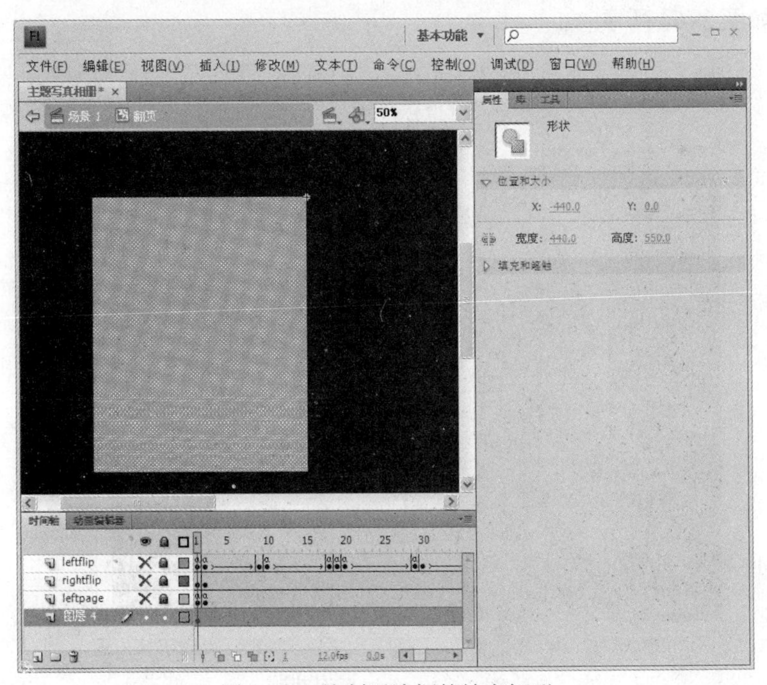

图 3-62　绘制无边框的填充矩形

（2）新建图层 5，将其移动到图层面板最下方，从库中拖动 1 页.png 到舞台上，调整位置为（–440，0），大小为 440 像素 × 550 像素，选择图层 4，将其设置为遮罩层，如图 3-63 所示。

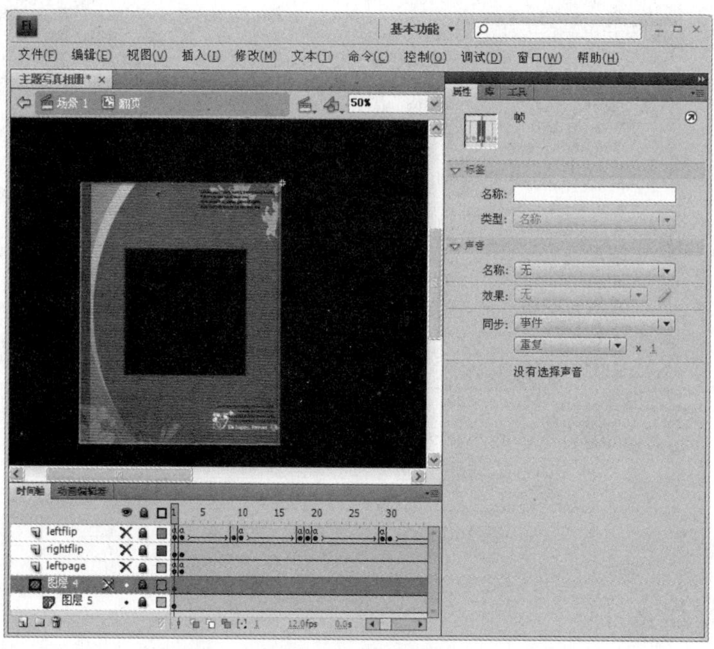

图 3-63　设置遮罩

（3）新建图层 6，拖动到遮罩层下方，从库中拖动“飘落的心”影片元件到舞台上并摆放到合适位置，如图 3-64 所示。

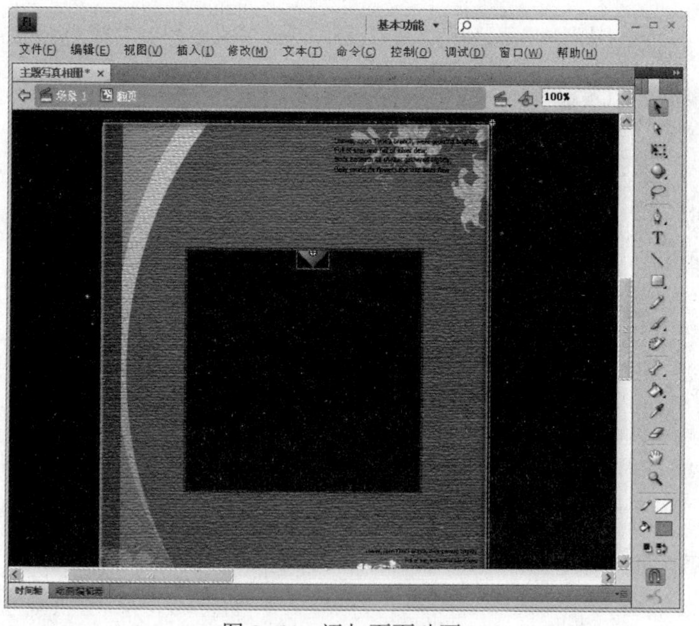

图 3-64　添加页面动画

四、制作按钮

（1）按 Ctrl+F8 组合键，创建一个新的按钮元件，命名为“按钮”。在点击帧，按 F6 键插入关键帧，绘制无边框矩形，大小为 440 像素 × 550 像素，制作隐形按钮，如图 3-65 所示。

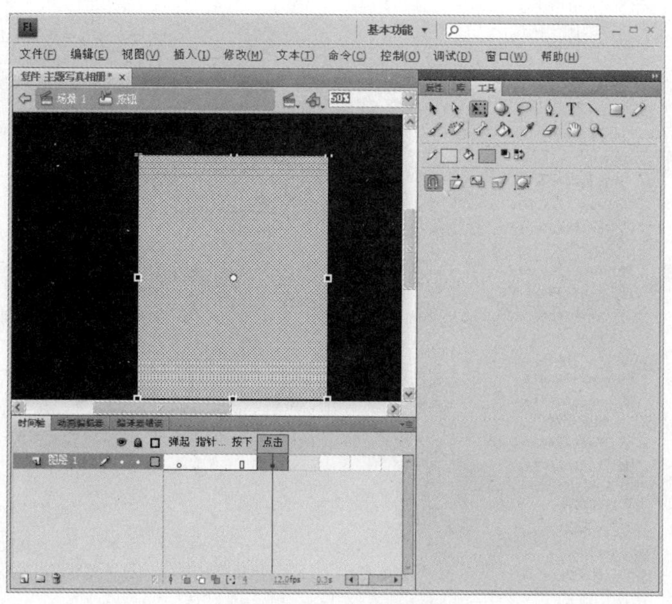

图 3-65　创建按钮元件

（2）在库中双击“背景页面”元件打开其编辑窗口，新建图层并重命名为“按钮”，单击第 2 帧，按 F6 键，插入关键帧，从库中拖动按钮元件到舞台上，调整好位置，如图 3-66 所示。

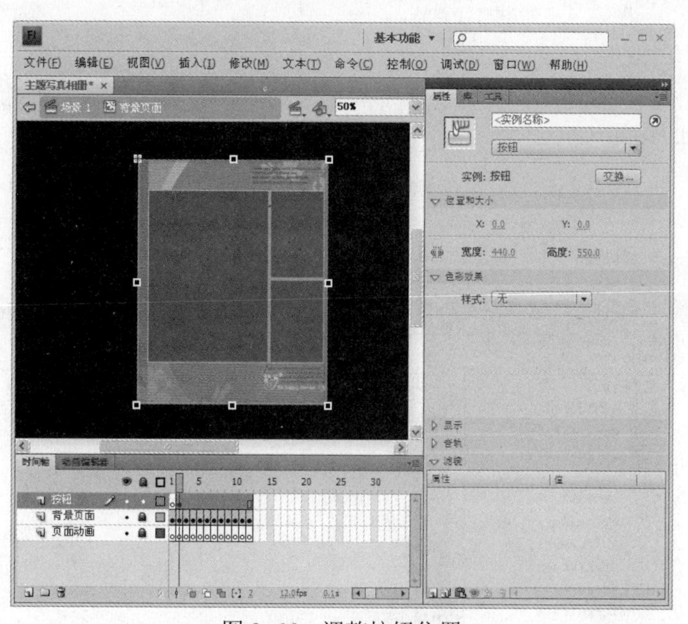

图 3-66　调整按钮位置

（3）选中第 2 帧上的按钮，按 F9 键，打开“动作-按钮”面板，输入如下代码：

```
on (release ) {
    tellTarget ("..") {
        gotoAndPlay(2);
    }
}
```

此时的面板如图 3-67 所示。

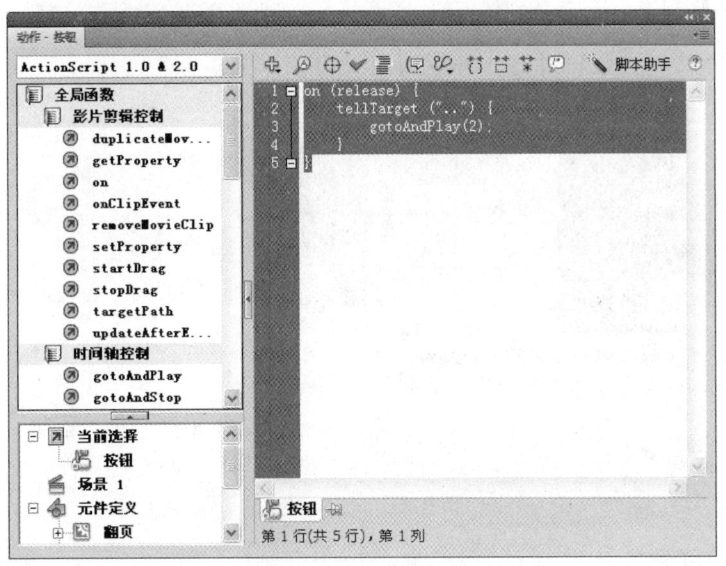

图 3-67　添加第 2 帧按钮代码后的效果

（4）单击第 3 帧，按 F6 键插入关键帧。选择按钮，按 F9 键，打开“动作-按钮”面板，输入如下代码：

```
on (release ) {
    tellTarget ("..") {
        gotoAndPlay(20);
    }
}
```

此时的面板如图 3-68 所示。

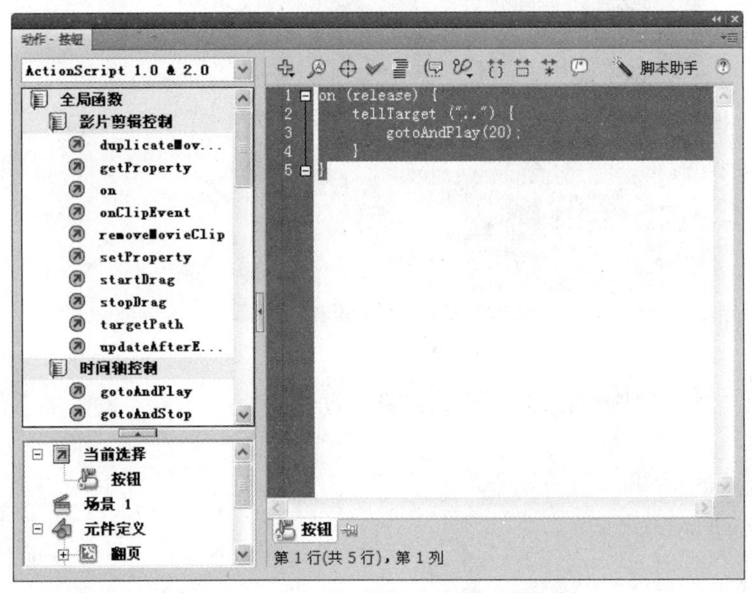

图 3-68　添加第 3 帧按钮代码后的面板

（5）选择第 2 帧并复制，分别选择第 4、6、8、10 帧后进行粘贴帧，如图 3-69 所示。

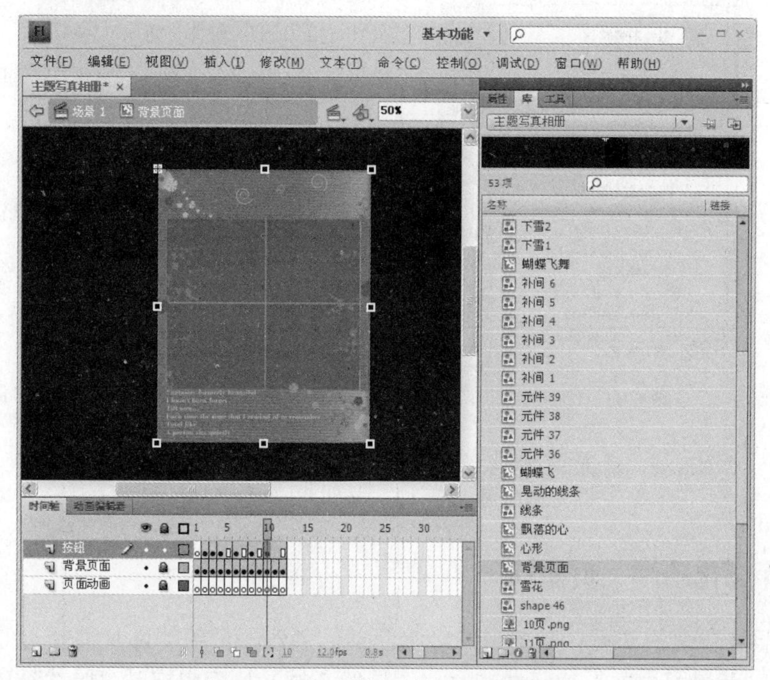

图 3-69　复制第 2 帧按钮后的效果

（6）选择第 3 帧并复制帧，分别选择第 5、7、9、11 帧后进行粘贴帧。选择第 12 帧，按 F6 键插入关键帧，按 F9 键打开“动作-按钮”面板，输入如下代码：

```
on (release ) {
    tellTarget ("../leftpage" ) {
        gotoAndStop(1);
    }
    tellTarget ("../leftflip" ) {
        gotoAndStop(2);
    }
    tellTarget ("../rightflip" ) {
        gotoAndStop(4);
    }
    tellTarget (".." ) {
        gotoAndPlay(32);
    }
}
```

此时的面板如图 3-70 所示。

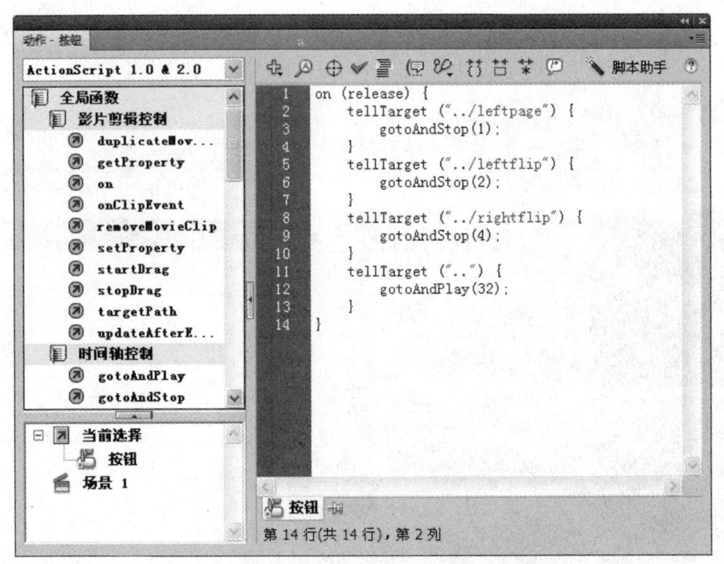

图 3-70　添加第 12 帧按钮代码后的面板

五、制作照片变化动画、页面动画

（1）制作照片渐现的动画。按 Ctrl+F8 组合键，创建一个新的影片剪辑元件，命名为“照片渐现”。单击“背景页面”影片元件的照片图层第 2 帧，从库中拖动“照片渐现”影片元件到舞台上。双击元件实例进入其编辑窗口，导入所需照片，分别放置到 3 个不同的图层上，按 F8 键将照片转换成对应的图形元件。分别在 3 个图层的 15、25、30 帧按 F6 键插入关键帧，调整每个图层第 15 帧元件实例的 Alpha 值为 0%，在第 15～25 帧间创建传统补间动画，设置照片慢慢显现的动画效果。新建图层 4，单击第 30 帧，按 F6 键插入关键帧，按 F9 键打开“动作”面板，输入“stop();”语句，如图 3-71 所示。

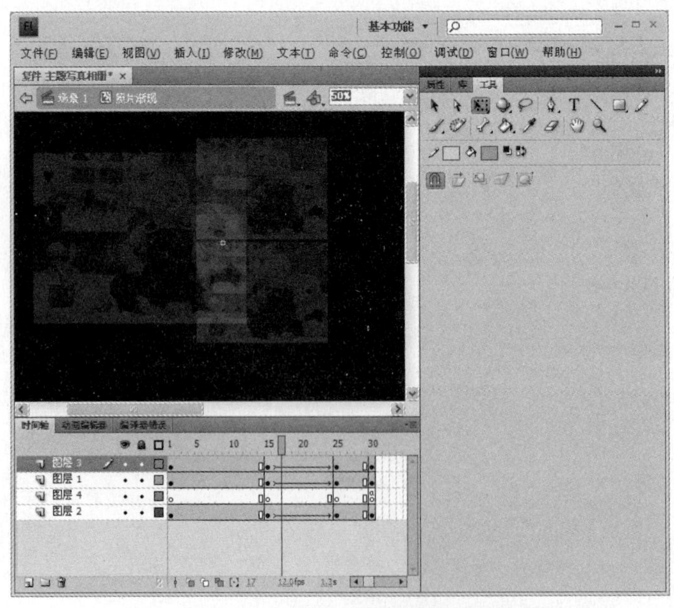

图 3-71　制作照片渐现的动画

（2）制作照片放大的动画。按 Ctrl+F8 组合键，创建一个新的影片剪辑元件，命名为“照片放大”。单击“背景页面”影片元件的页面动画图层第 3 帧，拖动“摆动的风铃”影片元件到舞台上，放置到合适位置。再单击“背景页面”影片元件的照片图层第 3 帧，从库中拖动“照片放大”影片元件到舞台上。双击元件实例进入其编辑窗口，导入照片，按 F8 键将其转换为图形元件，分别选择第 20、30 帧，按 F6 键插入关键帧，利用任意变形工具将第 20 帧的元件实例调大一些，在第 20 ~ 30 帧间创建传统补间动画，制作出照片慢慢放大的效果。选择第 30 帧，按 F9 键打开“动作”面板，输入“stop();”语句，如图 3-72 所示。

图 3-72　制作照片放大的动画

（3）制作照片从不同方向移进画框的动画。按 Ctrl+F8 组合键，创建一个新的影片剪辑元件，命名为“照片移动”。单击“背景页面”影片元件的照片图层第 4 帧，从库中拖动“照片放大”影片元件到舞台上，双击元件实例进入其编辑窗口，导入照片，按 F8 键将其转换为图形元件。分别选择第 15、25 帧，按 F6 键插入关键帧，调整第 15 帧元件实例的位置，在第 20～30 帧间创建传统补间动画，制作出照片从不同方向移进画框的动画效果。选择第 25 帧，按 F9 键打开“动作”面板，输入“stop();”语句，如图 3-73 所示。

（4）单击照片图层的第 5 帧，按 F7 键插入空白关键帧，导入照片。单击页面动画图层的第 5 帧，从库中拖动“蝴蝶飞舞”影片元件到舞台上，摆放到合适位置，如图 3-74 所示。

图 3-73　制作照片移动的动画

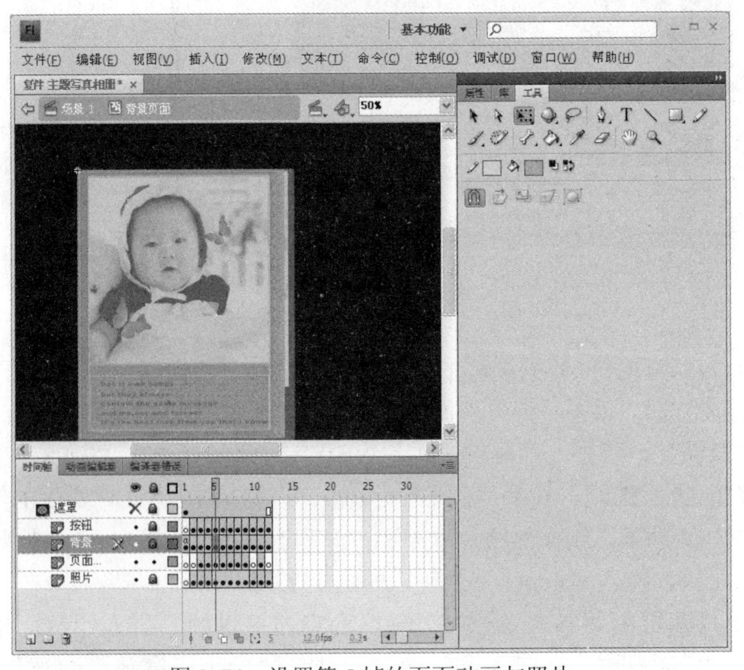

图 3-74　设置第 5 帧的页面动画与照片

（5）单击照片图层的第 6 帧，按 F7 键插入空白关键帧，导入照片。单击页面动画图层的第 6 帧，从库中拖动“下雪 3”影片元件到舞台上，并摆放到合适位置，如图 3-75 所示。

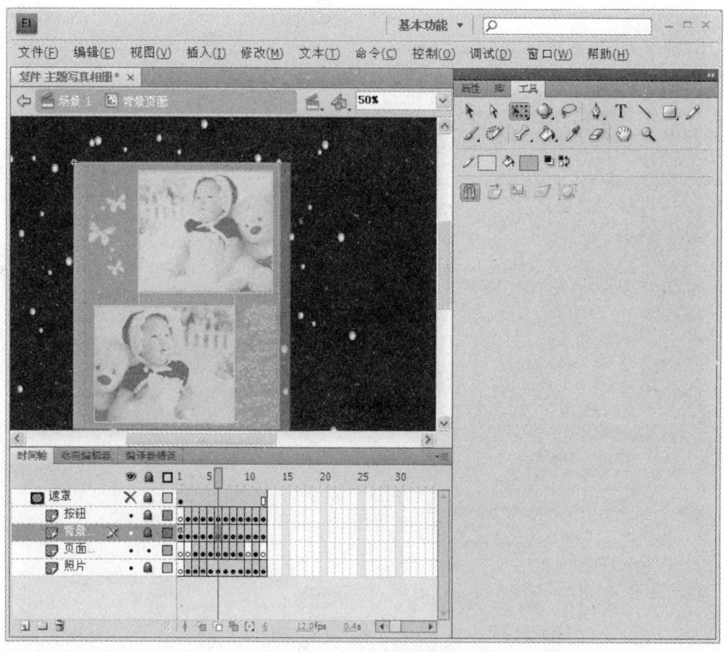

图 3-75　设置第 6 帧的页面动画与照片

（6）单击照片图层的第 7 帧，按 F7 键插入空白关键帧，导入照片。分别单击页面动画图层和背景页图层的第 7 帧，从库中拖动“消失的心形”影片元件到舞台上，摆放到合适位置，如图 3-76 所示。

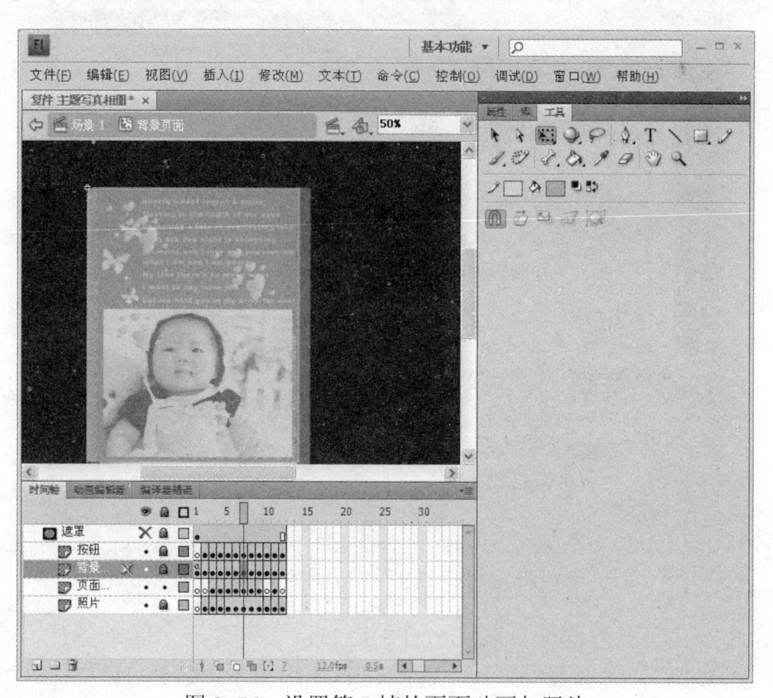

图 3-76　设置第 7 帧的页面动画与照片

（7）单击照片图层的第 8 帧，按 F7 键插入空白关键帧，导入照片。单击页面动画图层的第 8 帧，从库中拖动“蝴蝶飞舞”影片元件到舞台上，摆放到合适位置，如图 3-77 所示。

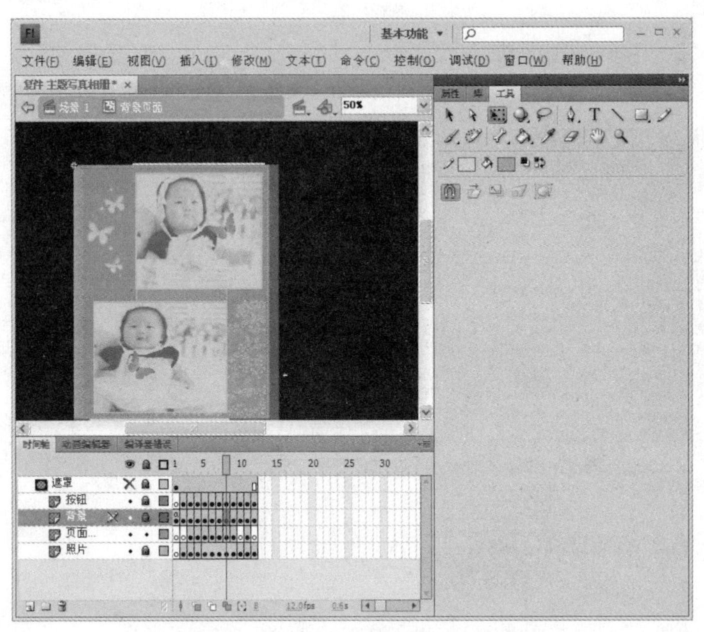

图 3-77　设置第 8 帧的页面动画与照片

（8）单击照片图层的第 9 帧，按 F7 键插入空白关键帧，导入照片。单击页面动画图层的第 9 帧，从库中拖动“晃动的线条”影片元件到舞台上，摆放到合适位置，如图 3-78 所示。

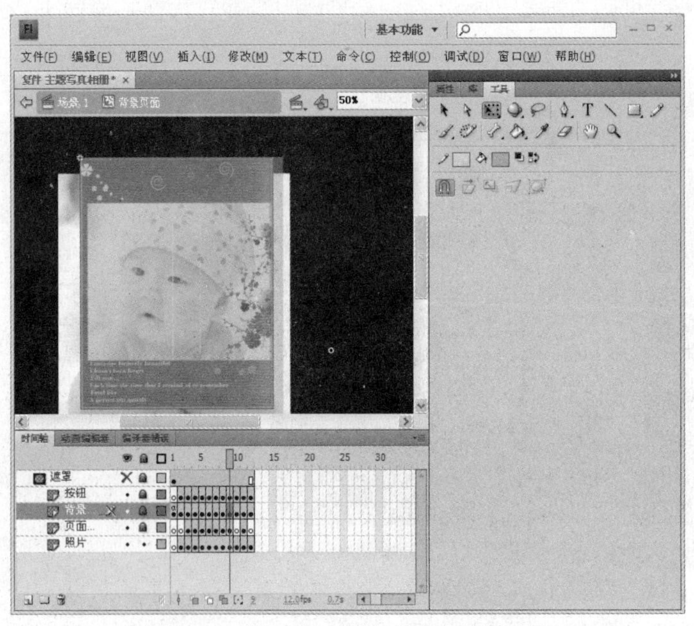

图 3-78　设置第 9 帧的页面动画与照片

（9）制作照片依次出现的动画。按 Ctrl+F8 组合键，创建一个新的影片剪辑元件，命名为“照片逐个出现”。单击“背景页面”影片元件的照片图层第 10 帧，从库中拖动“照片逐个出现”影片元件到舞台上。双击元件实例进入其编辑窗口，导入 4 张照片并摆好位置，分别单击第 15、19、23、27 帧，按 F6 键插入关键帧，删除第 15 帧上的 3 张照片、第 19 帧上的两张照片、第 23 帧上的一张照片，制作照片依次出现的动画，如图 3-79 所示。

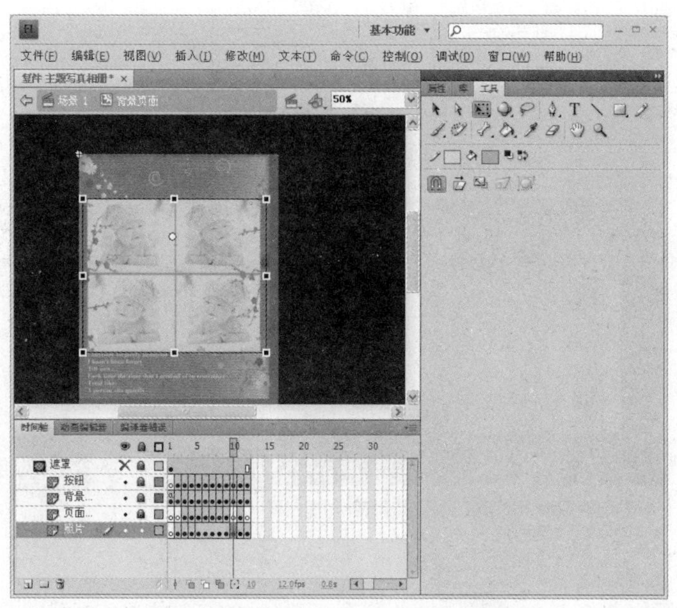
图 3-79　设置第 10 帧中照片依次出现的动画

（10）单击照片图层的第 11 帧，按 F7 键插入空白关键帧，导入照片。单击页面动画图层的第 11 帧，从库中拖动“闪现的圆”影片元件到舞台上，摆放到合适位置，如图 3-80 所示。

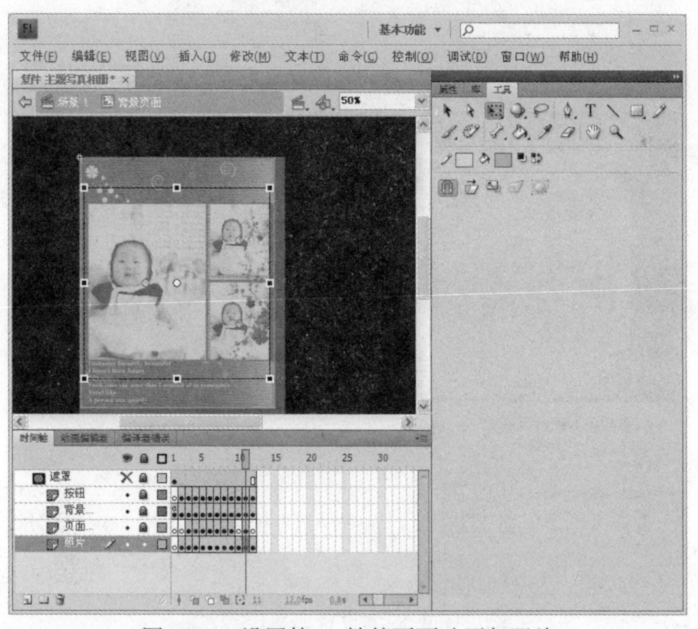
图 3-80　设置第 11 帧的页面动画与照片

（11）单击照片图层的第 12 帧，按 F7 键插入空白关键帧，导入照片。单击背景页面图层的第 12 帧，从库中拖动“文字动画”影片元件到舞台上，摆放到合适位置，如图 3-81 所示。

（12）新建图层并重命名为“遮罩”，放置到所有图层的最上方，将其设置为遮罩层，再把其下的所有图层都拖到它的下方，作为它的被遮罩图层。单击遮罩层第 1 帧，利用矩形工具绘制无边框矩形，宽为 440 像素，高为 550 像素，按 Ctrl+K 组合键打开“对齐”面板，遮罩层设置如图 3-82 所示。

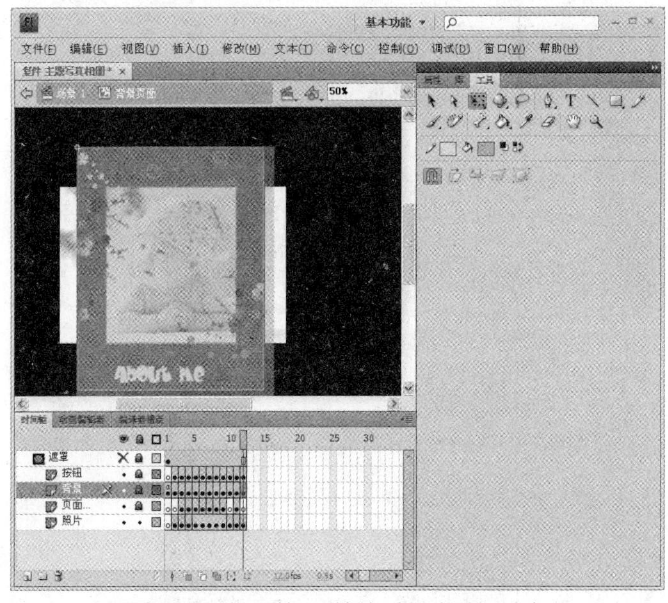

图 3-81　设置第 12 帧的页面动画与照片

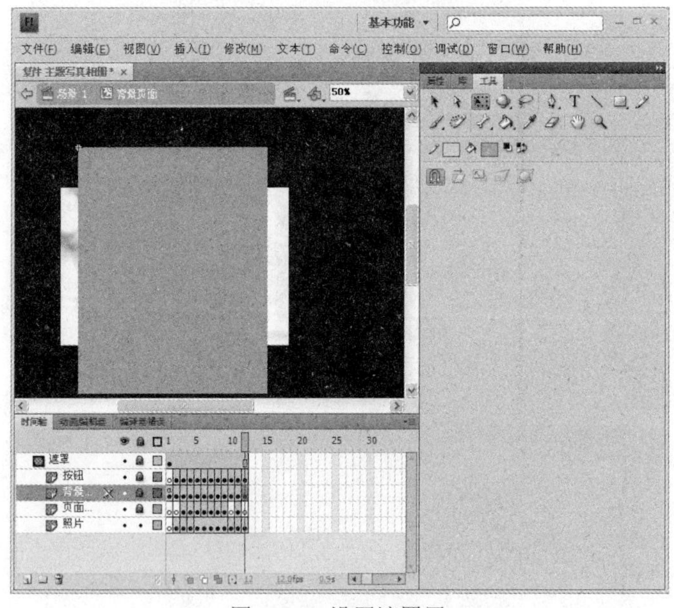

图 3-82　设置遮罩层

（13）按 Ctrl+E 组合键返回到场景，新建两个图层，分别命名为“背景”、“翻页相册”。单击背景图层的第 1 帧，导入背景图片。单击翻页相册的第 1 帧，从库中拖放“翻页”影片元件到舞台上并摆放好位置，按 F9 键，输入如下代码：

```
Stop();
```

场景影片设置如图 3-83 所示。

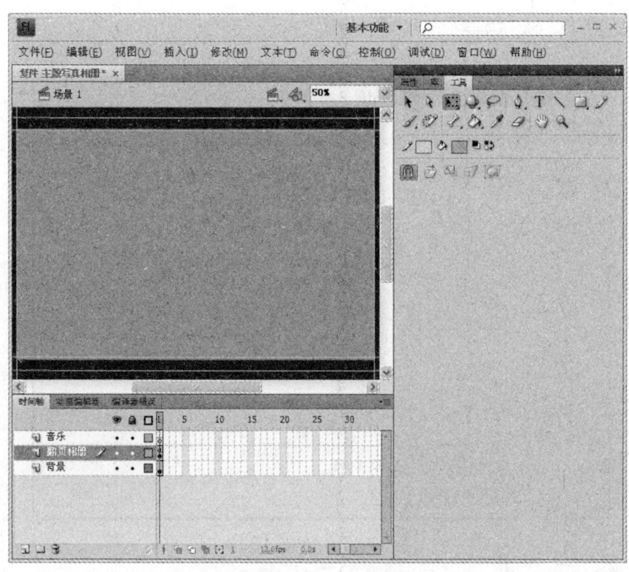

图 3-83　设置场景影片

（14）在库中双击“背景页面”影片元件，删除背景页面图层第 1 帧中的内容，按 F9 键输入如下代码：

```
Stop();
```

任务四　文件优化及发布

（1）选择“控制→测试影片”菜单命令（或使用 Ctrl+Enter 组合键），打开播放器窗口，即可观看到动画，如图 3-84 所示。

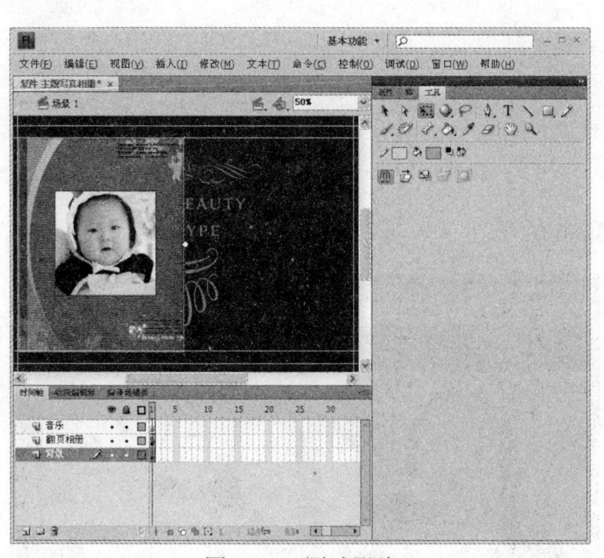

图 3-84　测试影片

（2）选择“文件→导出→导出影片”菜单命令，弹出“导出影片”对话框，在“文件名”组合框中输入“主题写真相册”，保存类型选取“SWF 影片（*.swf）”选项，然后单击“保存”

按钮进行保存即可，如图 3-85 所示。

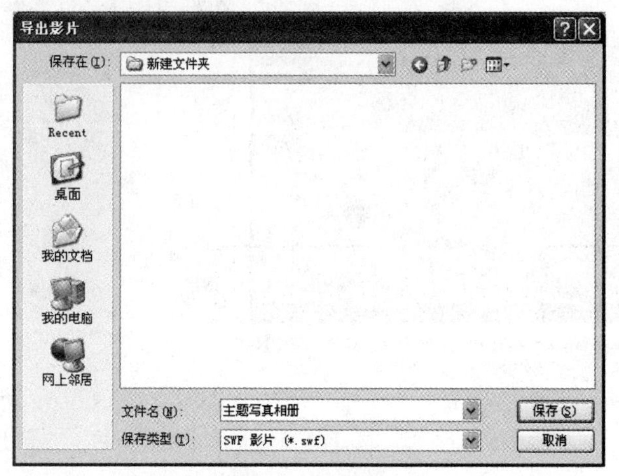

图 3-85　保存影片

拓展项目——儿童相册

项目任务

设计并制作一个儿童相册。

客户要求

设计一个大小为 600 像素×300 像素的电子相册，用来展示儿童成长期的照片，以便留下美好记忆。

关键技术

- 翻页效果的处理技法。
- 页面动画的节奏及控制。

参考效果图

参考效果图如图 3-86 所示。

图 3-86　参考效果图

项目四

Flash 手机动画

学习目标

- 掌握 Flash 手机动画的开发方法。
- 熟悉 Flash 移动文件的创建方法。
- 了解 Flash Lite 播放器的知识。

知识链接

一、手机动画

作为一种文化产业，动漫的传播渠道多种多样，既有电影、电视、书刊等传统媒体，也有网络等新兴媒体，随着移动通信的发展，手机作为动漫传播的重要渠道之一，将成为第三大主流媒体，这样就出现了一个新名词，“手机动画”或者“手机动漫”。所谓“手机动画”，就是使用主流多媒体技术制作，通过移动通信网传播，以手机及各种手持电子设备为接收终端的动漫产品。手机 Flash，顾名思义，就是手机上播放的 Flash，是手机动画的一种。

二、手机动漫技术 Flash Lite

目前，中国市场上的手机动漫技术主要有以 Adobe 为代表的 Flash 播放器和以飞思软件为代表的 Kjava。在相关的技术领域，Flash Lite 和 Kjava 正以两种不同的风格引领着手机动画技术不断向前发展。其中，Flash 动画是手机动漫的一个主要方向，Flash Lite 是手机 Flash 动画的主要技术，是 Adobe 公司针对资源有限的移动设备推出的 Flash 移动版。

Flash Lite 的全称是 Adobe Flash Lite，它是 Adobe 公司专为移动电话设计的全新的 Adobe Flash Player 配置文件。最初由 Macromedia 公司开发的 Flash Lite1.1，只能应用于 i-mode 手持设备，而自 2007 年起绝大部分 Nokia 手机和 SonyEricsson 手机均支持手机 Flash 动画，目前支持这项服务的手机已有 50 余款。

Flash Lite 目前有 3 个常用的版本，Flash Lite 1.1、Flash Lite 2.0、Flash Lite 3.0，但其最高版本是 Flash Lite 4.0。

三、手机 Flash 动画的主要类型及动画要求

手机 Flash 动画的主要类型为以下 5 种：屏保、原创经典、游戏、动漫杂志、音乐。各类型常用动画的要求如下。

1. 屏保

动画画面必须循环播放。

2. 原创经典

（1）要求在动画内容播放结束处加入停止控制指令及重播提示。

（2）对于不需要画面和声音同步的动画内容，声音始终循环播放。

（3）对于需要画面和声音同步的内容，在单击重播后，声音也必须重新播放。

3. 游戏

（1）动画游戏逻辑正常合理。

（2）含有交互动作的动画游戏内容，必须对操作按键或按钮对应做出明确提示。

4. 动漫杂志

（1）杂志资讯内容逻辑正常合理。

（2）必须对操作按键或按钮对应做出明确提示。

5. 音乐

（1）动画内容画面要求符合歌曲所表达的意境。

（2）要求动画内容中的文本歌词和音乐一致，并且同步。

（3）动画内容的歌词文本中不能出现标点符号（原始素材就是这样的除外）。

四、手机动画的通用设计要求

为了保证手机动画能够流畅播放，在设计时应注意以下几点。

（1）文件要按照手机的分辨率制作。

（2）文件大小控制在 300 KB 以内。

（3）动画中用到的图像及文字必须清晰。

（4）播放时，静态画面停留时间不得超过 4s，重复动作不得超过 3 次。

项目实施——手机 Flash《逗你玩》

任务一　项目策划及剧本编写

项目策划

目前绝大多数手机已经开始支持 Flash，快看看自己的手机是否支持，对着自己的手机高声唱卡拉 OK，欣赏 MV，使用精美的动感主题，闲暇时玩玩精彩的小游戏，看看精彩的连环故事，还有令人捧腹的小品和相声……如果自己很喜欢，就不要停留在仅仅打开手机欣赏这一初级阶段了，赶快下载一段精彩的手机铃声，一起动手制作吧。

本项目以2008年4月上市的低端机型诺基亚3120 classic为模板，以搞笑彩音“逗你玩. mp3”为背景音乐进行设计，通过简短的动画介绍 Flash 手机动画的创作方法。

剧本编写

本项目音乐时间长度为 18.4s，台词对白如下。

《逗你玩》台词

主人，那家伙又来电话了

谁呀

逗你玩儿

这倒霉孩子，我打你吧我

啪～啪～啪～啪～（哭声）

由于有现成的台词，手机动画的剧本就可以直接根据台词来进行设计，剧本相对简单。《逗你玩》手机动画剧本如下。

《逗你玩》手机动画剧本

SC1：小宝右手背后，左手拿着手机喊

台词：主人，那家伙又来电话了

SC2：主人转过头。

台词：谁呀

SC3：特写手机中的来电人姓名"逗你玩"，手机左右晃动

台词：逗你玩儿，这倒霉孩子

SC4：一团黑色中显示雷劈动画

台词：我打你吧我

SC5：主人倒抓起小宝向地上磕，小宝大哭

台词：啪～啪～啪～啪～（哭声）

效果展示

效果展示如图 4-1 所示。

图 4-1　效果展示

任务二　分镜头脚本设计

设计者应该一遍一遍反复地听手机铃声，根据铃声及对白展开联想，将脑海中想到的画面一张一张串接起来，并进一步进行加工，所形成的画面即是分镜头脚本。本项目的分镜头脚本如图 4-2 所示。

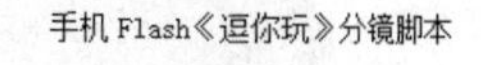

Title: 逗你玩　　　　Page: 1

SC: 1　S: 3.2

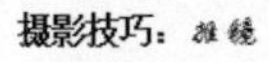

动作要求：小宝大喊着说话

音　乐：主人，那家伙又来电话了

SC: 2　S: 2.3

摄影技巧：移镜 0.3 s

动作要求：1 s 后主人回头

音　乐：雅呀

SC: 3　S: 1.5

摄影技巧：推镜

动作要求：给手机特写，屏幕上显示"逗你玩"

音　乐：逗你玩儿

手机 Flash《逗你玩》分镜脚本

Title: 逗你玩　　　　Page: 2

SC: 3-1　S: 1.3

摄影技巧：追镜

动作要求：手机放大 手机左右摇晃

音　乐：这倒霉孩子

SC: 6　S: 1.4

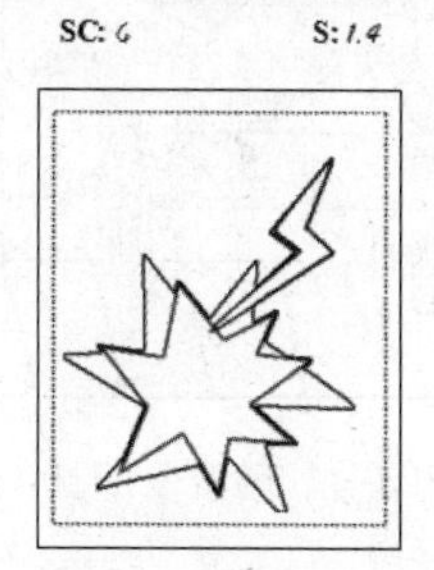

摄影技巧：

动作要求：显示被雷劈中 动画 2 次

音　乐：我打你吧我

SC: 5　S: 8.6

摄影技巧：推镜

动作要求：头撞地 4 次后推镜 小宝大哭

音　乐：呜~呜~呜~呜~（哭声）

图 4-2　分镜脚本

任务三　角色设计

本动画主要涉及两个角色：主人和小孩，如图 4-3 所示。

图 4-3　角色

任务四　场景设计

本动画中只涉及一个房间场景和一个手机道具，如图 4-4 所示。

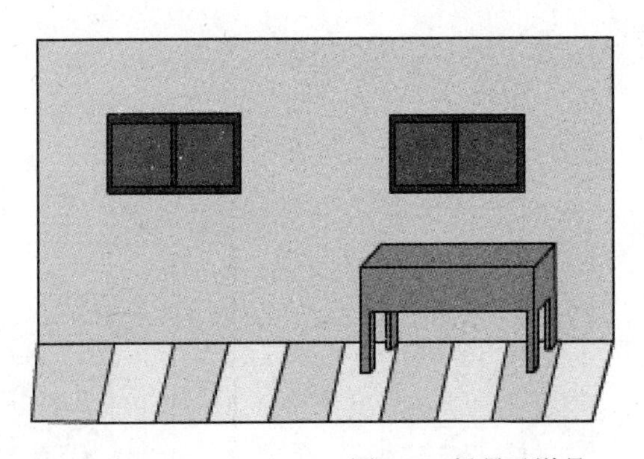

图 4-4　场景及道具

任务五　动画制作

一、创建手机动画

（1）启动 Flash，选择“文件→新建”菜单命令，打开“新建文档”对话框，选择文档类型为“Flash 文件（移动）”，单击“确定”按钮，如图 4-5 所示。

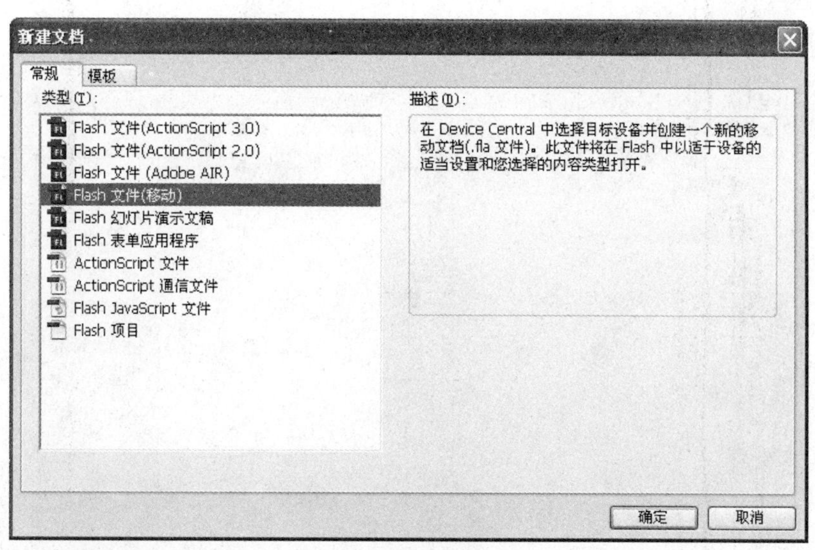

图 4-5　新建移动文档

（2）在弹出的 Adobe Device Central CS4 中，选择“新建文档”选项卡，如图 4-6 所示。在“播放器版本”下拉列表框中选择 Flash Lite 2.0 选项，在“ActionScript 版本”下拉列表框中选择 ActionScript 2.0 选项，在“内容类型”下拉列表框中选择“独立播放器”选项。

在左侧的“联机库”列表框中列出了许多支持手机 Flash 播放的手机模板，这里选择适合于大多数消费者使用的一款中低档手机“诺基亚 3120 classic”为模板，尺寸为 240 像素 × 320 像素。然后选择底部的“所有选定设备的自定尺寸”复选框，再选中顶部的“设置为全屏”复选框，这样就可以为独立的 Flash Lite 播放器创建手机动画了。

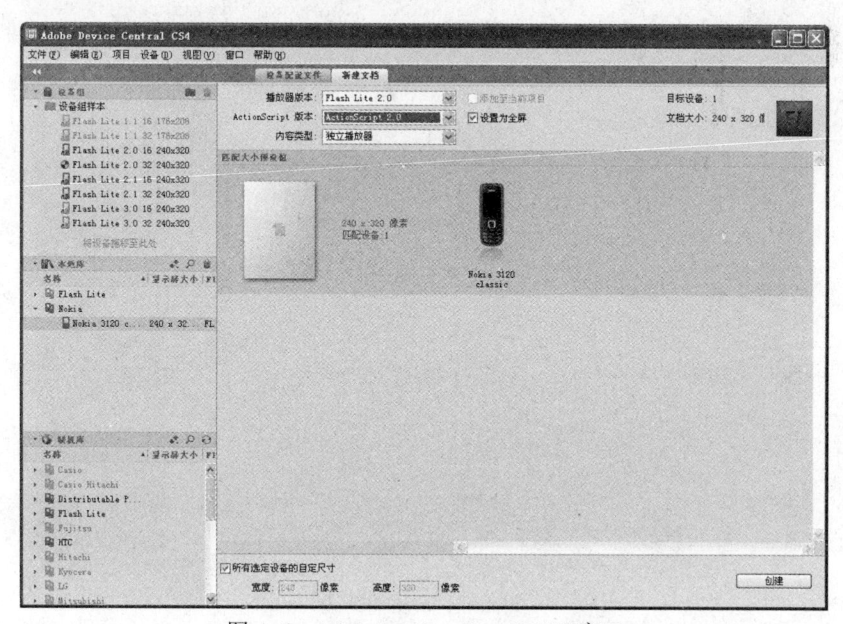

图 4-6　Adobe Device Central CS4 窗口

（3）单击窗口底部的“创建”按钮，将返回到 Flash，这时会自动创建一个包含预设发布设置和所选设备正确尺寸的新文档，在属性面板设置帧频为 12fps，将文件以“逗你玩”命名并保存，效果如图 4-7 所示。

图 4-7　新建的移动文档窗口

二、动画环境设置

（1）按 Ctrl+Alt+Shift+R 组合键，打开标尺，用选择工具为舞台添加辅助线，如图 4-8 所示。

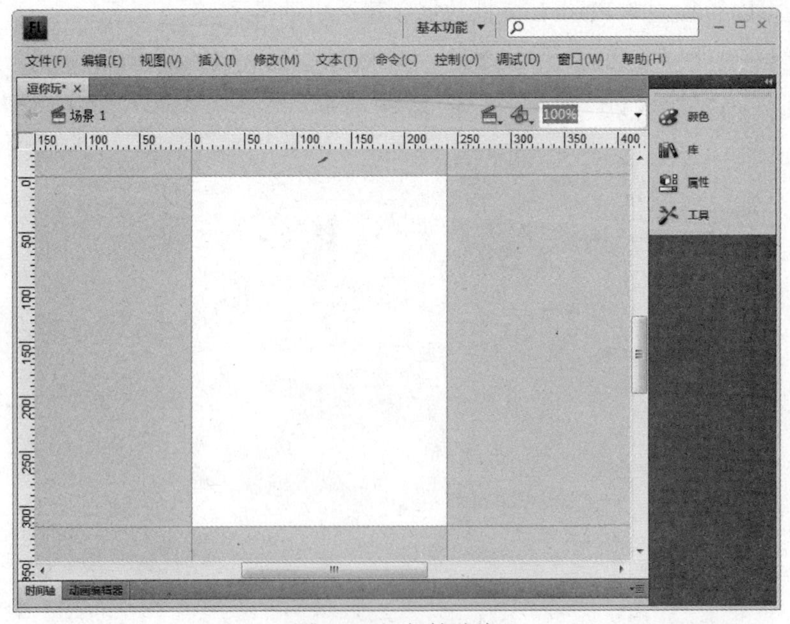

图 4-8　添加辅助线

（2）添加镜头框。将图层名称改为“镜头框”。用矩形工具绘制一个宽为 550 像素、高为 400 像素的黑色矩形，按 Ctrl+K 组合键打开“对齐”面板，设置矩形相对于舞台水平居中对齐、垂直居中对齐。为该矩形选择红色边框。选中红色边框，在“对齐”面板中依次单击“相对于舞台”“匹配宽和高”“水平中齐”“垂直中齐”按钮，此时，红色边框将标示出舞台大小。选中舞台中心黑色矩形和边线，按 Delete 键将其删除，剩下的黑色矩形框则为镜头框，完成后将该图层锁定，如图 4-9 所示。

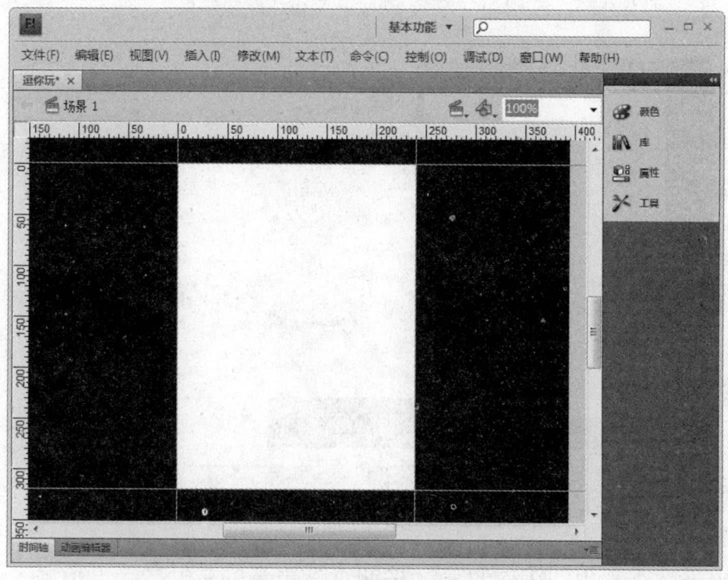

图 4-9　添加镜头框

三、声音设置

（1）导入音乐。新建图层并命名为“声音”。按 Ctrl+R 组合键将“逗你玩.mp3”音乐文件导入到舞台，如图 4-10 所示。

图 4-10　导入音乐

（2）更改声音属性。在“属性”面板的“声音”组的“名称”下拉列表框中选择导入的音乐“逗你玩.mp3”，将声音的“同步”模式改为“数据流”模式，“属性”面板设置如图 4-11 所示。

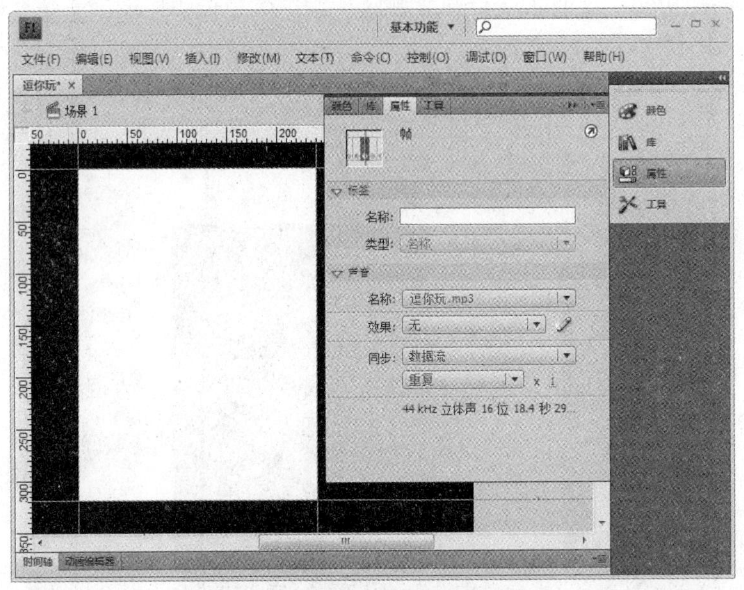

图 4-11　“属性”面板声音设置

（3）确定音乐长度。利用“编辑封套”按钮查看声音的总帧数为 220 帧，在“声音”图层的第 220 帧按 F5 键插入帧，同时在“镜头框”图层的第 220 帧按 F5 键插入帧，“声音”图层的时间轴设置如图 4-12 所示。

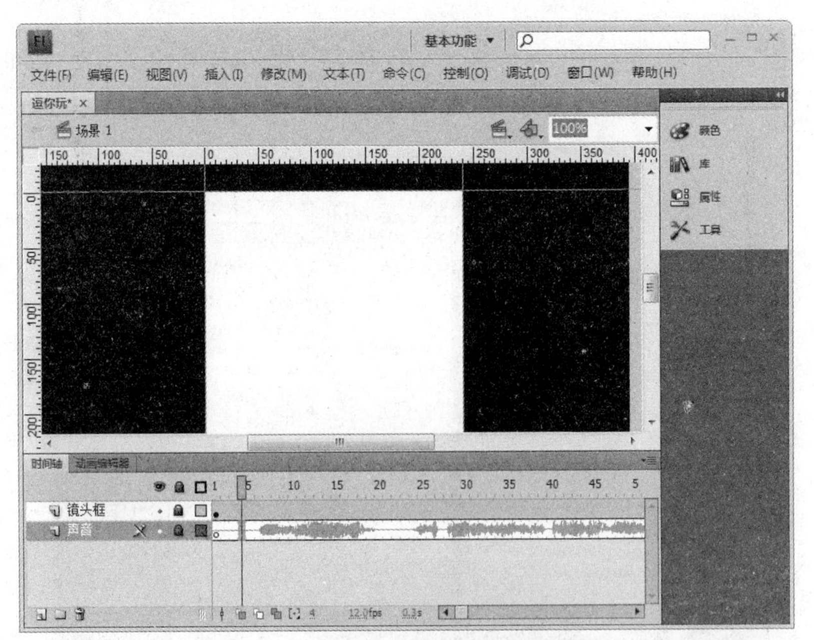

图 4-12　“声音”图层的时间轴设置

（4）插入帧标签。在“声音”图层上新建图层并命名为“帧标签”。按 Enter 键测试声音，在每句对白开始的地方再次按 Enter 键，并按 F6 键在该帧插入关键帧。选中该关键帧，在“属性”面板的“标签”组的“名称”文本框中输入对白文字，这样就会输入帧标签，可以标示出每一句对白的起始帧。用同样的方法将整段音乐都插入帧标签，注意帧标签的名称不能重复。插入帧标签后的效果如图 4-13 所示。

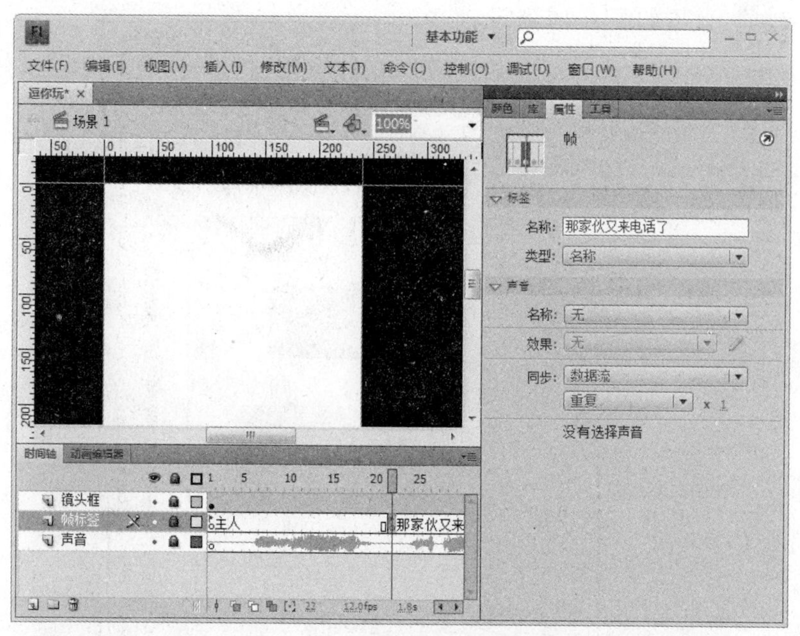

图 4-13　插入帧标签后的效果

四、素材元件的制作

（1）绘制场景。按 Ctrl+F8 组合键新建“背景”图形元件，在舞台中绘制如图 4-14 所示的场景线稿。

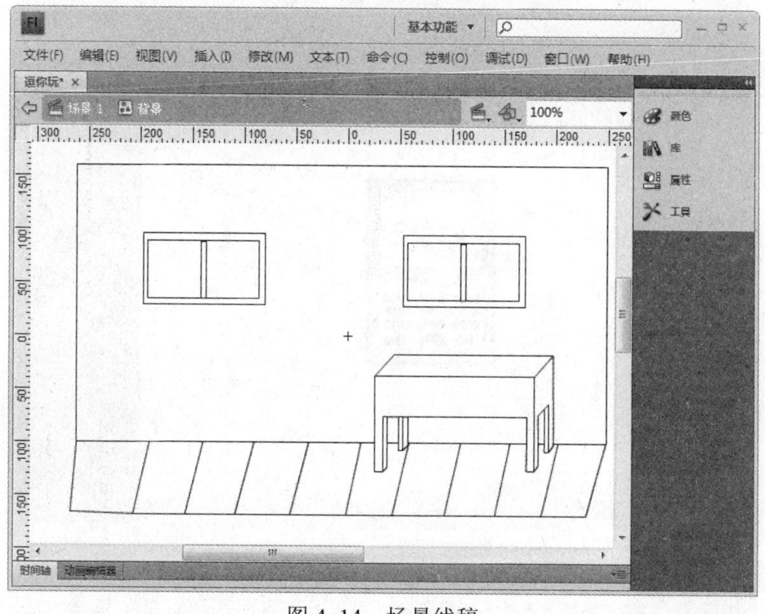

图 4-14　场景线稿

（2）为场景填色。用颜料桶工具为场景填颜色，桌子是土黄色（#D07908），窗户是蓝色（#0065A9），窗框为绿色（#053F29），墙面为淡黄色（#E0E17B），地面为淡绿色（#D2E0C9）与白色相间的条纹，效果如图 4-15 所示。

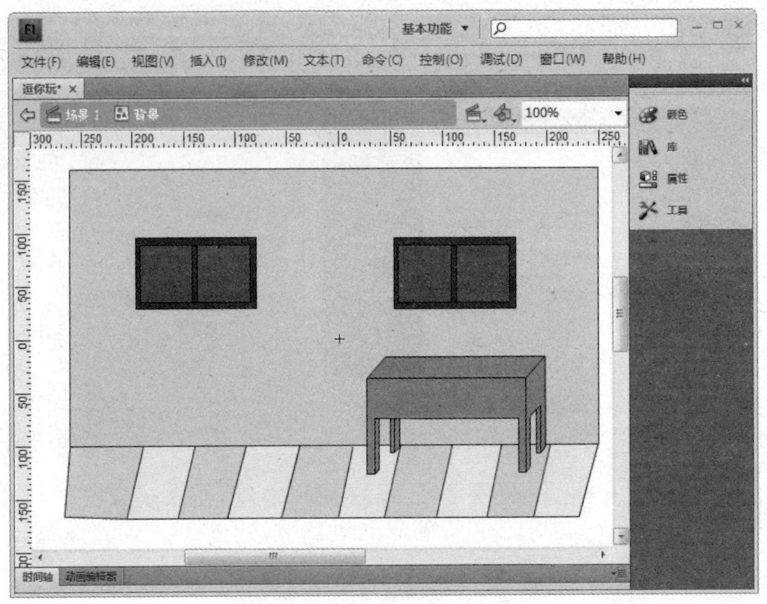

图 4-15　为场景填色后的效果

（3）绘制手机。按 Ctrl+F8 组合键新建“手机”图形元件，在舞台中绘制如图 4-16 所示的手机图形，并填充颜色。其中，手机按键为黑色，文字为黑色，手机边框为黄色（#FF6600）。

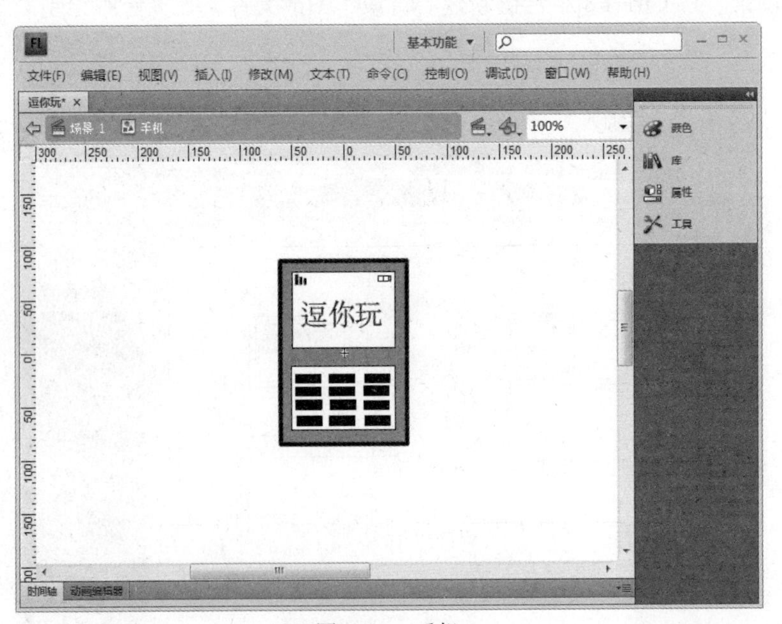

图 4-16　手机

（4）绘制主人背影。按 Ctrl+F8 组合键新建“主人”图形元件，在舞台中绘制如图 4-17 所示的主人背影图形，并填充颜色。其中，头发为紫色（#9999CC），衣服为绿色（#336600），裤子为深紫色（#9966CC），皮肤为浅黄色（#FFCB82）。要求，头部单独在一层中绘制。

图 4-17　主人背影图

（5）绘制主人正视图。按 Ctrl+F8 组合键新建“主人 1”图形元件，在舞台中绘制如图 4-18 所示的主人正面图形，并填充颜色。其中，头发为紫色（#9999CC、#CCCCFF），衣服为绿色（#336600、#339900），裤子为深紫色（#9966CC、#CC99FF），皮肤为浅黄色（#FFCB82、#FFB958）。

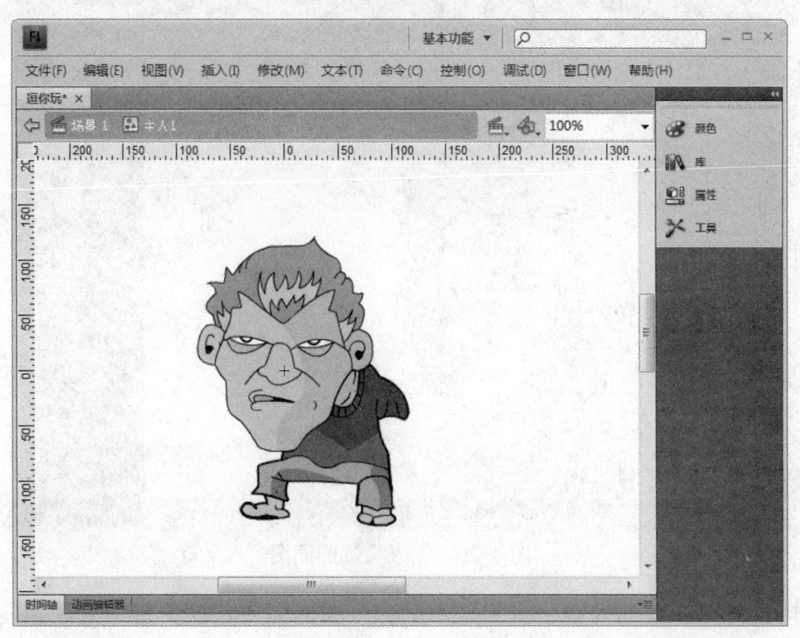

图 4-18　主人正视图

（6）绘制主人胳膊。按 Ctrl+F8 组合键新建“主人胳膊”图形元件，在舞台中绘制如图 4-19 所示的胳膊图形，并填充颜色（#FFCB82、#FFB958）。

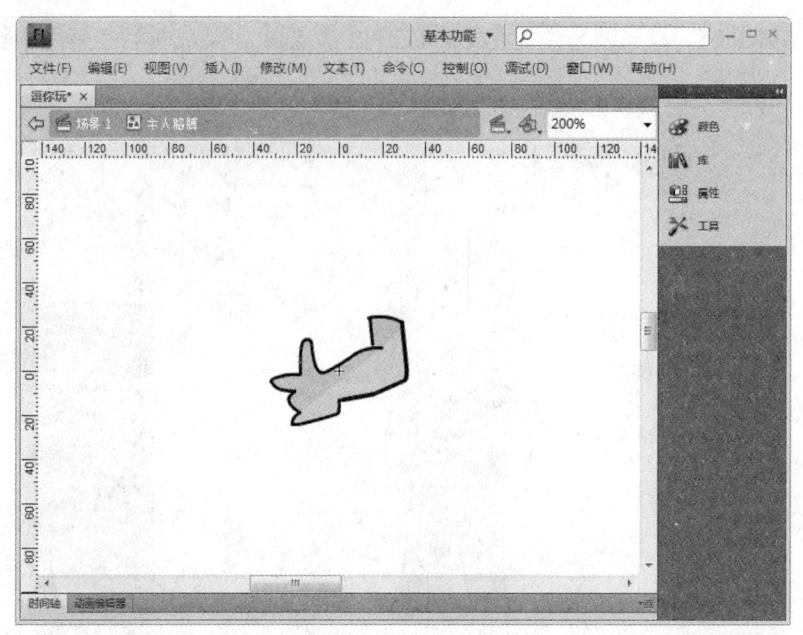

图 4-19　主人胳膊图

（7）绘制主人头部侧面。按 Ctrl+F8 组合键新建“侧头”图形元件，在舞台中绘制如图 4-20 所示的主人头部侧面图形，填充颜色与正面颜色一致。

图 4-20　主人头部侧面图

（8）绘制小孩。按 Ctrl+F8 组合键新建“男孩”图形元件，在舞台中绘制如图 4-21 所示的男孩线稿。注意绘制时要分层绘制，便于后面的动画制作。

图 4-21　男孩线稿

（9）为男孩填色。用颜料桶工具为男孩上色，其中，帽子为深黄色（#FF6E01），头发为浅黄色（#F5E61B），皮肤为淡黄色（#FEE3C5），嘴唇为淡粉色（#FFC3C5），衣服为黄绿色（#C4FF03），裤子为黑色，鞋为蓝绿色（#16FEB2）。填完颜色后把嘴选中，按 F8 键将其转换为“嘴”图形元件，效果如图 4-22 所示。

图 4-22　为男孩填色后的效果

（10）男孩说话动画。在“男孩”元件所有层的第 58 帧按 F5 键插入帧，在“嘴”层的第 7 帧按 F6 键插入关键帧，用任意变形工具将嘴压扁，在第 1～7 帧之间创建传统补间动画。同理，在该层的后面用同样的方法制作嘴一张一闭的口型，用来表达说话的动画。注意帧与帧之间的长短可以用来区分语速的快慢，如图 4-23 所示。

图 4-23　男孩说话动画

（11）绘制眼泪。按 Ctrl+F8 组合键新建“眼泪”图形元件，在舞台中绘制如图 4-24 所示的眼泪形状，并填充颜色（#DBF0F2）。

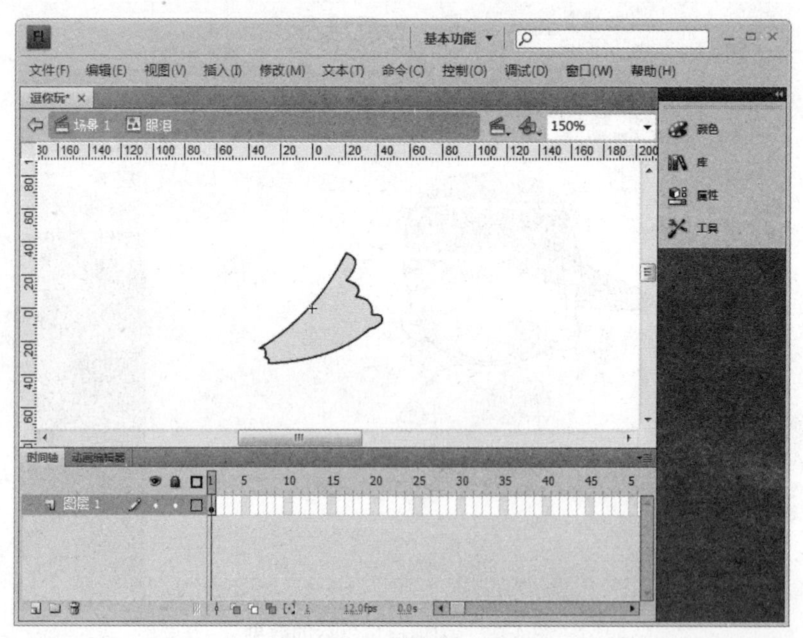

图 4-24　“眼泪”元件

（12）制作眼泪流淌动画。将“男孩”元件直接复制为“男孩 1”。双击进入元件的编辑窗口，将元件中的各层动画删除，把嘴调整得小一些，再把所有层的帧数调整为 45 帧。新建图层

“眼泪 1”，把“眼泪”图形元件放在舞台中的左眼睛位置。在第 15 帧插入关键帧，将第 1 帧眼泪的形状调整得稍小一些，将第 15 帧的眼泪放大一些。在第 1～15 帧之间创建传统补间动画。用同样的方法在第 16～28 帧、29～45 帧之间制作眼泪重复流淌的动画。右眼睛眼泪流淌的动画按此方法制作，动画效果如图 4-25 所示。

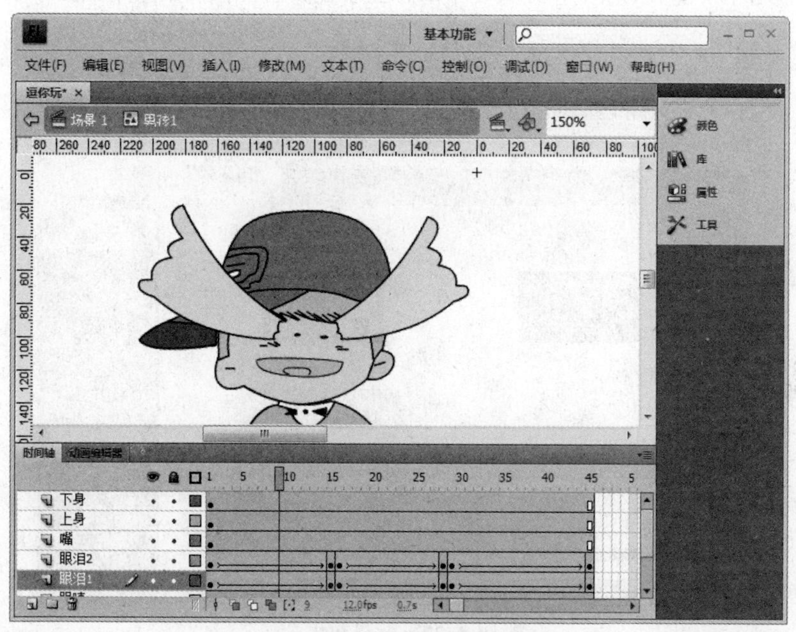

图 4-25　制作眼泪流淌动画

（13）绘制闪电。按 Ctrl+F8 组合键新建图形元件“闪电”，在舞台中绘制如图 4-26 所示的闪电图形，并为其填充浅黄色，阴影的颜色稍深一些即可。

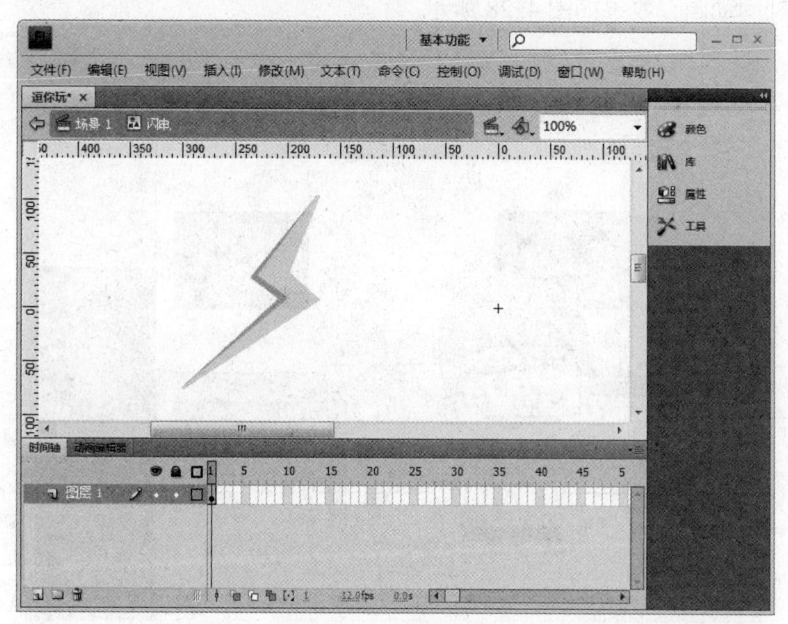

图 4-26　“闪电”元件

五、镜头一和镜头二的动画制作

（1）插入背景。返回场景中，新建图层“动画”，在场景中“动画”图层的第1帧任意绘制一个图形，按F8键将其转换为图形元件SC1-2。双击进入元件编辑窗口，删除图形。将图层1命名为bj，把“背景”图形元件放在第1帧中，让其左半部分显示在舞台上，背景效果如图4-27所示。

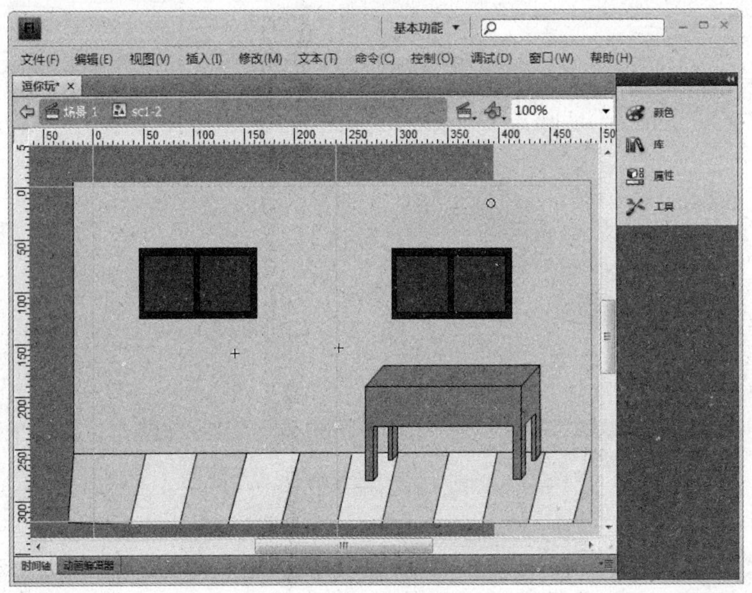

图4-27　背景效果

（2）制作推镜动画。新建图层xiaobao，把“男孩”图形元件放在第1帧上，在两层的第39帧处按F6键插入关键帧，用任意变形工具把两帧元件同时放大一些，在两层的第1～39帧之间创建传统补间动画，效果如图4-28所示。

图4-28　推镜动画效果

（3）制作移镜动画。新建图层 zhuren，在第 39 帧插入关键帧，把“主人”图形元件放在舞台上，在 3 层的第 47 帧插入关键帧，把主人移至舞台中央，在各层的第 39～47 帧之间创建传统补间动画，效果如图 4-29 所示。

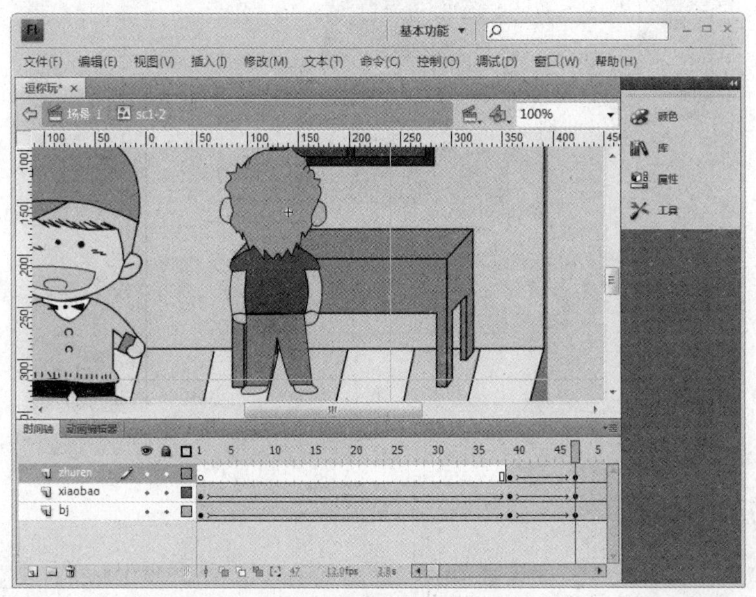

图 4-29　移镜动画效果

（4）制作主人回头动画。在舞台中选中“主人”图形元件，双击进入其编辑窗口，在头这一层的第 17 帧按 F6 键插入关键帧，把“侧头”图形元件放在舞台中主人头部位置，在两层的第 28 帧同时按 F5 键插入帧，效果如图 4-30 所示。

图 4-30　主人回头动画

（5）返回 SC1-2 元件编辑窗口，在所有层的第 66 帧同时按 F5 键插入帧，至此，镜头一和镜头二动画制作完成，效果如图 4-31 所示。

图 4-31　镜头一和镜头二动画

六、镜头三的动画制作

（1）摆放镜头三舞台元件。在场景中的“动画”图层第 67 帧按 F7 键插入空白关键帧，在该帧任意绘制一个图形，按 F8 键将其转换为图形元件 SC3。双击进入元件编辑窗口，删除图形。将图层 1 命名为 bj，把“背景”图形元件放在第 1 帧中，让其左半部分显示在舞台上。新建图层 ren，把“男孩”图形元件摆放在舞台中央，在两层的第 33 帧按 F5 键插入帧，舞台效果如图 4-32 所示。

图 4-32　镜头三中元件的摆放位置及效果

（2）制作动画。在两层的第 5、10 帧插入关键帧。用任意变形工具将 bj、ren 两个图层的第 10 帧同时放大，给手机特写。在第 5～10 帧之间创建传统补间动画，效果如图 4-33 所示。

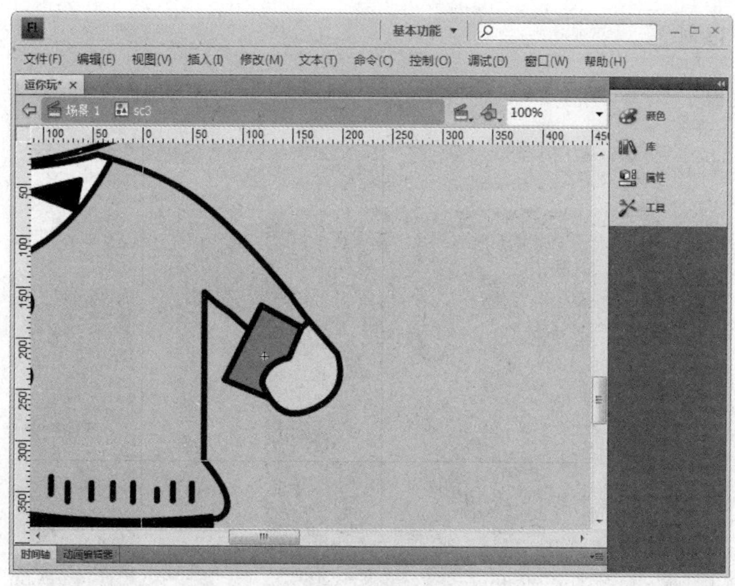

图 4-33　特写镜头

（3）制作手机动画。新建图层 shouji，在第 11 帧插入关键帧，把“手机”图形元件放在舞台中男孩手的位置。在第 18 帧插入关键帧，用任意变形工具把手机放大。在第 20、22、24、26 帧分别插入关键帧，把第 20、24 帧中的手机向左旋转，把第 22、26 帧中的手机向右旋转。至此，镜头三动画制作完成，如图 4-34 所示。

图 4-34　制作手机动画

七、镜头四的动画制作

（1）制作背景。在场景中“动画”图层的第 100 帧按 F7 键插入空白关键帧，在该帧任意绘制一个图形，按 F8 键将其转换为图形元件 SC4。双击进入元件编辑窗口，删除图形。将图层 1 命名为 bj，在舞台中绘制一个超出舞台区域大小的黑色矩形，在第 15 帧按 F5 键插入帧，舞台效果如图 4-35 所示。

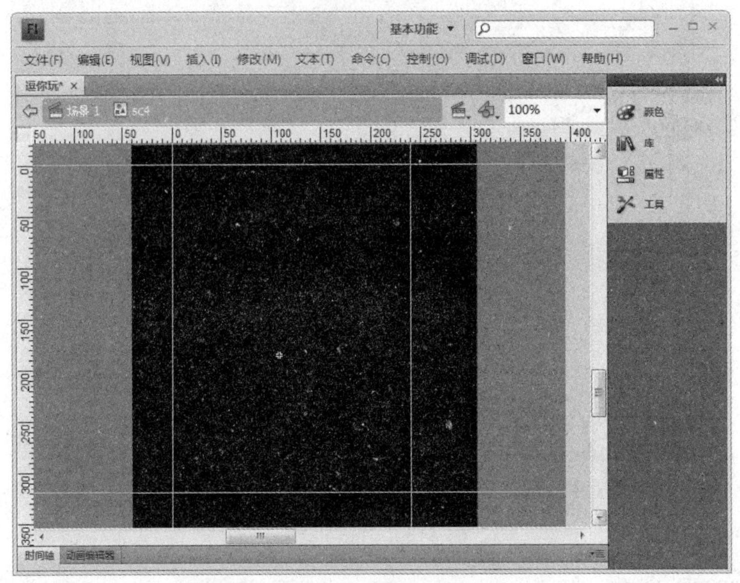

图 4-35　添加黑色背景后的效果

（2）制作闪电动画。新建图层 shandian，把“闪电”图形元件放在舞台中，用任意变形工具把中心点调至闪电的上端，在第 5 帧插入关键帧，调整第 1 帧中的闪电为闪电刚出现时较小的状态，在第 1～5 帧之间创建传统补间动画。把第 1～5 帧全部选中，单击鼠标右键，在弹出的快捷菜单中选择“复制帧”命令，在第 9～13 帧进行粘贴，效果如图 4-36 所示。

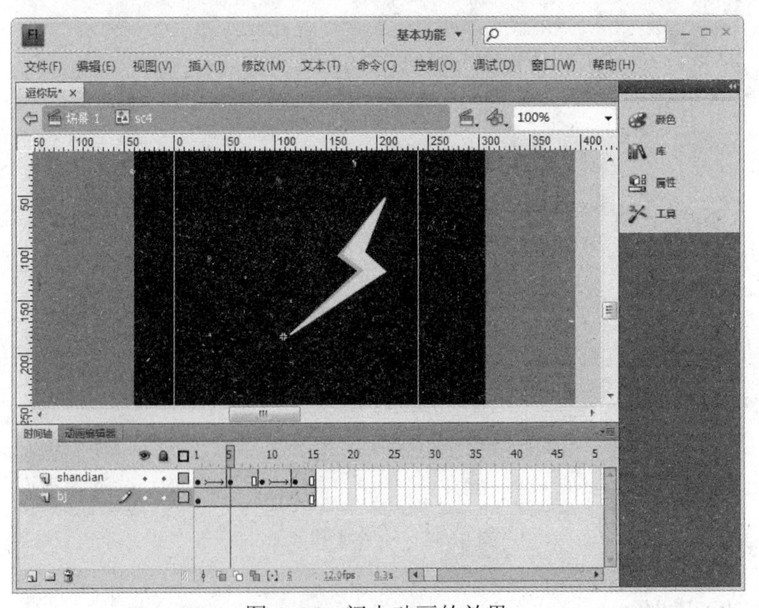

图 4-36　闪电动画的效果

（3）继续制作动画。在“闪电”图层下面新建两个图层 xing 和 xing1，在 xing1 图层的第 6 帧插入关键帧，在闪电下方绘制一个浅黄色不规则星形，在第 14 帧插入关键帧，第 9 帧插入空白关键帧。在 xing 图层的第 7 帧插入关键帧，在最底层绘制一个橘黄色不规则星形，在第 15

帧插入关键帧，在第 9 帧插入空白关键帧，在 xing1 层的第 15 帧按 F5 键插入帧，使 SC4 中各层总帧数均为 15 帧。至此镜头四动画制作完成，效果如图 4-37 所示。

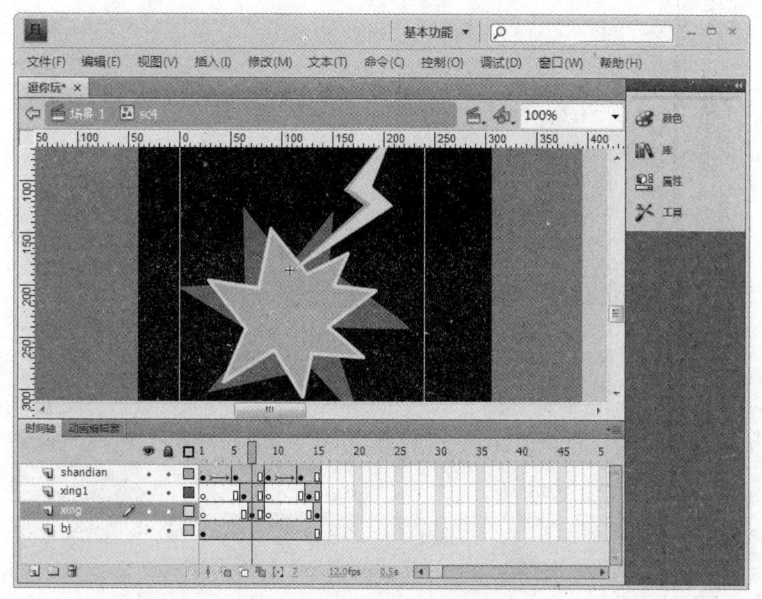

图 4-37　镜头四动画的效果

八、镜头五的动画制作

（1）摆放镜头五舞台元件。在场景中“动画”图层的第 117 帧按 F7 键插入空白关键帧，在该帧任意绘制一个图形，按 F8 键将其转换为图形元件 SC5。双击进入元件编辑窗口，删除图形。将图层 1 命名为 bj，把“背景”图形元件放在第 1 帧中，让其中间部分显示在舞台上。新建图层 zhu，把“主人 1”图形元件摆放在舞台中央，舞台效果如图 4-38 所示。

图 4-38　镜头五舞台元件的摆放位置

（2）制作动画。新建图层 xiao 和 gebo，把“男孩 1”和“主人胳膊”元件分别放在舞台上，选择“修改→变形→垂直翻转”命令将男孩调整为头朝下，如图 4-39 所示。

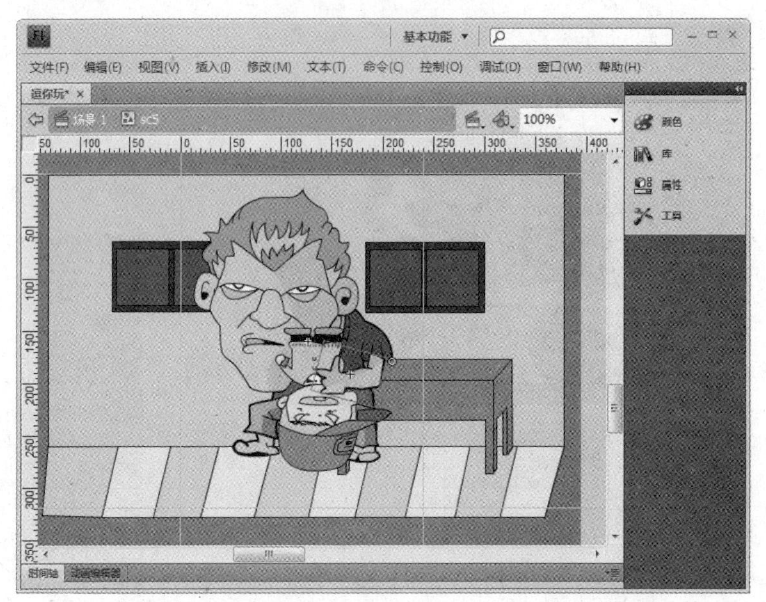

图 4-39　添加“男孩”和“主人胳膊”元件后的效果

（3）在 xiao 和 gebo 图层的第 4、5、10、12、13、18、19、20、21、24、25 帧分别插入关键帧，调整第 4、12、19、24 帧的图形位置，如图 4-40 所示，在第 1～4 帧、第 21～24 帧之间创建传统补间动画。

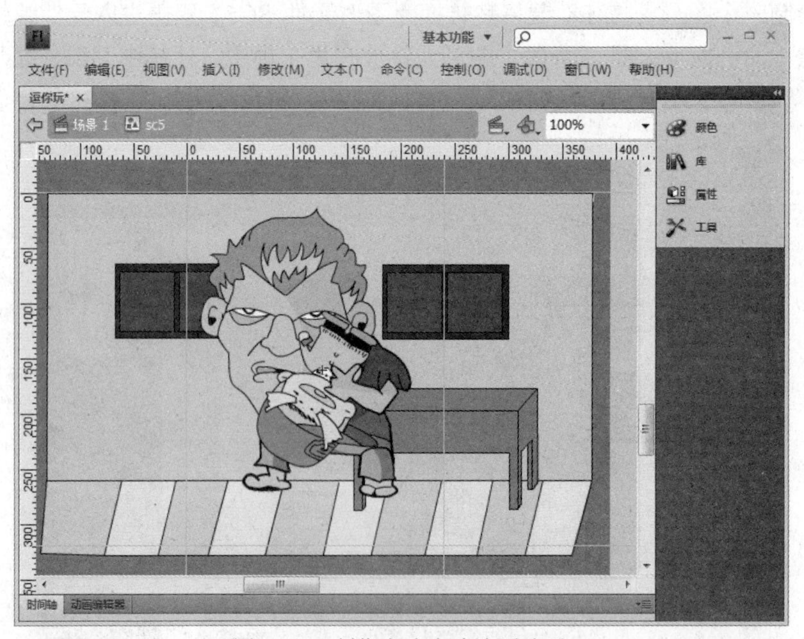

图 4-40　制作小孩头磕地面动画

（4）在各层的第 28 和 33 帧同时插入关键帧，将第 33 帧的所有图形元件放大，在第 28～33 帧之间创建传统补间动画，在各层的第 104 帧按 F5 键插入帧。至此，镜头五动画制作完成，如图 4-41 所示。

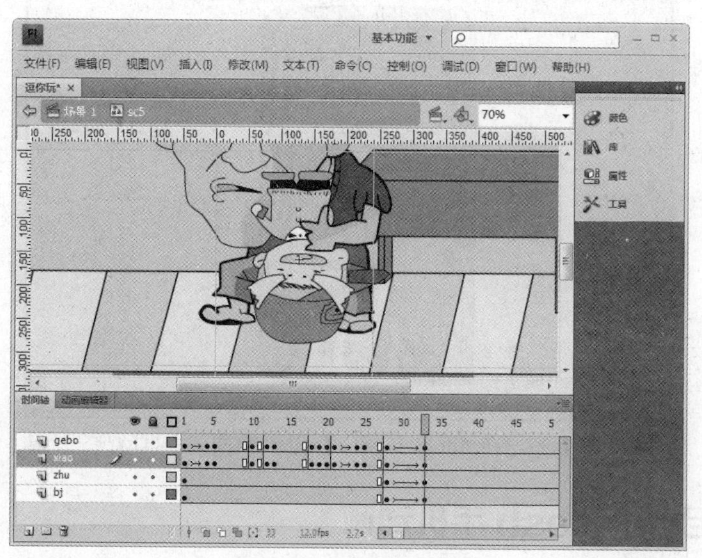

图 4-41　镜头五动画

任务六　文件优化及发布

（1）选择“文件→保存”菜单命令或“文件→另存为”菜单命令，都可以将当前文件保存为标准 Flash CS4 文档，如图 4-42 所示。

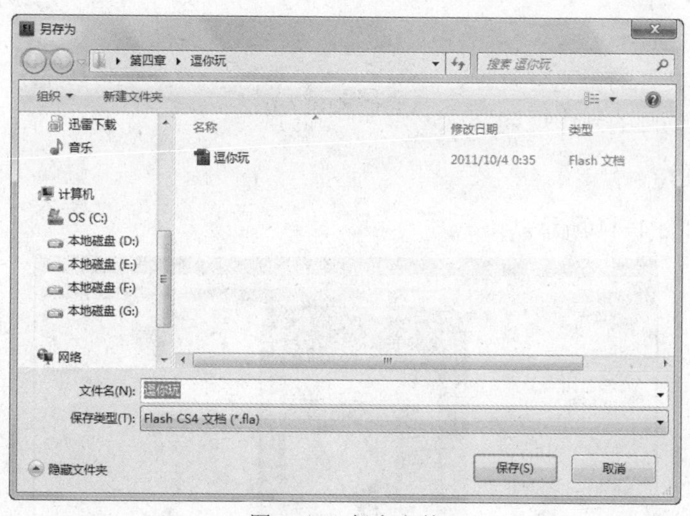

图 4-42　保存文件

（2）选择“控制→测试影片”菜单命令（或使用 Ctrl+Enter 组合键），即可将应用程序导出到 Adobe Device Central，并在 Adobe Device Central 中查看应用程序效果，如图 4-43 所示。

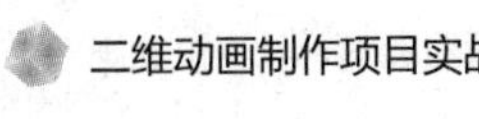

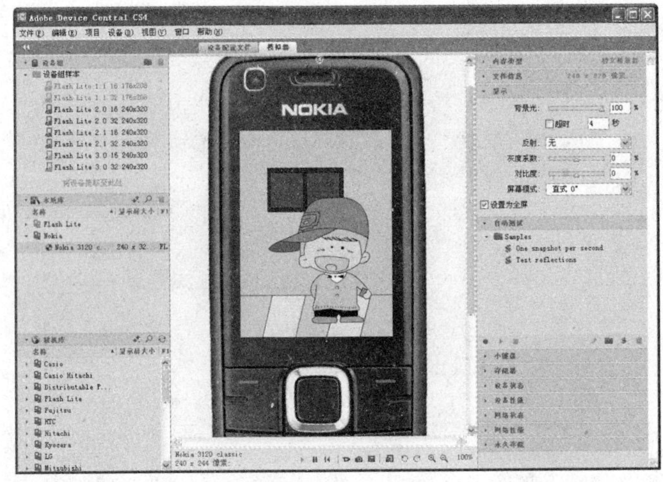

图 4-43　在 Adobe Device Central 中测试手机动画

拓展项目——Flash 手机动画

项目任务

设计并制作一个 Flash 手机动画。

客户要求

以网上下载的搞笑铃音为声音文件，根据音乐编排故事情节，制作一款符合 Flash 手机动画制作规范的动画作品。

关键技术

- Flash 移动文件的创建与设置。
- Flash 手机动画的制作规范。

参考效果图

参考效果图如图 4-44 所示。

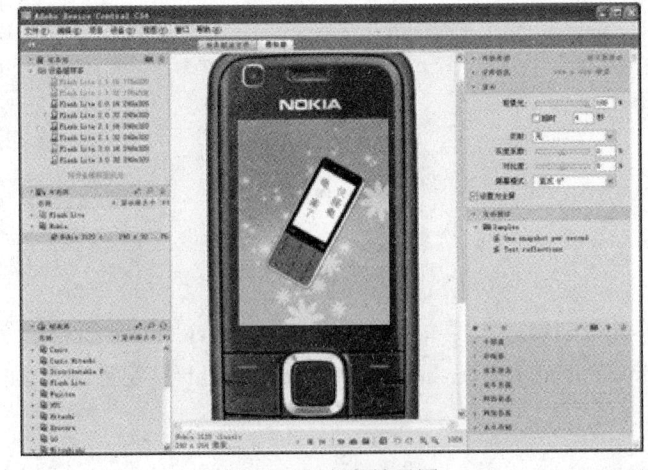

图 4-44　参考效果图

项目五

Flash MV

学习目标

- 掌握 Flash MV 的基本开发流程。
- 掌握歌词与声音同步的制作方法。
- 能够熟练使用 Flash 动画技术制作 Flash MV 动画。

知识链接

一、什么是 Flash MV

MV 是英文 Music Video 的缩写，就是音乐视频的意思。而 Flash MV 就是利用 Flash 软件将一些矢量图、位图、文字、歌词和音乐组合到一起，并制作成具有交互性的动画作品。由于 Flash MV 作品主要用于网络传播，因此，它们是基于矢量技术的，不可能加入大量的位图或视频，在制作过程中必须考虑到 MV 作品的大小，以便于在网上进行作品发布。

二、Flash MV 的基本开发流程

1. 确定歌曲

制作一个 MV 动画的前提是选择一首音乐，以便根据音乐的特点确定整部动画片的风格，从而开展后面的工作。

2. 编写动画剧本

选择好音乐之后，就要创作合适的文字剧本。一般这个任务由编剧完成，即根据音乐的风格和确定的动画基调，编写出具体的故事情节，并将故事中的人物语言和动作通过文字描述出来。

3. 造型

造型是原画师的工作，要求原画师创作出动画片中的角色造型，能体现角色的个性特点，应对各个角色的正面、侧面、背面都要绘制出来。

4. 场景设计

场景设计侧重于人物所处的环境，是高山还是平原，是屋内还是屋外，是哪个国家，以及是哪个地区，都要一次性地将动画片中提到的场所设计出来。这是场景设计师的主要工作。

5. 绘制分镜

分镜，也称分镜图或故事板，它以图像、文字、标记说明为组成元素，更直观地表达故事情节，即把文字剧本转换成图片剧本。在分镜脚本中，应将每一幅图中的人物、背景、摄影角度、动作简单地绘出，不需要像真正的动画稿那么详细，但是对白、音效要标记清楚，计算出相应的时间。同时应标记好要应用的镜头、特效，比如推特写、逆光等。这部分工作由导演具体负责。

6. 抠图上色

原画师和场景设计师所绘制的角色及背景，需要在这里利用指定的软件进行抠图，然后对抠出的图像进行上色。

7. 动画制作

动画制作即根据分镜将角色两个关键动作中的过渡帧补齐，使角色动作保持连贯，同时，将每个分镜头中的动画制作出来。这部分对动画师的要求较高，要求既能看懂分镜，又能熟知

运动规律，同时精通 Flash 软件的使用。

8. 后期合成

将动画师所制作的各个分镜的动画合成为一个文件，同时利用后期制作软件为动画加上必要的特效，从而形成画面的最终效果。

三、Flash MV 的创意方法

Flash MV 的创意方法基本上为以下两种。

（1）对应创意：以歌词内容为创作蓝本，可以去追求歌词中所提供的画面意境及故事情节，并且设置相应的镜头画面。

（2）平行创意：音乐内容与音乐画面呈面线平行发展，画面与音乐的内容分割开来，各自遵循着自己的逻辑线索向前发展，看似画面与歌词内容似乎毫无关联，但实际上给人们的总体印象是有内在联系的。

四、声音同步列表 4 个选项的含义与区别

（1）事件：使声音和一个事件的发生过程同步起来。事件声音是独立于时间轴存在的声音类型，因此在播放时不受时间轴的控制。也就是说，即使当影片结束时，声音也会完整地播放完毕。

在事件选项后面的文本框中，还可以设置声音的播放次数，有“重复”与“循环”两个选项可供选择。选择“重复”选项后，即可以在其后的文本框中输入需要重复的数值。例如要在 1min 内循环播放一段 5s 的声音，则需要在文本框中输入数值 12；选择“循环”选项后，声音则会无止境地播放。

（2）开始：与事件的功能类似。它们的区别在于，选择“开始”选项后，在声音播放的过程中，如果遇到同样的声音文件，仍会继续播放该声音文件，而不是重新开始或是和遇到的文件同时播放。

（3）停止：停止声音的播放。

（4）数据流：使声音文件与时间轴中的影片同步。换句话说，声音被分派到影片中的每一个帧里，影片停止，声音的播放也停止。

项目实施——《猪之歌》MV

任务一　项目策划及剧本编写

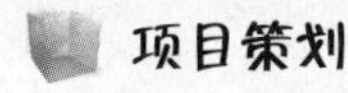

项目策划

利用 Flash 软件可以和音乐结合的特点，人们设计出了很多 Flash MV 作品，给人以视觉和听觉的双重享受。很多闪客都是凭借 Flash MV 一举成名的，只要是学习 Flash 软件的人都想拥有一部自己的 MV 作品。

本项目就是基于大家的这种心理而设计的，通过《猪之歌》MV 作品的制作，一步一步教

会大家 Flash MV 动画制作的基本方法。

剧本编写

《猪之歌》是一首脍炙人口的网络歌曲，整首歌曲时长 2 分 54 秒。首先介绍一下这首歌的歌词。

歌曲：猪之歌
歌手：香香
猪，你的鼻子有两个孔，感冒时的你还挂着鼻涕牛牛
猪，你有着黑漆漆的眼，望呀望呀望也看不到边
猪，你的耳朵是那么大，呼扇呼扇也听不到我在骂你傻
猪，你的尾巴是卷又卷，原来跑跑跳跳还离不开它
哦～～～
猪头猪脑猪身猪尾巴
从来不挑食的乖娃娃
每天睡到日上三竿后
从不刷牙，从不打架
猪，你的肚子是那么鼓，一看就知道受不了生活的苦
猪，你的皮肤是那么白，上辈子一定投在那富贵人家
哦～～～
传说你的祖先有八钉耙，算命先生说他命中犯桃花
见到漂亮姑娘就嘻嘻哈哈
不会脸红，不会害怕
猪头猪脑猪身猪尾巴
从来不挑食的乖娃娃
每天睡到日上三竿后
从不刷牙，从不打架哦～～
传说你的祖先有八钉耙，算命先生说他命中犯桃花
见到漂亮姑娘就嘻嘻哈哈
不会脸红，不会害怕
你很像他

《猪之歌》歌词语义表达明显，因此，这里采用对应创意的方式，以歌词内容为蓝本直接设计动画内容。通过一个小孩在舞台中演唱本首歌曲引入小猪的故事，故事情节按照歌词展开，最后回归到舞台的演奏上。本项目共有 25 个分镜，动画剧本如下。

《猪之歌》动画剧本

SC1：小宝右手背后，左手拿着手机喊。

开始：画面静止，两只小猪一左一右，中间偏下是 play 按钮。

SC1：两只小猪为背景，“猪之歌”三个字从上依次落下，“香香”两字从下面中间向上淡入。

音乐：前奏

SC2：一个小孩在舞台灯光背景下投入地弹着吉他。

音乐：前奏

SC3：（切镜）给出猪的面部特写，镜头随着音乐推向猪鼻子再拉回。

音乐：猪，你的鼻子有两个孔

SC4：感冒的小猪出现在画面中，左耳牵下，挥着左手，眨着眼，嘴巴一张一合，鼻涕不断地流出。

音乐：感冒时的你还挂着鼻涕牛牛

SC5：镜头中出现快乐的小猪乘着降落伞在蓝天白云中飞翔，同时眨着眼睛。

音乐：猪，你有着黑漆漆的眼，望呀望呀望也看不到边

SC6：从猪的近景逐渐给出两只耳朵的特写，伴随着音乐，快乐的小猪抽动着鼻子、挥舞着双手从右下角退出，同时画面中“笨蛋”、“K，白痴”依次出现。

音乐：猪，你的耳朵是那么大，呼扇呼扇也听不到我在骂你傻

SC7：伴随着转动的背景，4只小猪的卷卷的尾巴在画面中出现。

音乐：猪，你的尾巴是卷又卷

SC8：一个厨师手里挥舞着菜刀在舞台中追着一只卷尾巴的小猪来回跑。

音乐：原来跑跑跳跳还离不开它哦～～

SC9：画面从猪头切换到猪身，并逐渐推进至猪尾巴，给出猪身体各部位特写。

音乐：猪头猪脑猪身猪尾巴

SC10：（切镜）小猪两手拿着叉子，不断挥舞着双手，幻想着能有不同食物出现。

音乐：从来不挑食的乖娃娃

SC11：吃饱后的小猪躺在床上睡觉，并不断地打着呼噜。

音乐：每天睡到日上三竿后

SC12：睡醒后，小猪戴着耳环和红色的眼镜在画面中出现，随着音乐，从画面下方逐渐出现一只牙刷和一只猪手。

音乐：从不刷牙，从不打架

SC13：小猪被倒挂着绑在架子上，下面有一盆火在烤着，小猪的眼睛里流出了眼泪，并逐渐被烤成了黑色。

音乐：伴奏

SC14：镜头从猪之家逐渐拉远，小猪摇摇晃晃从家门中走出。

音乐：猪，你的肚子是那么鼓，一看就知道受不了生活的苦

SC15：小猪沿着郊外的小路逐渐向远处走去，幻想着自己出生在富贵人家。

音乐：猪，你的皮肤是那么白，上辈子一定投在那富贵人家

SC16：猪走进了科学算命的房间里，预测自己的前世，然后，拿着八钉耙的祖先出现，在桃花树下，向一只漂亮的小母猪表达自己的喜爱之情，并说出“I LOVE YOU”。

音乐：传说你的祖先有八钉耙，算命先生说他命中犯桃花，见到漂亮姑娘就嘻嘻哈哈，不会脸红，不会害怕

SC17：回到现实的小猪向着小吃部走去。

音乐：猪头猪脑猪身猪尾巴

SC18：小猪坐在桌子旁吃东西，只见桌子上的空盘子越堆越高。

音乐：从来不挑食的乖娃娃

SC19：小猪沿着郊外的小路向远处走去。

音乐：每天睡到日上三竿后，从不刷牙，从不打架哦～～

SC20：随着白云从左向右飘动，猪的祖先从右向左入画。

音乐：传说你的祖先有八钉耙

SC21：在神算的招牌前，猪的祖先嘴巴一张一合，表达着自己帮助小猪的心愿。

音乐：算命先生说他命中犯桃花

SC22：镜头中出现漂亮的母猪，眨着眼睛。

音乐：见到漂亮姑娘就嘻嘻哈哈

音乐：不会脸红

SC24：回到弹吉他小孩的镜头，伴随着吉他的演奏，猪的形象从画面右上出现，由小变大，逐渐覆盖整个画面。

音乐：不会害怕，你很像他

SC25：猪的形象逐渐淡出，“完”字渐显。

音乐：无

效果展示

效果展示如图 5-1 所示。

Adobe Flash Player 9
文件(F) 查看(V) 控制(C) 帮助
还离不开它 哦

Adobe Flash Player 9
文件(F) 查看(V) 控制(C) 帮助
猪头猪脑猪身

Adobe Flash Player 9
文件(F) 查看(V) 控制(C) 帮助
每天睡到日晒三杆后

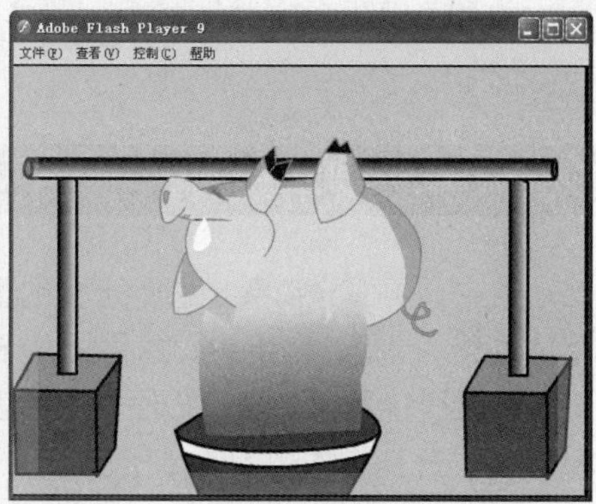
Adobe Flash Player 9
文件(F) 查看(V) 控制(C) 帮助

Adobe Flash Player 9
文件(F) 查看(V) 控制(C) 帮助
科学算命
见到漂亮姑娘就嘻嘻哈哈

Adobe Flash Player 9
文件(F) 查看(V) 控制(C) 帮助
从来不挑食的乖娃娃

Adobe Flash Player 9
文件(F) 查看(V) 控制(C) 帮助
传说你的祖

Adobe Flash Player 9
文件(F) 查看(V) 控制(C) 帮助
见到漂亮

图 5-1 效果展示

任务二 分镜头脚本设计 

在一部动画中，画面分镜头是必不可少的重要步骤，基本上决定了动画的叙事风格，统领了动画的整体效果。但是，分镜头脚本格式并无行业统一标准，大多采用表格形式，格式不一，有详有略。一般设有镜号、景别、摄法、画面设计草图、内容、音响、音乐、时间和备注等栏目。本 MV 动画的分镜脚本如图 5-2 所示。

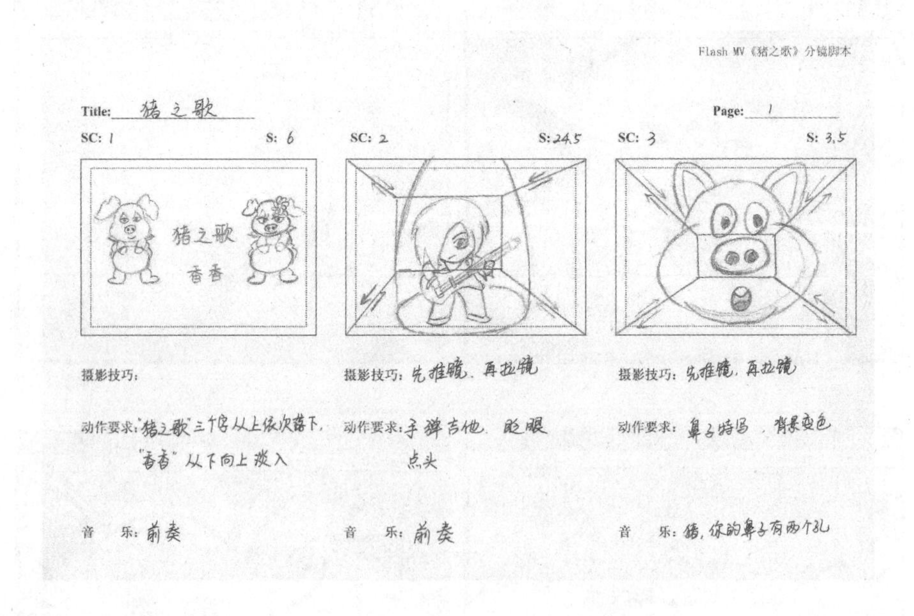

Flash MV《猪之歌》分镜脚本
Title: 猪之歌
Page: 1
SC: 1 S: 6
猪之歌
香香
摄影技巧：
动作要求："猪之歌"三个字从上依次落下，"香香"从下向上拨入
音 乐：前奏
SC: 2 S: 24.5
摄影技巧：先推镜、再拉镜
动作要求：手弹吉他、眨眼点头
音 乐：前奏
SC: 3 S: 3.5
摄影技巧：先推镜，再拉镜
动作要求：鼻子特写，背景变色
音 乐：猪，你的鼻子有两个孔

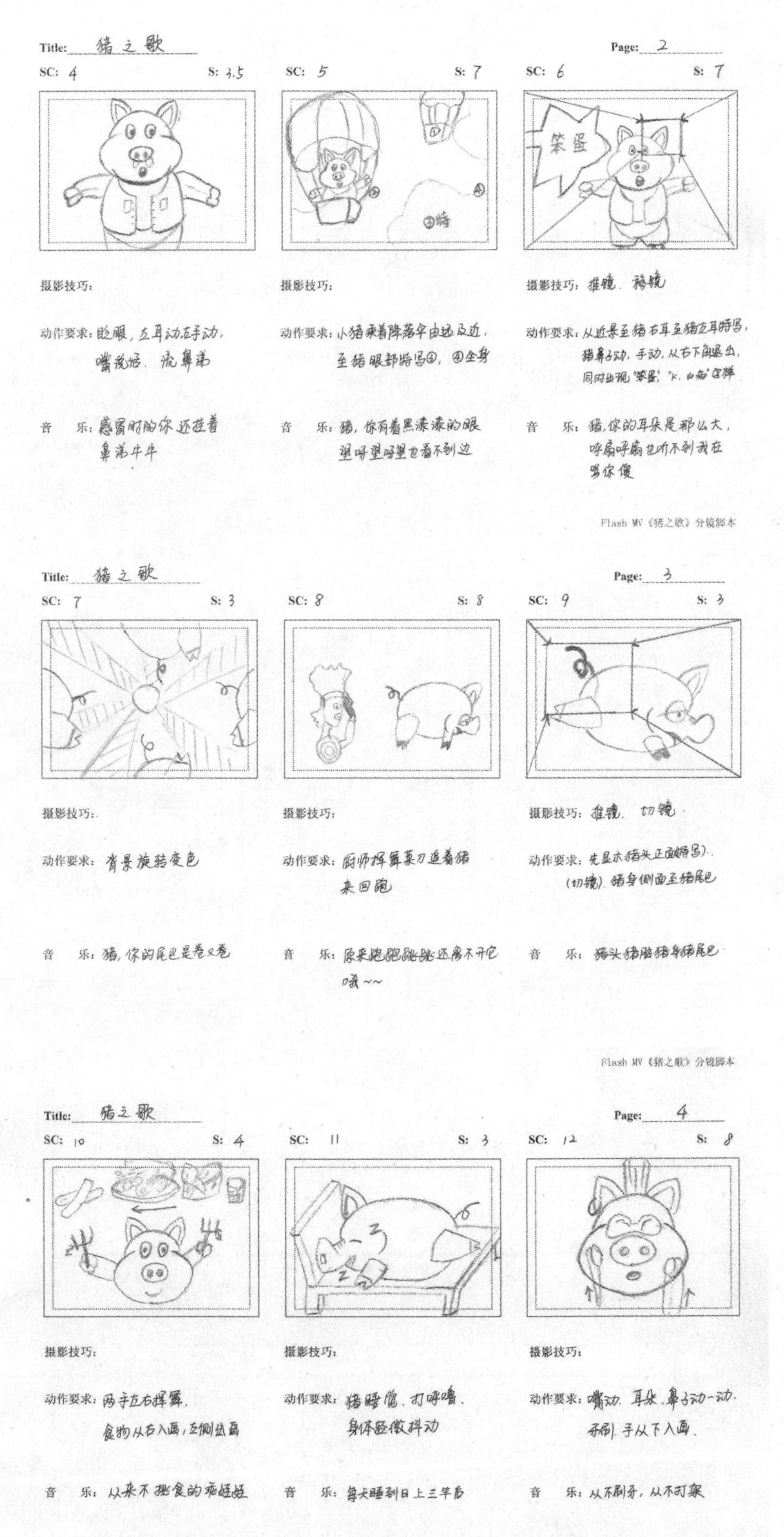

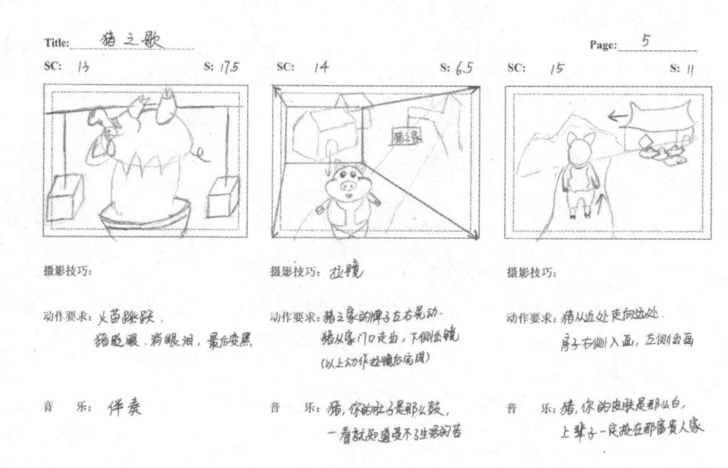
Flash MV《猪之歌》分镜脚本
Title: 猪之歌
Page: 5
SC: 13 S: 17.5
SC: 14 S: 6.5
SC: 15 S: 11
猪之家
摄影技巧：
动作要求：火苗跳跃，猪眨眼，滴眼泪，最后变黑
音 乐：伴奏
摄影技巧：拉镜
动作要求：猪之家的牌子左右晃动，猪从家门口走出，下侧出镜（以上动作拉镜后完成）
音 乐：猪，你的肚子是那么鼓，一看就知道受不了生活的苦
摄影技巧：
动作要求：猪从近处走向远处，房子右侧入画，左侧出画
音 乐：猪，你的皮肤是那么白，上辈子一定投在那富贵人家

Flash MV《猪之歌》分镜脚本

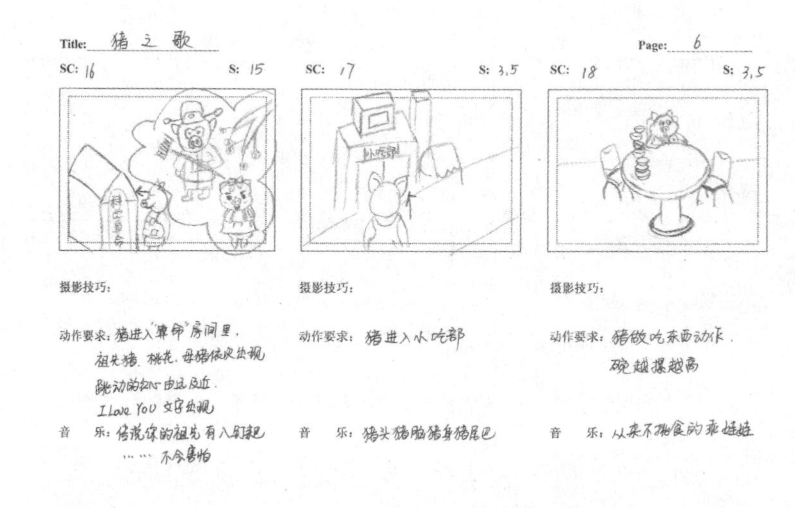
Title: 猪之歌
Page: 6
SC: 16 S: 15
SC: 17 S: 3.5
SC: 18 S: 3.5
小吃部
摄影技巧：
动作要求：猪进入"算命"房间里，祖先猪、桃花、母猪依次出现，跳动的心由远及近，I Love You 文字出现
音 乐：传说你的祖先有八钉耙……不会害怕
摄影技巧：
动作要求：猪进入小吃部
音 乐：猪头猪脑猪身猪尾巴
摄影技巧：
动作要求：猪做吃东西动作，碗越摞越高
音 乐：从来不挑食的乖娃娃

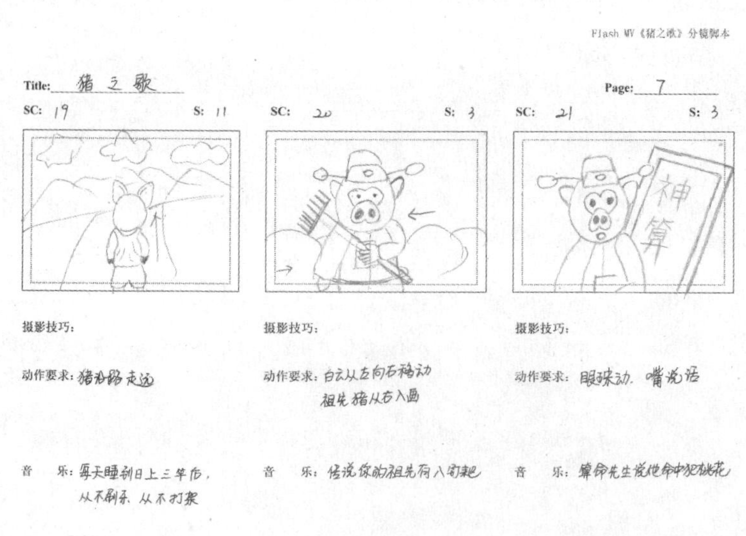
Flash MV《猪之歌》分镜脚本
Title: 猪之歌
Page: 7
SC: 19 S: 11
SC: 20 S: 3
SC: 21 S: 3
神算
摄影技巧：
动作要求：猪沿路走远
音 乐：每天睡到日上三竿后，从不刷牙，从不打架
摄影技巧：
动作要求：白云从左向右移动，祖先猪从右入画
音 乐：传说你的祖先有八钉耙
摄影技巧：
动作要求：眼珠动，嘴说话
音 乐：算命先生说他命中犯桃花

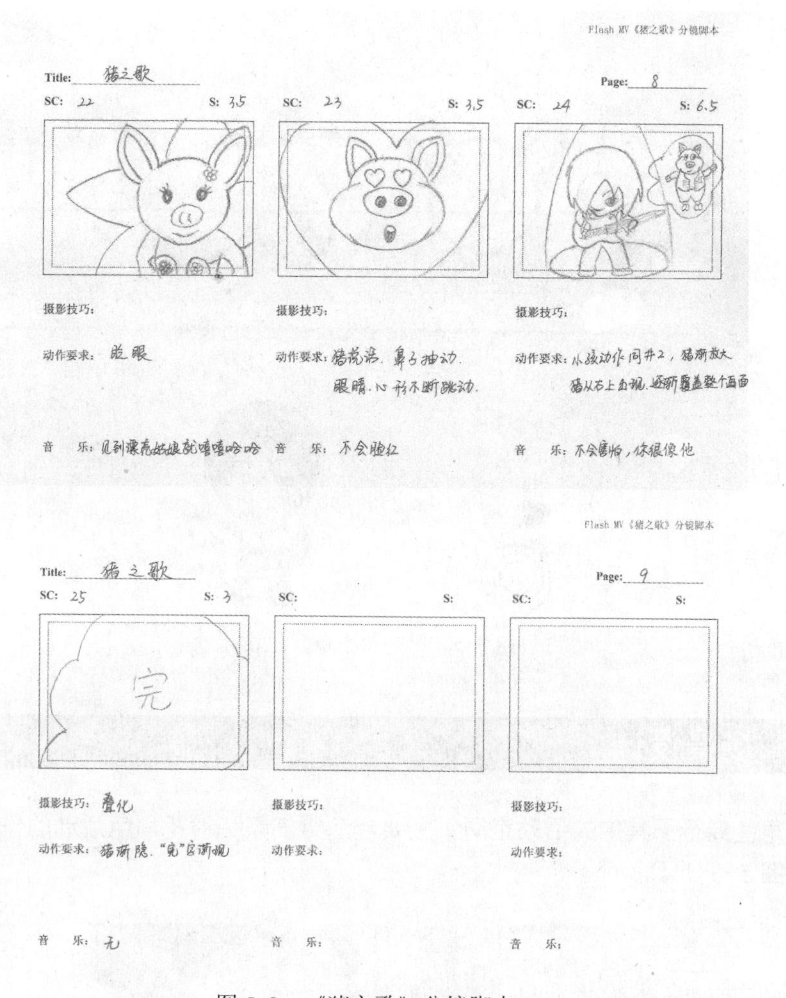

图 5-2 《猪之歌》分镜脚本

任务三 角色设计

《猪之歌》MV 动画中共涉及小猪、猪祖先、猪祖先的女友、母猪、小孩、厨师 6 个不同的角色。其中，小猪是主角，有拟人和非拟人化两种不同的形象，这里为其设计了几种不同衣服的形象，使整部 MV 看上去不显单调。开场通过小孩在舞台中弹奏《猪之歌》这首音乐，从而引出小猪的一系列故事。小猪角色设计如图 5-3 所示，母猪、猪祖先及女友角色设计如图 5-4 所示，厨师及小孩角色设计如图 5-5 所示。

图 5-3 小猪角色设计

图 5-4　母猪、猪祖先及女友角色设计

图 5-5　厨师及小孩角色设计

任务四　场景设计

场景是角色穿行于其中的活动空间，主要起渲染气氛和衬托角色活动的作用。本动画中涉及的场景如图 5-6 所示。

 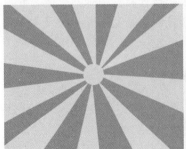

图 5-6　动画场景

任务五　动画制作 

一、动画环境设置

（1）新建一个 Flash 影片文件，脚本为 ActionScript 2.0，设置文档大小为 550 像素 × 400 像素、背景颜色为淡蓝色（#00FFFF）、帧频为 12fps。将文件以“猪之歌”命名并保存，如图 5-7 所示。

图 5-7　新建文档

（2）添加辅助线。选择“视图→标尺”菜单命令，或者按 Ctrl+Alt+Shift+R 组合键，打开标尺，用选择工具为舞台添加辅助线，如图 5-8 所示。

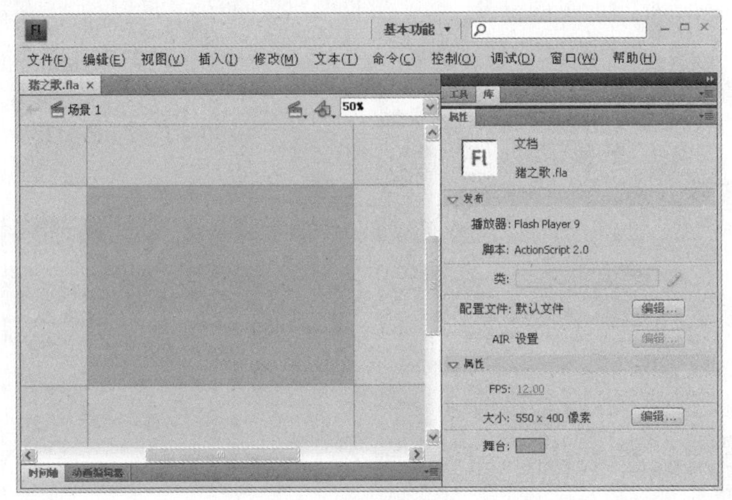

图 5-8　添加辅助线

（3）添加镜头框。将图层名称改为“镜头框”。用矩形工具绘制一个宽为 2 000 像素以上、高为 1 500 像素以上的黑色矩形，按 Ctrl+K 组合键打开“对齐”面板，设置矩形相对于舞台水平居中对齐、垂直居中对齐。为该矩形添加红色边框，双击选中红色边框，在“对齐”面板中先后单击“相对于舞台”、“匹配宽和高”、“水平居中对齐”、“垂直居中对齐”按钮，此时，红色边框将标示出舞台大小。通过双击选中舞台中心的黑色矩形和边线，按 Delete 键将其删除，剩下的黑色矩形框则为镜头框，完成后将该图层锁定，如图 5-9 所示。

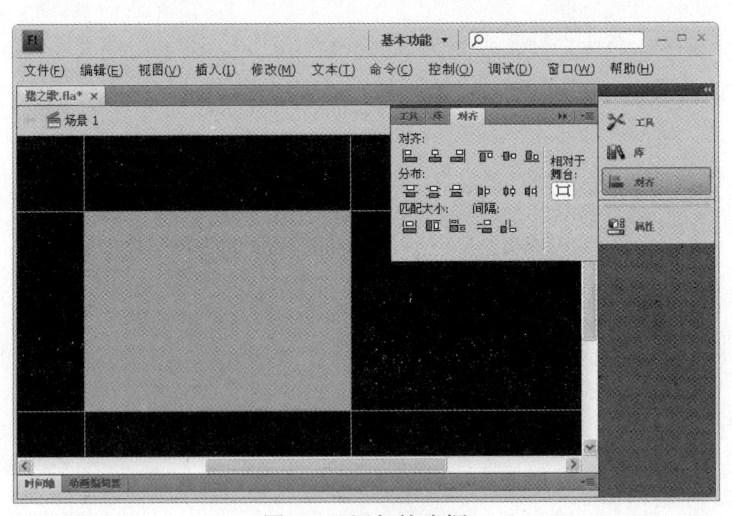

图 5-9　添加镜头框

二、歌词制作

（1）导入音乐。新建图层并命名为“音乐”。按 Ctrl+R 组合键将“猪之歌.mp3”音乐文件导入到舞台，如图 5-10 所示。

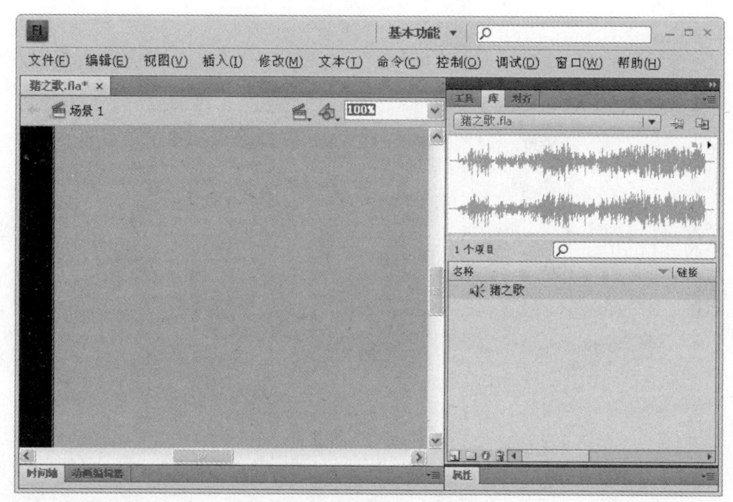

图 5-10　导入音乐

（2）更改声音属性。在“属性”面板的“声音”组的“名称”下拉列表框中选择导入的音乐“猪之歌”，将声音的“同步”模式改为“数据流”模式，“属性”面板设置如图 5-11 所示。

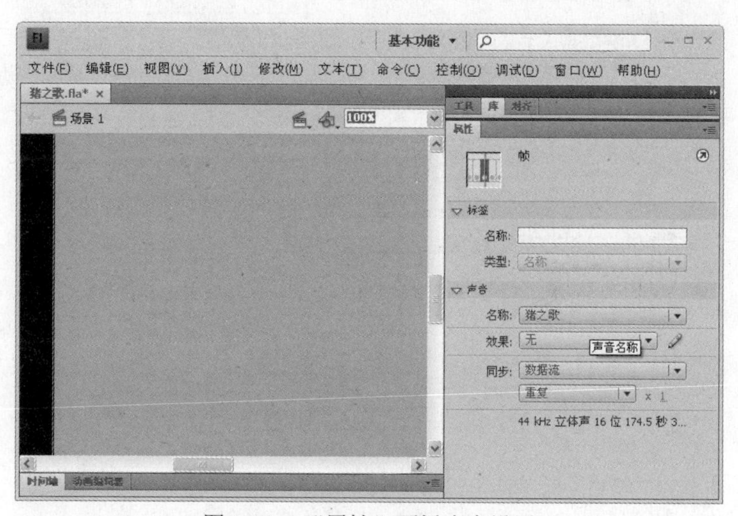

图 5-11　“属性”面板声音设置

（3）确定音乐长度。利用“编辑封套”按钮查看声音的总帧数为 2 018 帧，在“音乐”图层的第 2 018 帧按 F5 键插入帧，同时将“镜头框”图层的 2 018 帧按 F5 键插入帧，如图 5-12 所示。

（4）插入帧标签。在“音乐”图层上新建图层并命名为“标签”。按 Enter 键测试声音，在第一句歌词开始的地方再次按 Enter 键，按 F6 键在该帧插入关键帧。选中该关键帧，在“属性”面板的“标签”组的“名称”文本框中输入第一句歌词“猪，你的鼻子有两个孔”，这样，就会插入帧标签，如图 5-13 所示。这样可以标示出第一句歌词的起始帧。用同样的方法为整首歌曲都插入帧标签，注意帧标签的名称不能重复。

（5）添加歌词。新建图层“歌词”，在该层第一句帧标签标示的帧上按 F6 插入关键帧。选中文本工具，在舞台中央偏下位置输入第一句歌词“猪，你的鼻子有两个孔”，字号为 18 号，颜色为黑色，字体为系统默认字体，如图 5-14 所示。同理，为整首歌曲相同位置都添加上歌词。

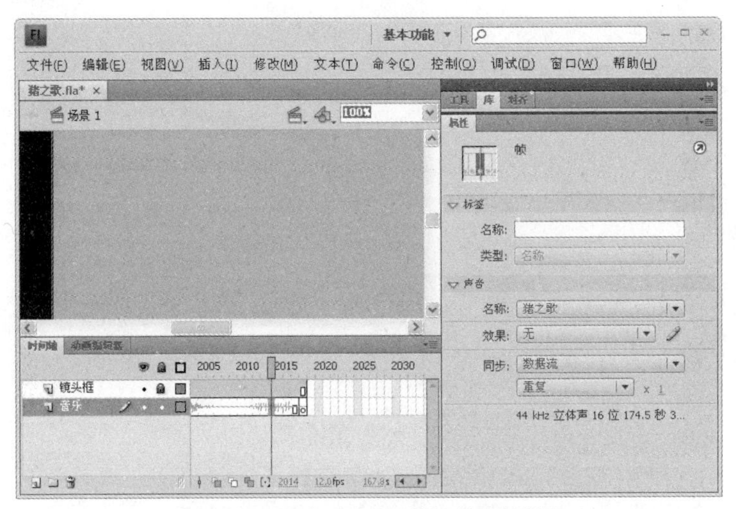

图 5-12 “音乐”图层的时间轴设置

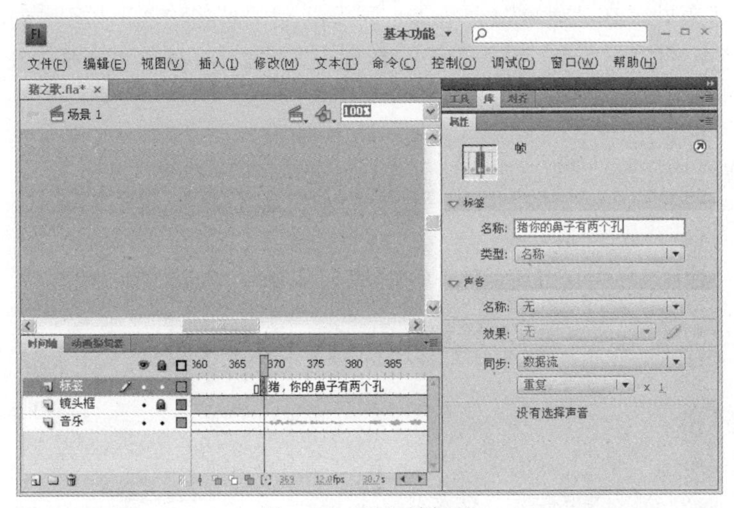

图 5-13 插入帧标签

图 5-14 添加歌词

（6）制作歌词的卡拉 OK 效果。新建图层“歌词遮罩”，在第一句歌词开始的地方即第 369 帧按 F6 键插入关键帧。在舞台中用矩形工具绘制一个任意颜色无边线的矩形，矩形大小以能覆盖整句歌词为宜。选中该矩形，按 F8 键将其转换为图形元件，并命名为“遮罩”，将其放在歌词左侧，如图 5-15 所示。

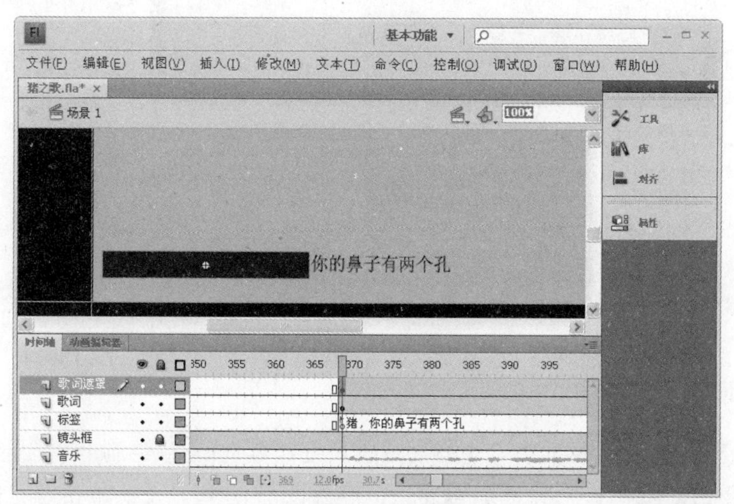

图 5-15 制作歌词遮罩图形

（7）在该层的第 405 帧按 F6 键插入关键帧，在第 369～405 帧之间单击鼠标右键，在弹出的快捷菜单中选择“创建传统补间”命令，然后在“歌词遮罩”图层上单击鼠标右键，在弹出的快捷菜单中选择“遮罩层”命令，按 Enter 键测试歌词效果，可通过调整帧数或添加关键帧达到歌词与音乐匹配的效果，如图 5-16 所示。

图 5-16 用遮罩制作卡拉 OK 效果

（8）同理，将全部歌词制作为卡拉 OK 效果。然后将“标签”图层删除，如图 5-17 所示。

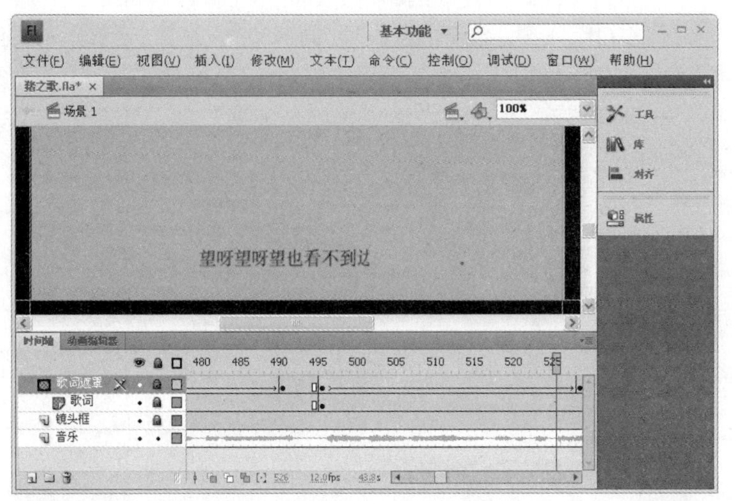

图 5-17 删除“标签”图层

三、镜头一动画

（1）制作背景。在场景中新建“动画”图层，在第 1 帧任意绘制一个图形，按 F8 键将其转换为图形元件 sc1。双击进入元件编辑窗口，删除图形，将图层 1 命名为“背景 1”，用矩形工具绘制一个比舞台大一些的矩形，并由下向上填充白色到黄色（#FFCC00）的线性渐变颜色，在第 74 帧按 F5 键插入帧，如图 5-18 所示。

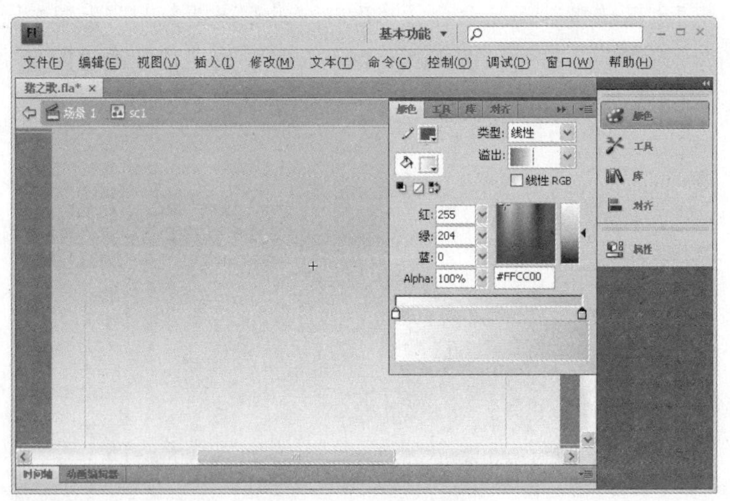

图 5-18 制作背景

（2）绘制小公猪形状。新建图层“猪男”，用工具箱中的工具绘制小猪，按 Ctrl+G 组合键将所有图形组合在一起，效果如图 5-19 所示。

（3）为小公猪填充颜色。用颜料桶工具为小公猪身体各部分填充颜色。为脸（#FCD7C5）、鼻子（#FAC3AF）、鼻子轮廓线（#BB877C）、身体（#FBD4C3）、身体阴影线（#E8B7A9）填充颜色，耳朵的颜色与鼻子相同，然后将无须显示的线条删除，填色后的小猪效果如图 5-20 所示。

（4）绘制小母猪形状。新建图层“猪女”，用工具箱中的工具绘制如图 5-21 所示的小猪形状。按 Ctrl+G 组合键将各部分图形组合在一起。

图 5-19　绘制的小公猪形状

图 5-20　为小公猪填色后的效果

图 5-21　绘制小母猪形状

（5）为小母猪填色。用颜料桶工具为小母猪填色，颜色设置与小公猪一样，其中，衣服与头花的颜色为粉色（#FFA2C7），并将无须显示的线条删除，效果如图 5-22 所示。

图 5-22　为小母猪填色后的效果

（6）添加演唱者和歌名。新建 3 个图层，分别命名为“猪”“之”“歌”，在每层的第 1 帧上输入文字“猪”“之”“歌”，文字颜色为红色，字号为 45 号，并放在舞台上方，如图 5-23 所示。

图 5-23　添加歌名并设置

（7）制作歌名动画。用逐帧动画的方法制作“猪”“之”“歌”3 个字依次从上落下的动画，每个字的动画大约为 10 帧，动画制作方法可以随意，本镜头动画在 36 帧结束，动画时间轴及文字位置如图 5-24 所示。

（8）制作演唱者动画。新增图层“香香”，在第 37 帧按 F6 键插入关键帧，输入蓝色文字“香香”，设置字号为 36 点，按 F8 键将其转换为图形元件“香香”。在第 50 帧插入关键帧，选中第 37 帧的文字，用选择工具将其向下移动一段距离，在“属性”面板中设置其透明度为 0，在两帧之间创建传统补间动画，如图 5-25 所示。镜头一动画至此结束。

图 5-24 制作歌名动画

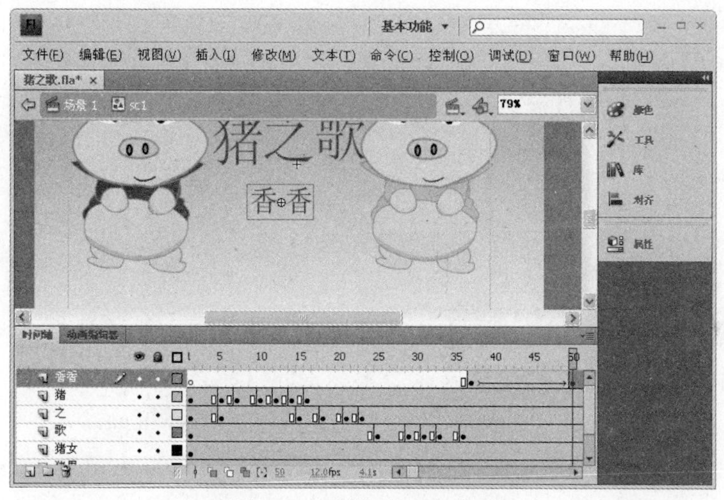

图 5-25 制作演唱者动画

四、镜头二动画

（1）制作背景。在场景中“动画”图层的第 75 帧按 F7 键插入空白关键帧，在该帧任意绘制一个图形，按 F8 键将其转换为图形元件 sc2。双击进入元件编辑窗口，删除图形，将图层 1 命名为 bj，用矩形工具绘制比舞台大一些的矩形，并填充橘黄色（#FF6600），在第 294 帧按 F5 键插入帧，如图 5-26 所示。

（2）绘制光环。新建图层“光环”，用椭圆工具在舞台中央偏下位置绘制一个椭圆，无边线，设置填充颜色为淡粉色（#FEC19A），按 F8 键将其转换为图形元件“sc2 光环”，效果如图 5-27 所示。

（3）绘制舞台灯光。新建图层“光”，在舞台中用椭圆工具绘制一个舞台灯光形状，无边线，在“颜色”面板中为椭圆填充浅灰（#E3E3E3）到深灰（#AEAEAE，alpha=21%）的线性渐变颜色，渐变方向从上至下，并按 F8 键将其转换为图形元件“sc2 光”，使其位置位于光环上方，效果如图 5-28 所示。

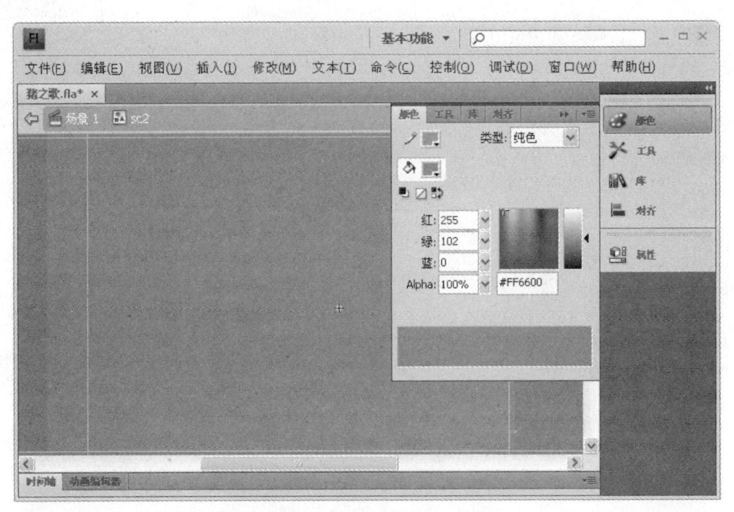

图 5-26　制作镜头二背景

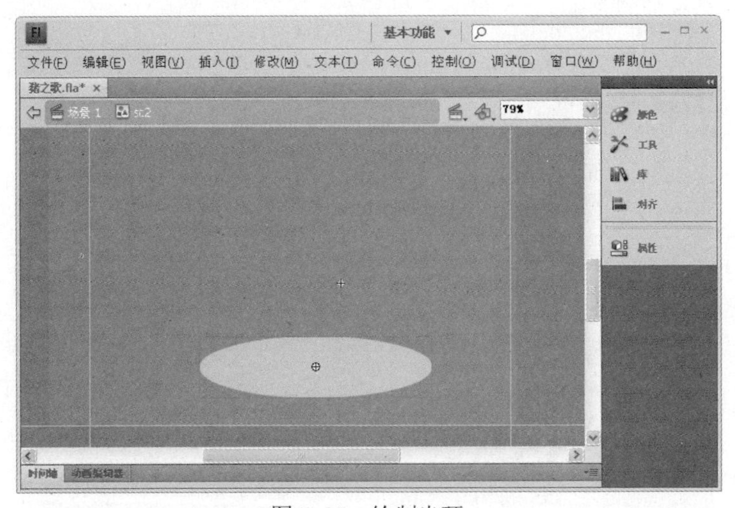

图 5-27　绘制光环

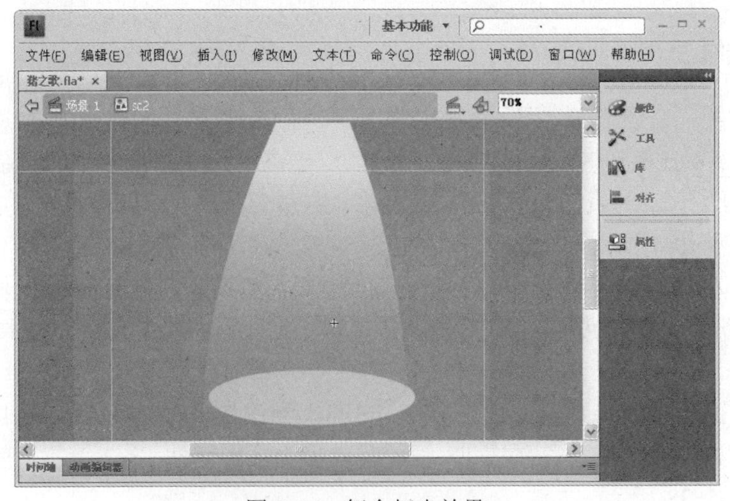

图 5-28　舞台灯光效果

（4）绘制弹吉他的人。在“光环”图层上新建图层“人”，在舞台上绘制任一形状，按 F8 键将其转换为图形元件 people。双击进入元件的编辑窗口，删除图形，在舞台中分层绘制小孩弹吉他的形状，注意，头、手、眼睛、吉他等需要制作动画的部位均要单独分层，效果如图 5-29 所示。

图 5-29　小孩形状

（5）为小孩填色。用颜料桶工具为小孩各部位填色。为嘴（#844115），吉他（#6666CC、#FF8040、#FF8080）、裤子（#0172B6）填色，调整图层顺序，并删除无须显示的线条，填色后的小孩如图 5-30 所示。

图 5-30　为小孩填色后的效果

（6）制作小孩弹吉他动画。在所有层的第 5、9、13、17、18、20、21、25、29 帧按 F6 键插入关键帧，在第 32 帧按 F5 键插入帧，依次调整各帧的动作，模拟小孩弹吉他时手、眼、头、吉他的动作，各帧效果如图 5-31 所示。

图 5-31　小孩弹吉他各帧的效果

（7）制作镜头二动画。返回 sc2 元件，将除 bj 图层外的所有层的第 70 帧插入关键帧，同时调整所有层中该帧元件向右下移动，并放大，如图 5-32 所示。

图 5-32　调整第 70 帧中的元件

（8）同理，将第 125 帧插入关键帧，同时调整第 125 帧中的元件位于舞台左下方，同时将元件放大，如图 5-33 所示。

（9）将第 160 帧插入关键帧，同时调整第 160 帧中的元件位于舞台偏右，同时将元件放大，如图 5-34 所示。

（10）将第 190 帧插入关键帧，同时调整第 190 帧中的元件位于舞台中心，同时将元件缩小，如图 5-35 所示。

（11）将第 294 帧插入关键帧，同时调整第 294 帧中的元件稍向左上移动，在“光”“人”“光环”3 层的所有帧之间创建传统补间动画第 294 帧中的元件及时间轴，如图 5-36 所示。至此镜头二动画完成。

图 5-33　调整第 125 帧中的元件

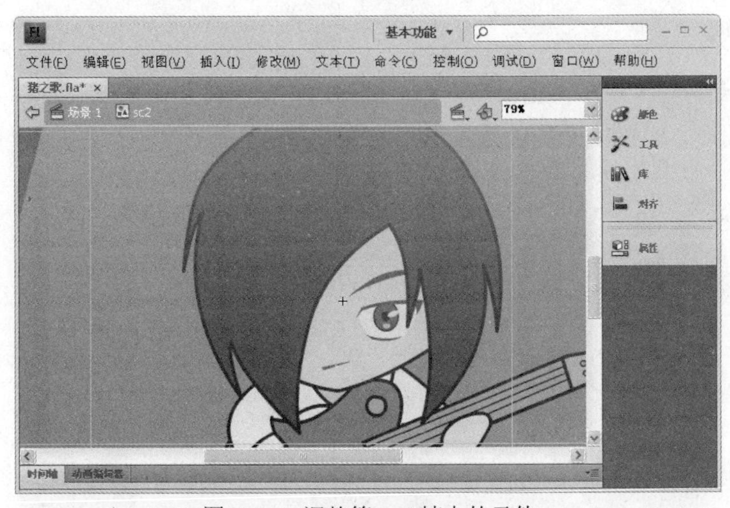

图 5-34　调整第 160 帧中的元件

图 5-35　调整第 190 帧中的元件

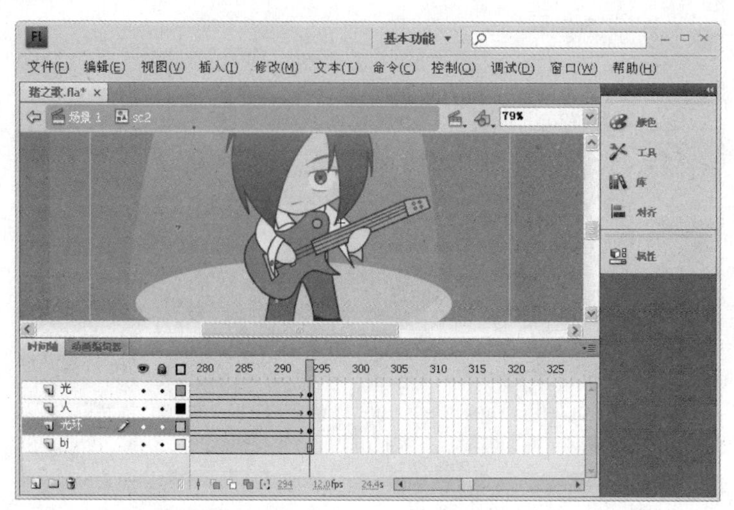
图 5-36　第 294 帧中的元件及时间轴

五、镜头三动画

（1）制作转动背景图形。按 Ctrl+F8 组合键新建图形元件“sc3 转背景”，在舞台中绘制如图 5-37 所示的图形，设置填充颜色为浅粉（#F6D0BF）。

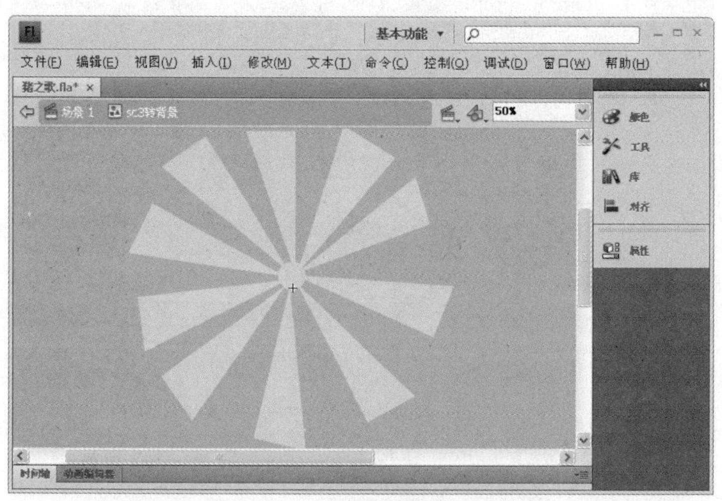
图 5-37　“sc3 转背景”图形元件

（2）制作背景动画。按 Ctrl+F8 组合键新建图形元件“sc3 背景”，把“sc3 转背景”图形元件拖入舞台，在第 15、25、35、38 帧按 F6 键插入关键帧。选中第 15 帧中的元件，在“属性”面板的“样式”下拉列表框中选择“色调”选项，设置着色颜色为粉色（#CC33CC），并用任意变形工具将其旋转一定角度。用同样的方法将其余各帧图形进行旋转，并将第 25 帧中的图形颜色改为绿色（#99FF32），将第 35 帧中的图形颜色改为红色（#FF0000），将第 38 帧中的图形颜色改为浅粉（#F6D0BF），在各帧之间创建传统补间动画，如图 5-38 所示。

（3）添加橙色背景。新建图层“背景橙”，用矩形工具在舞台中绘制一个超出舞台大小的矩形，填充颜色为橙色（#D07864），将该图层置于最底层，如图 5-39 所示。

（4）绘制猪头形状。按 Ctrl+F8 组合键新建图形元件“sc3 猪头”，用合适的工具在舞台中绘制出猪头的形状，注意在不同的图层中绘制并调整好顺序，效果如图 5-40 所示。

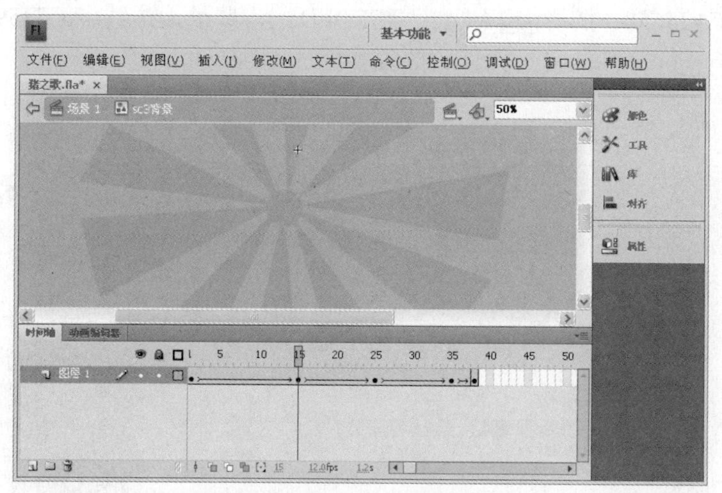

图 5-38　制作 sc3 转动背景动画

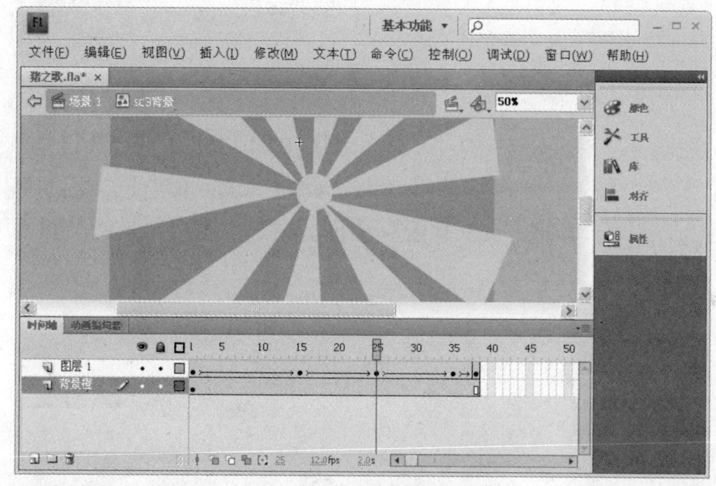

图 5-39　添加橙色背景

图 5-40　绘制猪头的形状

（5）给猪头填色并转换元件。用颜料桶工具为猪头各部位填充颜色并删除多余线条，分别给耳朵（边线#A25658、阴影#E1A1A1、#FFDFD8），鼻子（边线#AC5359、#8B4452、阴影#51222A）填色，并分别转换为元件，效果如图 5-41 所示。

图 5-41　猪头元件

（6）制作镜头三动画。在场景中的“动画”图层的第 368 帧按 F7 键插入空白关键帧，在该帧任意绘制一个图形，按 F8 键将其转换为图形元件 sc3。双击进入元件编辑窗口，删除图形。将图层 1 命名为“背景”，把“sc3 背景”图形元件放入舞台，在第 38 帧按 F5 键插入帧，如图 5-42 所示。

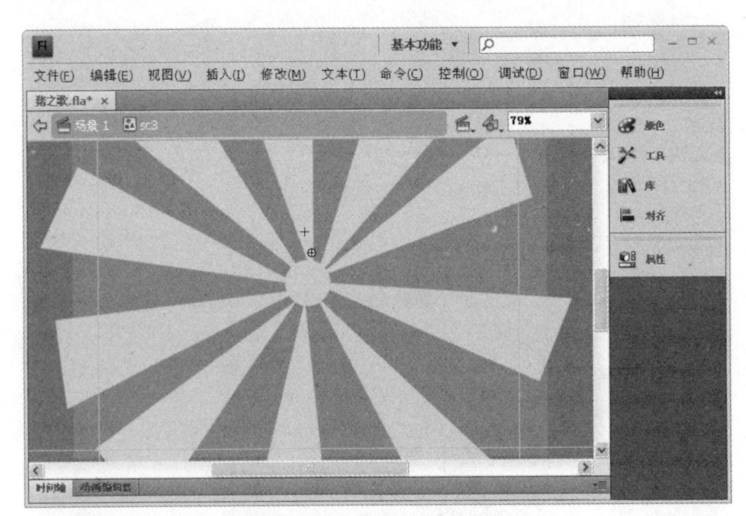

图 5-42　添加镜头三背景

（7）新建图层 2，在第 1 帧把“sc3 猪头”图形元件放入舞台中央；在第 22 帧插入关键帧，将猪头放大；在第 38 帧插入关键帧，将猪头缩小。在该层的所有帧之间创建传统补间动画，如图 5-43 所示。至此，镜头三动画完成。

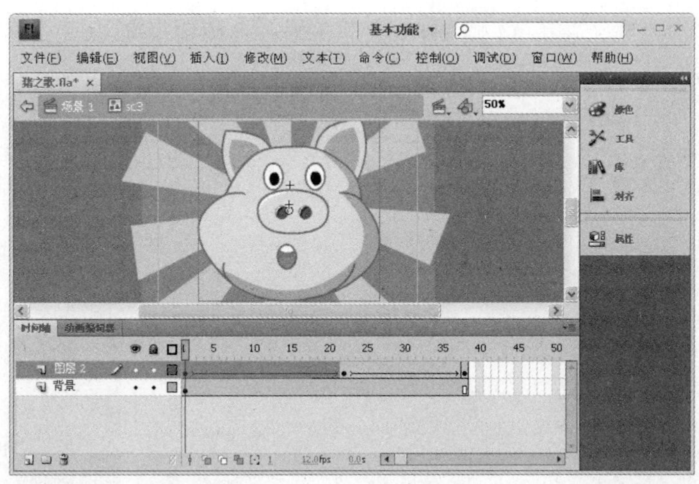

图 5-43 制作镜头三动画

六、镜头四动画

（1）制作鼻涕 1。按 Ctrl+F8 组合键新建图形元件“sc4 鼻涕 1”，用椭圆工具绘制一个向右偏的鼻涕形状，填充为白色，效果如图 5-44 所示。

图 5-44 鼻涕 1

（2）制作鼻涕 2。将“sc4 鼻涕 1”元件直接复制为“sc4 鼻涕 2”。双击进入“sc4 鼻涕 2”元件的编辑窗口，将元件水平翻转，即得到鼻涕 2 的形状，效果如图 5-45 所示。

（3）制作“sc4 猪头”。在“库”面板中选中“sc3 猪头”图形元件，在元件上单击鼠标右键，在弹出的快捷菜单中选择“直接复制”命令，将该元件复制为“sc4 猪头”，双击进入“sc4 猪头”元件的编辑窗口，效果如图 5-46 所示。

（4）制作猪表情动画。在“左耳朵”图层的第 16 帧插入关键帧，将其下移一段距离；在“鼻子”图层的第 2 帧插入关键帧，将其下移一段距离；在“眼睛”图层的第 6、10、16、21 帧插入关键帧，将第 6、16 帧中的小猪眼睛改为闭眼的状态，并将闭着的眼睛转换为图形元件“sc4 猪眼睛 2”；在“嘴巴”图层的第 6、10、12 帧插入关键帧，并将第 6、10 帧的嘴巴元件压扁，制作渐渐闭嘴的效果，在第44帧按F5键插入帧，各帧猪表情动画如图5-47所示。

图5-45　鼻涕2

图5-46　“sc4猪头”元件

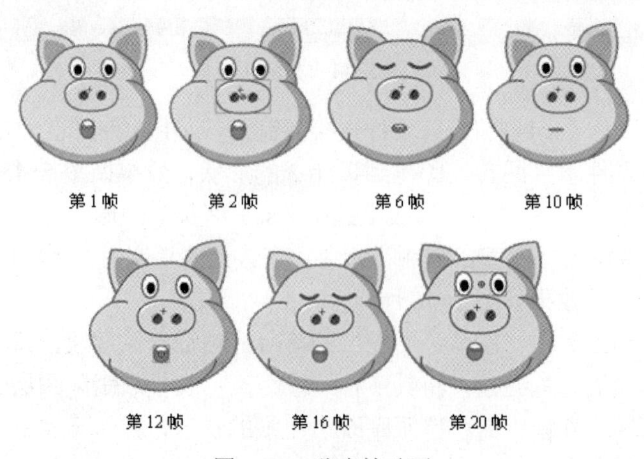

图5-47　猪表情动画

（5）制作流鼻涕动画。新建两个图层，分别命名为“鼻涕 1”和“鼻涕 2”，将“sc4 鼻涕 1”和“sc4 鼻涕 2”两个元件分别放在相应层的第 1 帧上。在两层的第 10、25、35、44 帧分别按 F6 键插入关键帧，将第 10、25 帧中的鼻涕逐渐放大，将第 35、44 帧中的内容逐渐缩小，在两层的各帧之间创建传统补间动画，如图 5-48 所示。

图 5-48 创建流鼻涕动画

（6）绘制马夹。按 Ctrl+F8 组合键新建“sc4 马夹”图形元件，在舞台中绘制如图 5-49 所示的马夹图形，并填充颜色。其中，衣服为浅蓝色（#66CCFF），兜为深蓝色（#0177A9）。

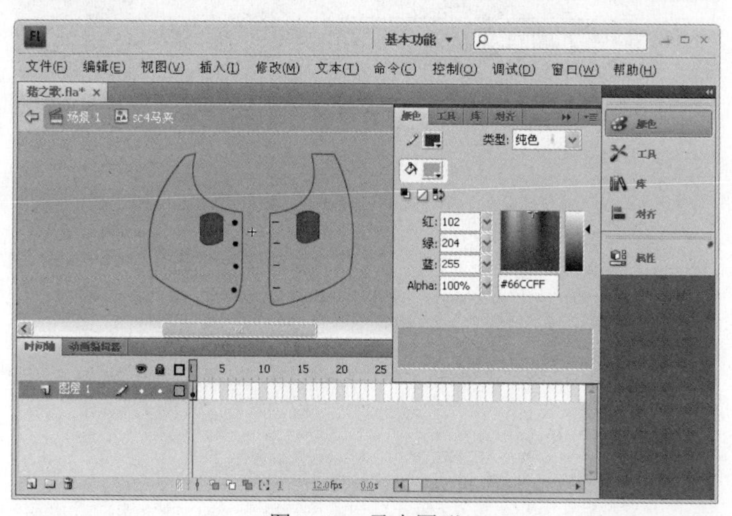

图 5-49 马夹图形

（7）绘制裤子。按 Ctrl+F8 组合键新建“sc4 裤子”图形元件，在舞台中绘制如图 5-50 所示的裤子图形，并填充颜色。其中，填充的浅蓝色为（#66CCFF），填充的深蓝色为（#0177A9）。

（8）绘制右手。按 Ctrl+F8 组合键新建“sc4 右爪”图形元件，在舞台中绘制如图 5-51 所示的右爪图形，并填充颜色。其中，右爪颜色为（#FFDFD8），阴影颜色为（#E1A1A1）。

（9）绘制左手。同理，在“sc4 左爪子”图形元件中绘制猪的左手，效果如图 5-52 所示。

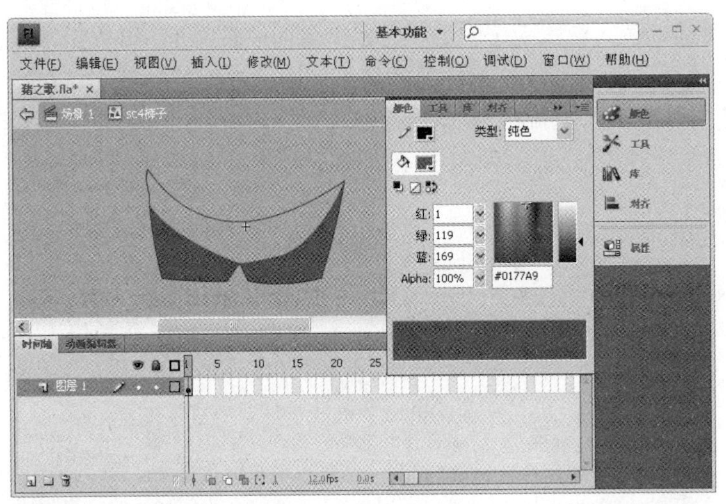

图 5-50　裤子图形

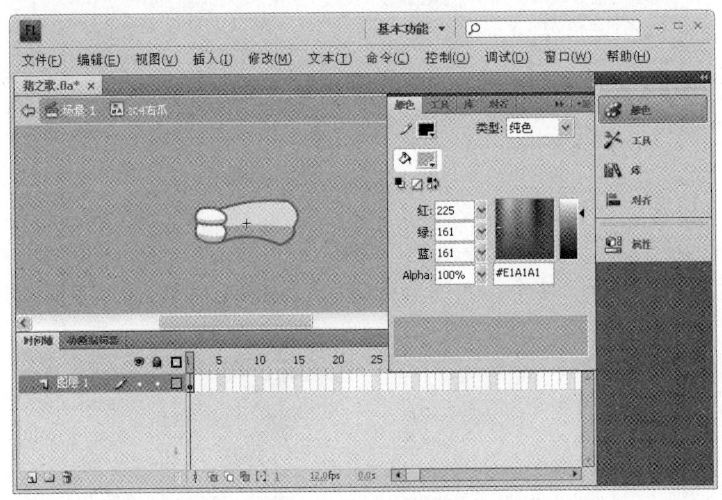

图 5-51　右手图形

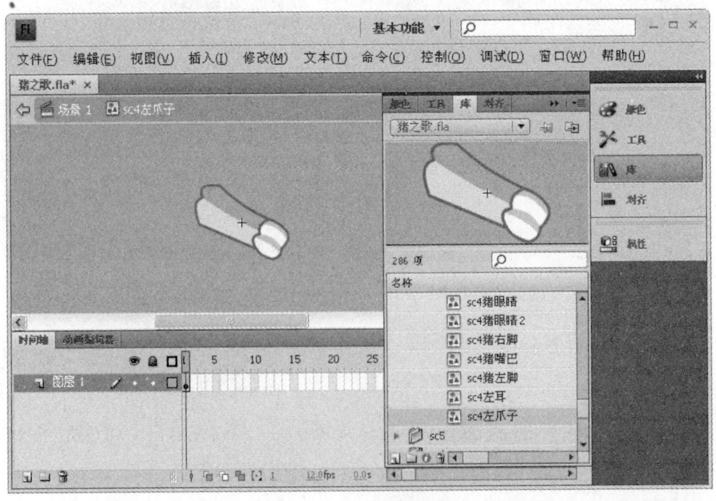

图 5-52　左手图形

（10）绘制左脚。同理，在“sc4 猪左脚”图形元件中绘制猪的左脚，效果如图 5-53 所示。

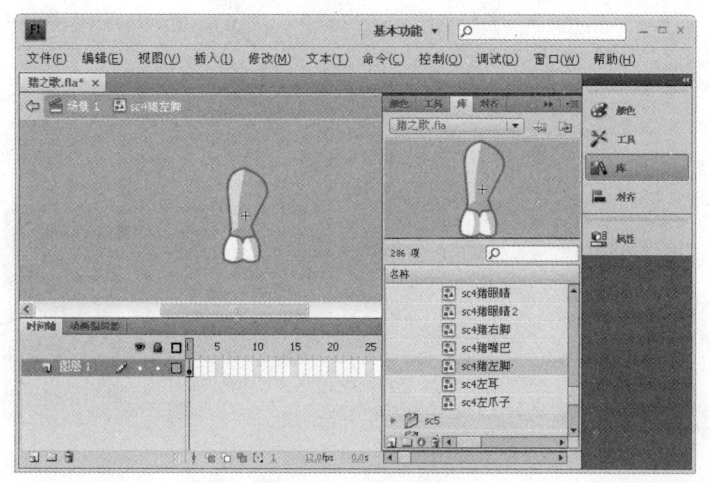

图 5-53 左脚图形

（11）绘制右脚。同理，在“sc4 猪右脚”图形元件中绘制猪的右脚，效果如图 5-54 所示。

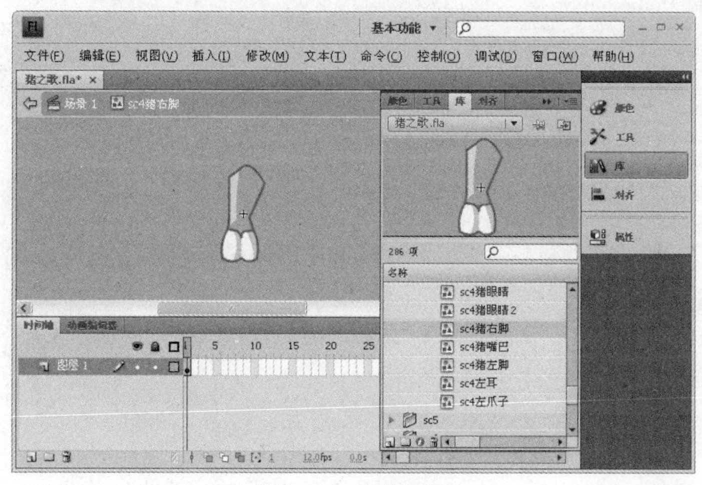

图 5-54 右脚图形

（12）制作公猪元件。按 Ctrl+F8 组合键新建“sc4 公猪”图形元件，新建 7 个图层，从上至下依次命名为“猪头”“马夹”“裤子”“身子”“右手”“左手”“右脚”“左脚”，在“身子”图层用椭圆工具绘制猪身子形状，在其他图层将刚才绘制的各元件放在第 1 帧上，并排列好位置，效果如图 5-55 所示。

（13）制作公猪动画。在“右手”和“左手”图层的第 7 帧插入关键帧，将左手向下移，将右手向上移，制作双手挥舞的效果。在“左手”图层的第 8、9、10、11、22 帧分别插入关键帧，调整第 8 帧和第 10 帧中的左手为上举状态，其中第 7 帧中手的效果如图 5-56 所示。

（14）制作镜头四动画。在场景中“动画”图层的第 408 帧按 F7 键插入空白关键帧，在该帧任意绘制一个图形，按 F8 键将其转换为图形元件 sc4。双击进入元件编辑窗口，删除图形。将图层 1 命名为“背景”，任意绘制一幅雪天背景图形，在第 44 帧按 F5 键插入帧，背景效果如图 5-57 所示。

图 5-55　“sc4 公猪”元件

图 5-56　第 7 帧中手的效果

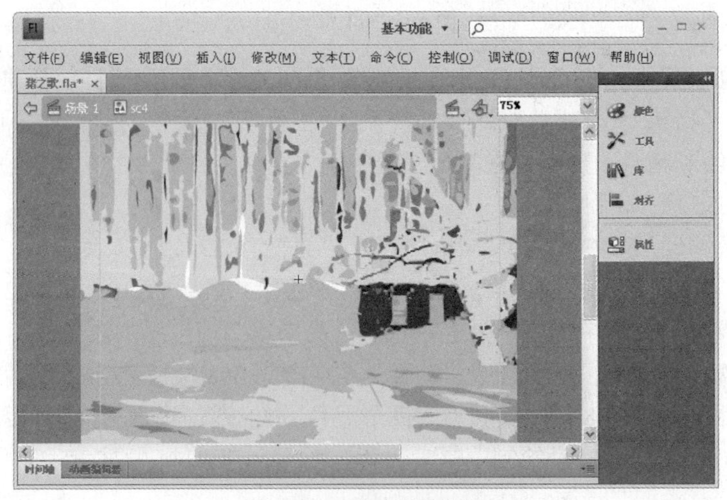

图 5-57　雪天背景效果

（15）新建图层“猪”，从“库”面板中将“sc4 公猪”图形元件拖至第 1 帧舞台上，至此，镜头四动画制作完成，如图 5-58 所示。

图 5-58　镜头四动画

七、镜头五动画

（1）制作镜头五公猪。在“sc4 公猪”元件上单击鼠标右键，在弹出的快捷菜单中选择“直接复制”命令，将其复制为“sc5 公猪”。进入元件编辑窗口，删除鼻涕图层及其余各层动画，将所有层的帧都延长到 85 帧。在“左手”图层上的第 7 帧插入关键帧，用任意变形工具将手向下旋转一段距离。在第 8 帧插入关键帧，将手向上旋转一段距离。选中第 7、8 两帧，复制帧，在该层后面每隔 5 帧粘贴帧，制作左手不断挥舞的效果，如图 5-59 所示。

图 5-59　镜头五公猪效果

（2）制作降落伞。按 Ctrl+F8 组合键新建图形元件“降落伞”，在舞台中分层绘制降落伞的形状，并按需要转换为图形元件，为降落伞填充红白相间的颜色。新建图层“猪”，把“sc5 公猪”图形元件拖入舞台，在所有层的第 85 帧按 F5 键插入帧，如图 5-60 所示。

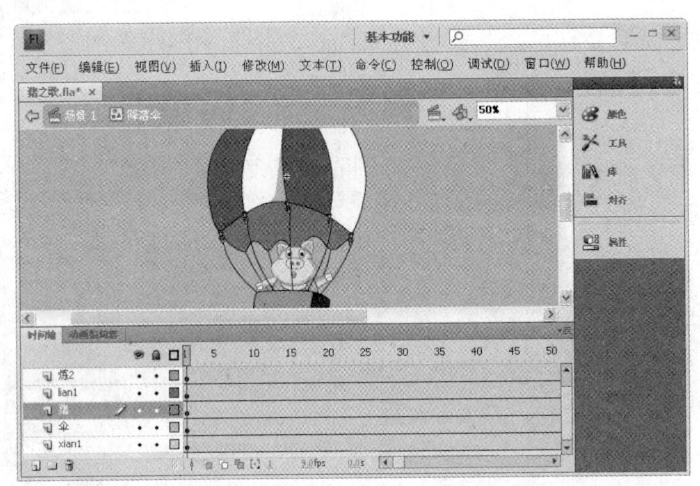

图 5-60　制作“降落伞”图形元件

（3）制作白云。按 Ctrl+F8 组合键新建图形元件 yun1，用椭圆工具绘制如图 5-61 所示的白云形状，并填充白色。按 Ctrl+D 组合键将白云复制，制作阴影效果，将阴影填充为绿色（#01BABA）。同理，将白云多复制几个，并用任意变形工具调整成合适的大小。

图 5-61　白云形状

（4）制作镜头五动画。在场景中“动画”图层的第 450 帧按 F7 键插入空白关键帧，在该帧任意绘制一个图形，按 F8 键将其转换为图形元件 sc5。双击进入元件编辑窗口，删除图形。将图层 1 命名为“蓝天”，绘制一个超出舞台大小的矩形，矩形从上至下为蓝色（#029ADB）到白色的线性渐变，在第 85 帧按 F5 键插入帧，背景效果如图 5-62 所示。

（5）新建图层 baiyun，在第 1 帧把 yun1 图形元件放入舞台中央，在第 85 帧按 F6 键插入关键帧，把白云向左移动一段距离，在两帧之间创建传统补间动画，如图 5-63 所示。

（6）新建图层“降落伞”，把“降落伞”图形元件拖入舞台中，在该层上单击鼠标右键，在弹出的快捷菜单中选择“添加传统运动引导层”命令，在引导层上绘制由远及近的引导线。在第 1 帧把降落伞放在引导线的起点上，并调小。在第 35 帧插入关键帧，将其放在引导线的终点上，并调大。在第 45 帧插入关键帧，将其继续放大，并向下移动。在第 60 帧插入关键帧，将其调小。在第 85 帧插入关键帧，将其移动到舞台右侧。在该层的所有帧之间创建传统补间动画。注意，此时可以在中间通过插入关键帧的方法调整降落伞的位置及速度。至此，镜头五动画完成，如图 5-64 所示。

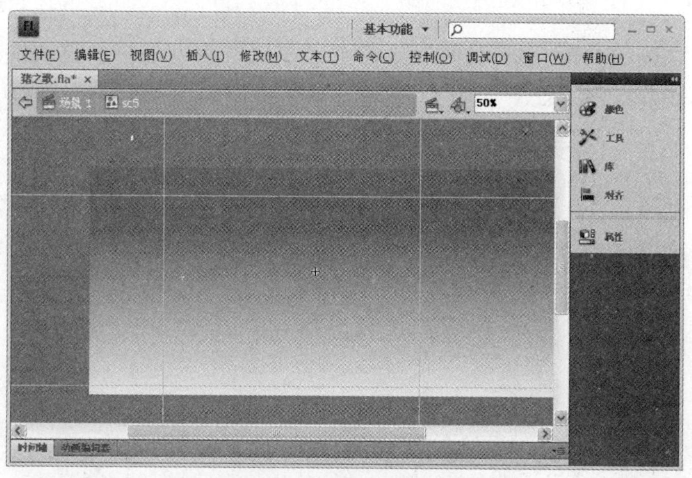

图 5-62　sc5 蓝天背景效果

图 5-63　白云移动动画

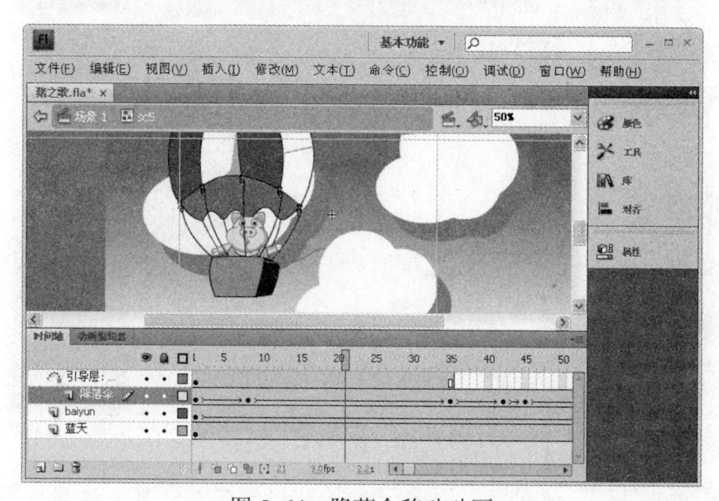

图 5-64　降落伞移动动画

八、镜头六动画

（1）制作镜头六公猪。在“sc5 公猪”元件上单击鼠标右键，在弹出的快捷菜单中选择“直接复制”命令，将其复制为“sc6 公猪”。进入元件编辑窗口，删除各层动画，将所有层的帧都延长到 85 帧，在“左手”和“右手”图层的第 41～56 帧之间用逐帧动画制作两手上下挥舞的效果，如图 5-65 所示。

图 5-65　镜头六公猪

（2）制作镜头六动画。在场景中“动画”图层的第 535 帧按 F7 键插入空白关键帧，在该帧任意绘制一个图形，按 F8 键将其转换为图形元件 sc6。双击进入元件编辑窗口，删除图形。将图层 1 命名为 bj，在舞台中绘制一个超出舞台大小的白色矩形，在第 86 帧按 F5 键插入帧，背景效果如图 5-66 所示。

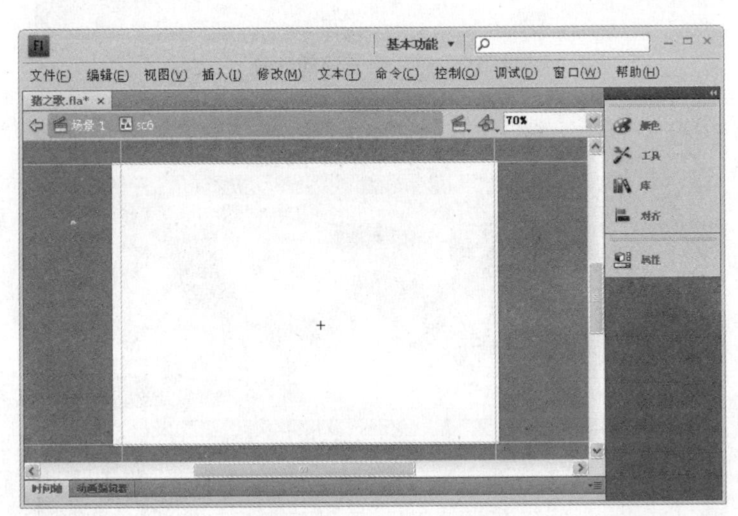

图 5-66　镜头六背景

（3）新建图层 zhu，把“sc6 公猪”图形元件放在舞台中，让其上半身显示在舞台上。在第

17、30 帧插入关键帧。在第 30 帧将猪放大，给猪右耳朵特写。在第 40 帧插入关键帧，将猪向左移动，给猪左耳朵特写。在第 17～40 帧之间创建传统补间动画。在第 41 帧插入关键帧，将猪缩小，使全身均显示在舞台中。在第 59、86 帧插入关键帧。在第 86 帧将猪移至舞台右下角。在第 59～86 帧之间创建传统补间动画，如图 5-67 所示。

图 5-67　制作猪移动动画

（4）新建图层 txt，在第 59 帧插入关键帧，在舞台中绘制如图 5-68 所示的图形，并输入红色文字“笨蛋”，字体为黑体。

图 5-68　第 59 帧中的图形

（5）在第 69 帧按 F6 键插入关键帧，将文字更改为“K，白痴”，颜色为黄色，如图 5-69 所示。至此，镜头六动画制作完成。

图 5-69 第 69 帧图形

九、镜头七动画

（1）制作镜头七背景。按 Ctrl+F8 组合键新建图形元件“sc7 场景”，在舞台中绘制一个超出舞台大小的矩形，并填充颜色（#D07864），在该层的第 36 帧按 F5 键插入帧，效果如图 5-70 所示。

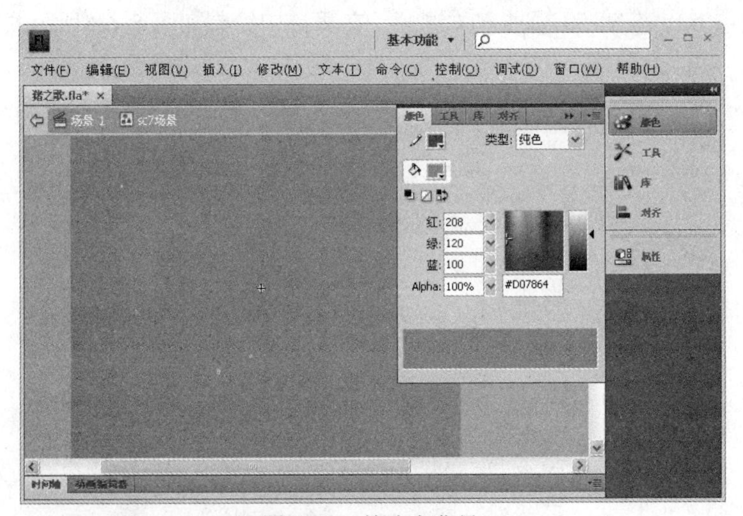

图 5-70 镜头七背景

（2）添加转动背景。新建图层，把“sc3 转背景”图形元件拖入舞台，在第 10、20、30、36 帧按 F6 键插入关键帧。选中第 10 帧中的元件，在“属性”面板的“样式”下拉列表框中选择“色调”选项，设置着色颜色为红色（#FF0000），设置色调为 50%，并用任意变形工具将其旋转一定角度。用同样的方法将其余各帧图形进行旋转，并将第 20 帧中的图形颜色改为绿色（#00FF00），将第 30 帧中的图形颜色改为粉红色（#FF0032），将第 36 帧中的图形颜色改为淡粉（#F6D0BF），在各帧之间创建传统补间动画，如图 5-71 所示。

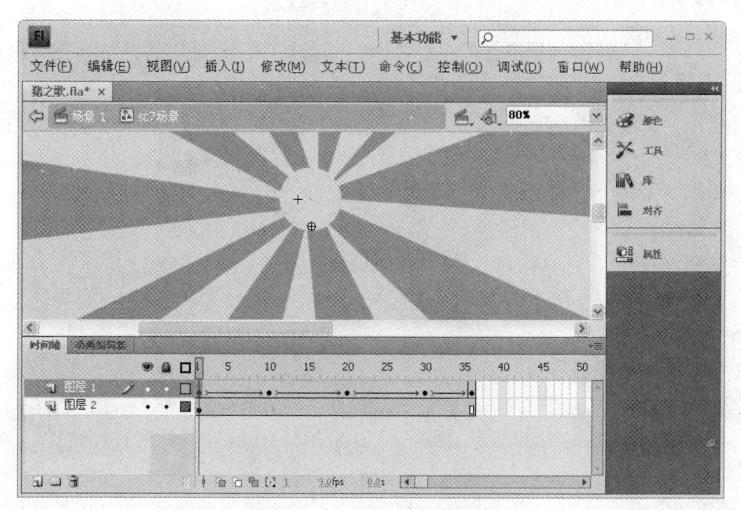

图 5-71　添加转动背景

（3）绘制公猪。按 Ctrl+F8 组合键新建图形元件“sc7 公猪”，在舞台中分层绘制如图 5-72 所示的公猪形状并填充颜色。其中，身体颜色为淡粉色（#FFDFD8），阴影颜色为深粉色（#E1A1A1）。

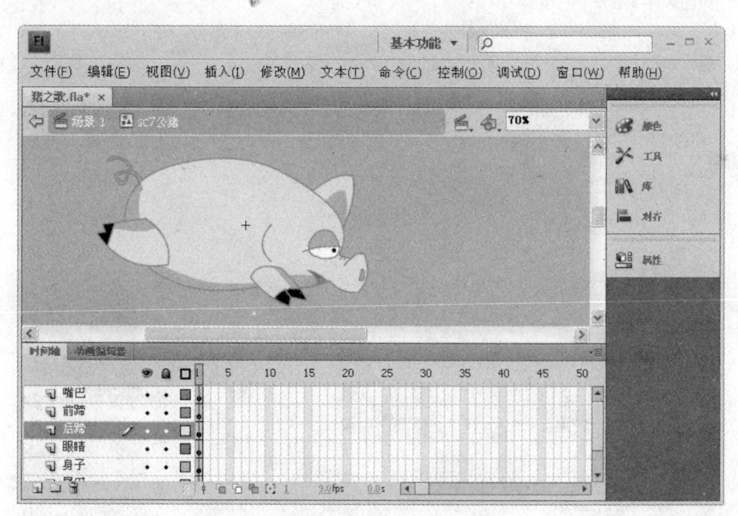

图 5-72　制作公猪形状

（4）制作镜头七动画。在场景中“动画”图层的第 621 帧按 F7 键插入空白关键帧，在该帧任意绘制一个图形，按 F8 键将其转换为图形元件 sc7。双击进入元件编辑窗口，删除图形。将图层 1 命名为 bj，把“sc7 场景”元件放入舞台，在第 37 帧按 F5 键插入帧。新建图层 zhu，把“sc7 公猪”图形元件放入舞台并摆放好位置。至此，镜头七动画制作完成，如图 5-73 所示。

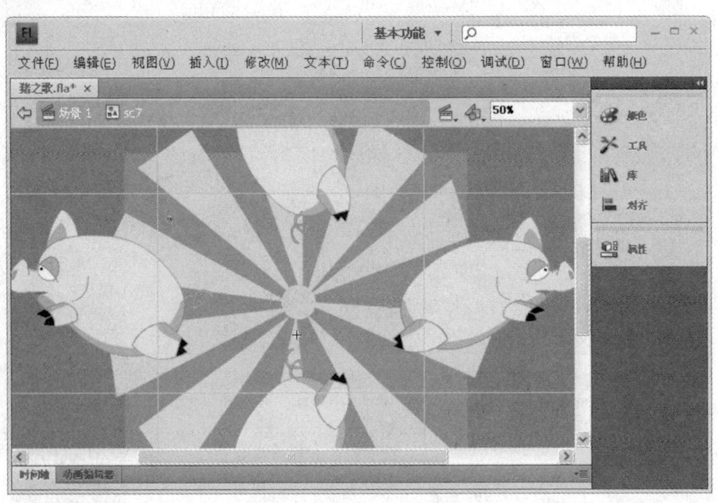

图 5-73　镜头七动画

十、镜头八动画

（1）制作公猪元件。在“sc7 公猪”图形元件上单击鼠标右键，在弹出的快捷菜单中选择“直接复制”命令，生成新元件“sc8 公猪”。双击进入元件的编辑窗口，在最底层添加“阴影”图层，用椭圆工具绘制阴影，并填充深灰色，将阴影图形转换为图形元件“阴影”，效果如图 5-74 所示。

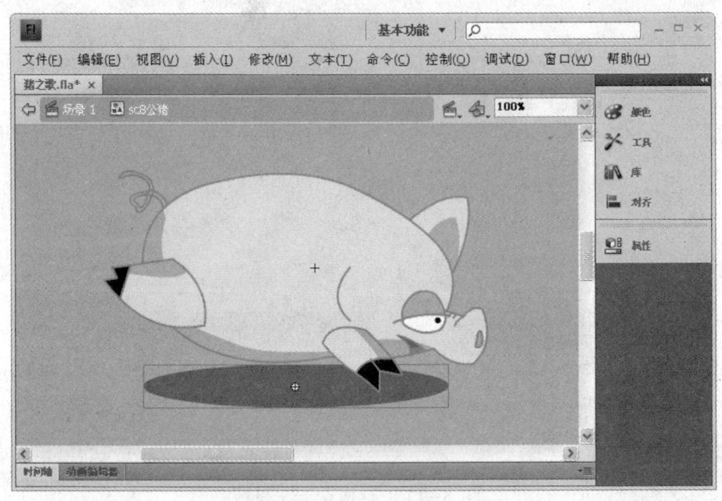

图 5-74　“sc8 公猪”元件

（2）制作公猪跑动画。在各层的第 2～13 帧依次插入关键帧，调整各帧猪的形状，制作猪循环奔跑的动画，各帧动画如图 5-75 所示。

（3）绘制厨师元件。按 Ctrl+F8 组合键新建图形元件“sc8 厨师”，新建 4 个图层，从上至下依次为“眼”“身体”“头”“胳膊”。在各层分别绘制相应图形，并转换为元件。其中，厨师的帽子和身体均为白色，头发为黑色，脸为淡粉色（#FFCCCC），嘴为红色和橘黄色，效果如图 5-76 所示。

（4）制作厨师动画。在各层的第 7 帧插入关键帧，将厨师整体向右移动一段距离。在各层的第 13 帧插入关键帧，再将其向右移动。在所有层的各帧之间创建传统补间动画，如图 5-77 所示。

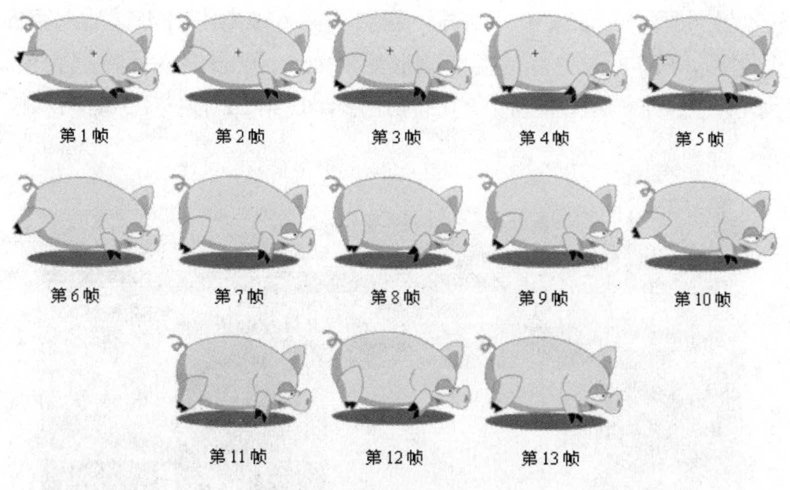

图 5-75　公猪跑各帧动画

图 5-76　厨师

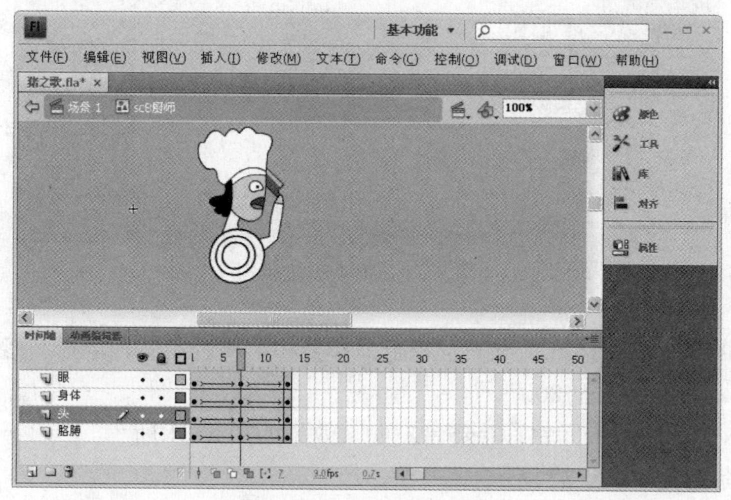

图 5-77　制作厨师动画

（5）制作镜头八动画。在场景中“动画”图层的第 659 帧按 F7 键插入空白关键帧。在该帧任意绘制一个图形，按 F8 键将其转换为图形元件 sc8。双击进入元件编辑窗口，删除图形。将图层 1 命名为 bj，绘制一个比舞台大的白色矩形，在第 52 帧按 F5 键插入帧，背景效果如图 5-78 所示。

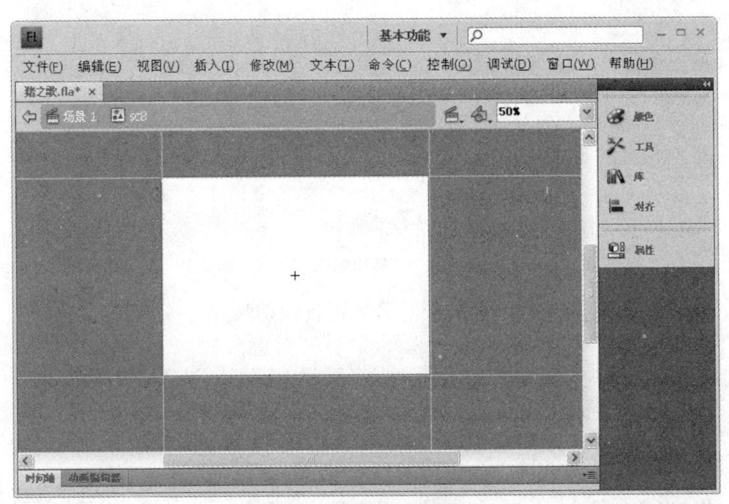

图 5-78　镜头八背景效果

（6）新建图层“厨师”和“猪”，在第 1 帧将“sc8 厨师”和“sc8 公猪”两个元件分别放在舞台偏左位置，效果如图 5-79 所示。

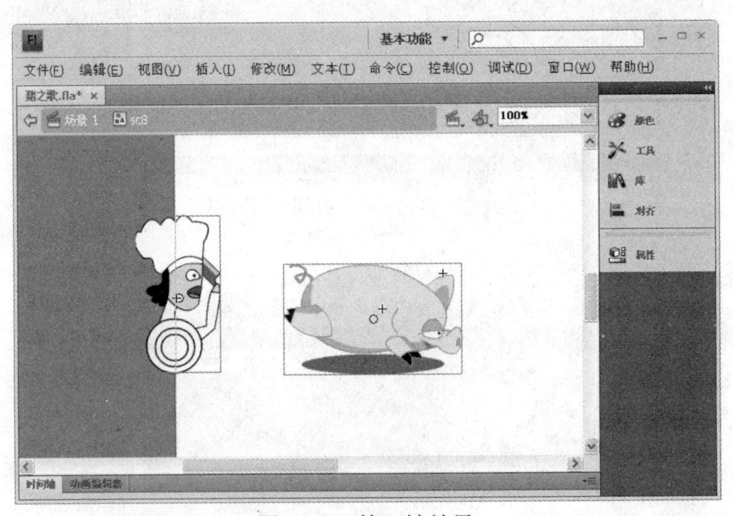

图 5-79　第 1 帧效果

（7）在两层的第 14 帧插入关键帧，将厨师和猪移至舞台中间，选择“修改→变形→水平翻转”菜单命令，效果如图 5-80 所示。

（8）在第 26 帧中将两个元件移至舞台左侧，效果如图 5-81 所示。

（9）第 27 帧效果如图 5-82 所示。

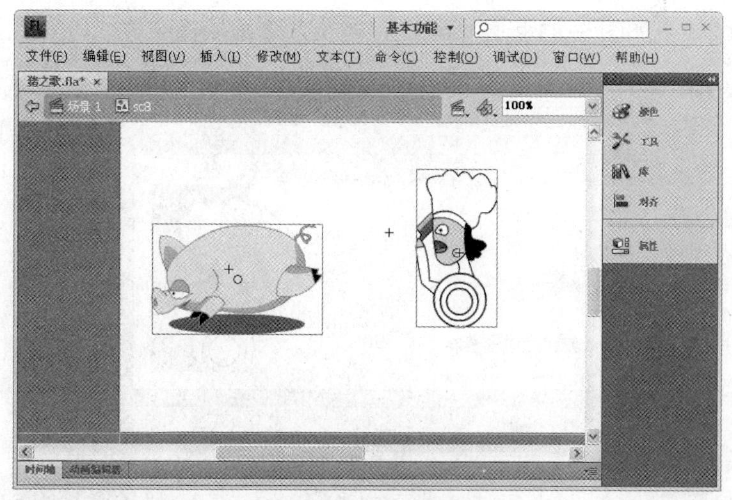

图 5-80　第 14 帧效果

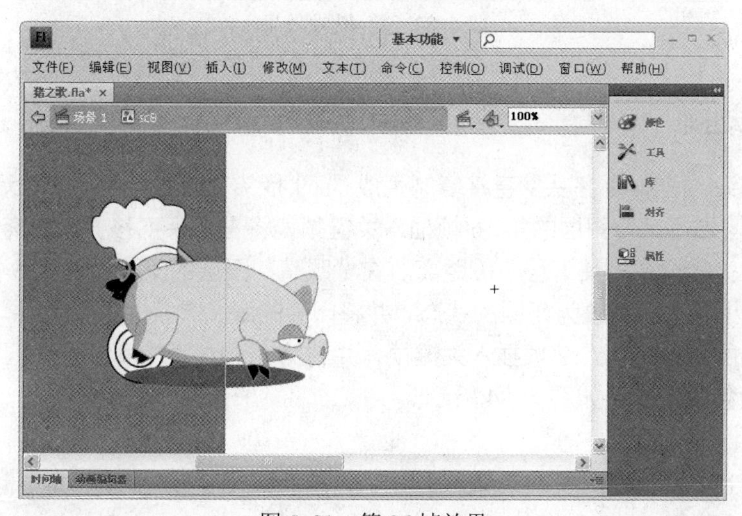

图 5-81　第 26 帧效果

图 5-82　第 27 帧效果

（10）第 40 帧效果如图 5-83 所示。至此，镜头八动画制作完成。

图 5-83　第 40 帧效果

十一、镜头九动画

（1）制作猪头。把“sc3 猪头”直接复制生成“sc9 猪头”图形元件。进入元件的编辑窗口，在“左耳朵”和“右耳朵”图层的第 16 帧插入关键帧，将左耳朵下移一段距离。在“鼻子”图层的第 2 帧插入关键帧，将其下移一段距离。在“眼睛”图层的第 6、10、16 帧插入关键帧，将第 6、16 帧中小猪的眼睛改为闭眼的状态，并将闭着的眼睛转换为图形元件“sc9 猪眼睛 2”；在“嘴巴”图层的第 6、10、12 帧插入关键帧，并将第 6、10 帧的嘴巴元件压扁，制作渐渐闭嘴的效果，各帧猪表情动画如图 5-84 所示。

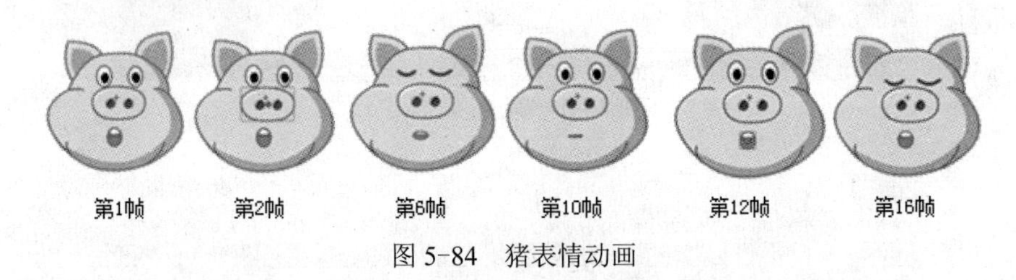

图 5-84　猪表情动画

（2）制作背景。按 Ctrl+F8 组合键新建“sc9 背景”图形元件，将图层名称改为“转”，把“sc3 转背景”元件拖入舞台第 1 帧中。在第 9、20、35 帧按 F6 键插入关键帧，更改第 9 帧中图形元件的颜色为紫色（#6600FF）。将第 20 帧图形元件的颜色设置为橘红色（#FF3232），将第 35 帧中图形元件的颜色设置为淡绿色（#CDFFCD）。在各帧之间创建传统补间动画，效果如图 5-85 所示。

（3）制作公猪。选中“sc7 公猪”元件，将其直接复制为“sc9 公猪 2”元件，效果如图 5-86 所示。

（4）制作镜头九背景动画。在场景中“动画”图层的第 751 帧按 F7 键插入空白关键帧，在该帧任意绘制一个图形，按 F8 键将其转换为图形元件 sc9。双击进入元件编辑窗口，删除图形。将图层 1 命名为 bj，把“sc9 背景”图形元件放在第 1 帧的舞台上，在第 35 帧按 F5 键插入帧，背景效果如图 5-87 所示。

图 5-85　镜头九背景

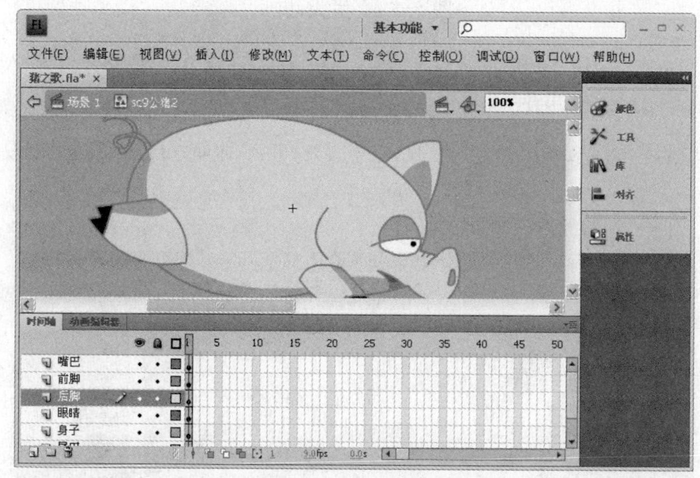

图 5-86　“sc9 公猪 2”元件

图 5-87　镜头九背景动画效果

（5）新建图层 zhu1，把“sc9 猪头”图形元件放在第 1 帧舞台中央，删除第 14～35 帧，如图 5-88 所示。

图 5-88　猪头动画

（6）新建图层 zhu2，在第 14 帧插入关键帧，把“sc9 公猪 2”图形元件放入舞台中，在第 17、35 帧分别插入关键帧，将第 35 帧中的公猪放大，并移至舞台右下角，使其半个身子超出舞台范围。在第 17～35 帧之间创建传统补间动画。至此，镜头九动画制作完成，如图 5-89 所示。

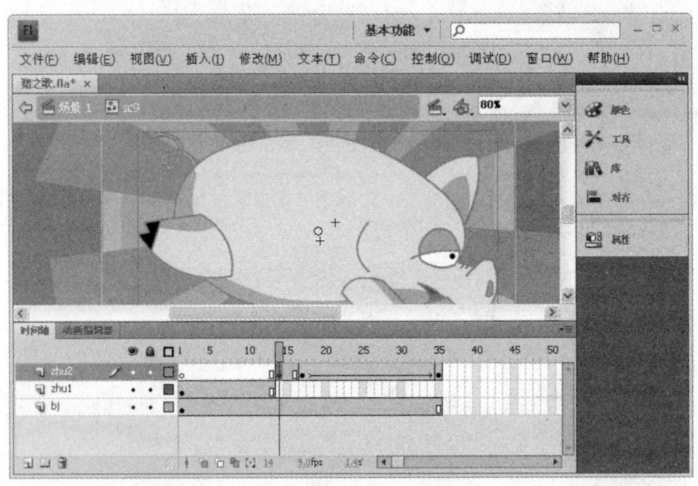

图 5-89　公猪动画

十二、镜头十动画

（1）制作食物元件。按 Ctrl+F8 组合键新建图形元件“食物”，在舞台中绘制如图 5-90 所示的各种食物图形，填充颜色并转换为相应的元件，食物可任意绘制。

（2）绘制叉子。按 Ctrl+F8 组合键新建图形元件“叉子”，在舞台中用黑颜色绘制叉子形状，并填充蓝色（#66CCFF），效果如图 5-91 所示。

（3）制作猪头元件。将“sc9 猪头”元件直接复制为“sc10 猪头”，删除原嘴巴图层的所有帧，用弧线代替，制作猪微笑的拟人效果，如图 5-92 所示。

图 5-90　食物图形

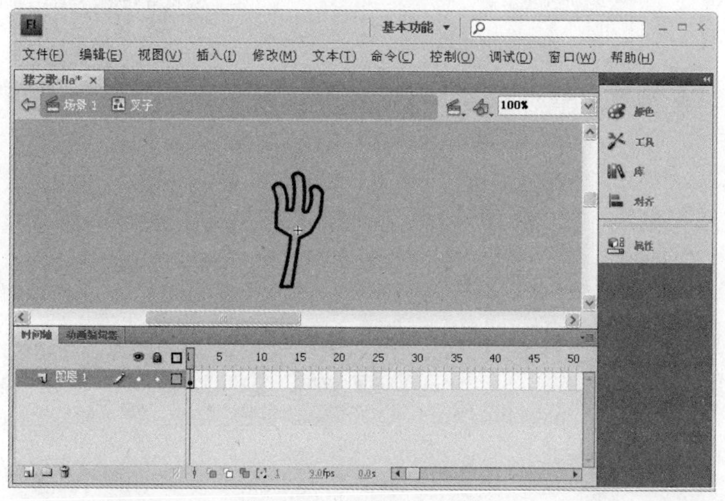

图 5-91　“叉子”元件

图 5-92　“sc10 猪头”元件

（4）制作镜头十动画。在场景中“动画”图层的第 786 帧按 F7 键插入空白关键帧，在该帧任意绘制一个图形，按 F8 键将其转换为图形元件 sc10。双击进入元件编辑窗口，删除图形。将图层 1 命名为 bj，任意绘制一个超出舞台大小的白色矩形，在第 48 帧按 F5 键插入帧，背景动画效果如图 5-93 所示。

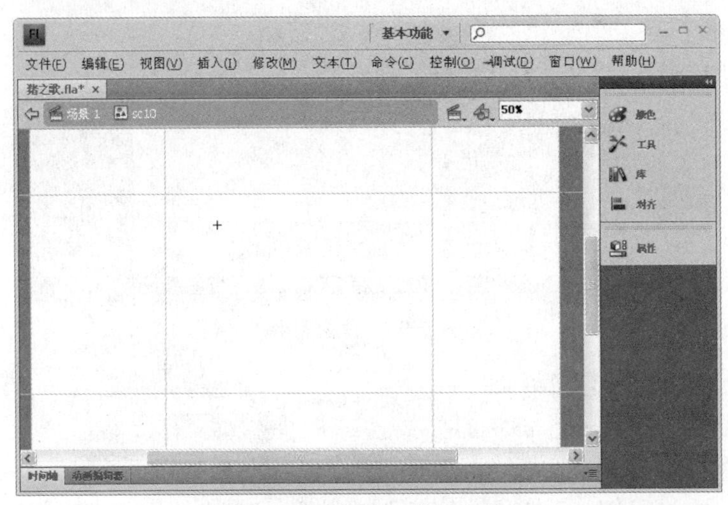

图 5-93　镜头十背景动画

（5）新建图层“猪”，把“sc10 猪头”元件放在舞台中央偏下位置，效果如图 5-94 所示。

图 5-94　猪头动画效果

（6）新建图层“食物”，从“库”面板中把“食物”图形元件放在舞台右侧外边，在第 48 帧按 F6 键插入关键帧，将其移至舞台左侧外边，在两帧之间创建传统补间动画，如图 5-95 所示。

（7）新建两个图层，分别命名为“左手”和“右手”，把“叉子”图形元件分别放在两层的左手和右手中，从第 15～48 帧用逐帧动画制作两手拿叉子上下挥舞的动画。至此，镜头十动画制作完成，如图 5-96 所示。

图 5-95　食物动画

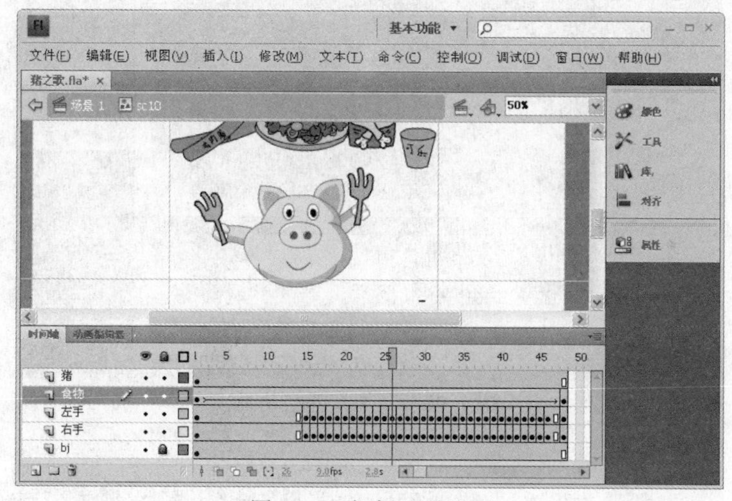

图 5-96　挥舞叉子动画

十三、镜头十一动画

（1）制作打呼噜图形元件。按 Ctrl+F8 组合键新建图形元件 z1，用直线工具绘制 Z 字形，填充颜色为深紫色（#660033），设置粗细为 15 像素，效果如图 5-97 所示。

（2）制作打呼噜动画。按 Ctrl+F8 组合键新建图形元件 z，把 z1 图形元件放在图层 1 的第 1 帧上，在其上添加运动引导层。用铅笔工具绘制一条从左下至右上的引导线，在该层的第 17 帧按 F5 键插入帧，在图层 1 的第 17 帧按 F6 键插入关键帧，调整图层 1 两帧元件的位置，使其位于引导线的两端。在第 1～17 帧之间创建传统补间动画，如图 5-98 所示。

（3）制作公猪元件。把“sc7 公猪”元件进行直接复制，生成新图形元件“sc11 公猪”，把原有的眼睛图形删除，绘制一段黑色弯曲的曲线，制作猪闭眼的效果，如图 5-99 所示。

图 5-97　打呼噜图形元件

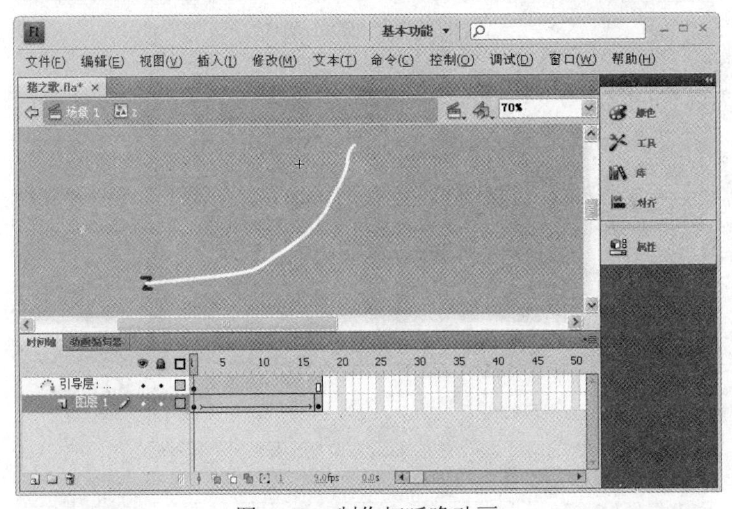

图 5-98　制作打呼噜动画

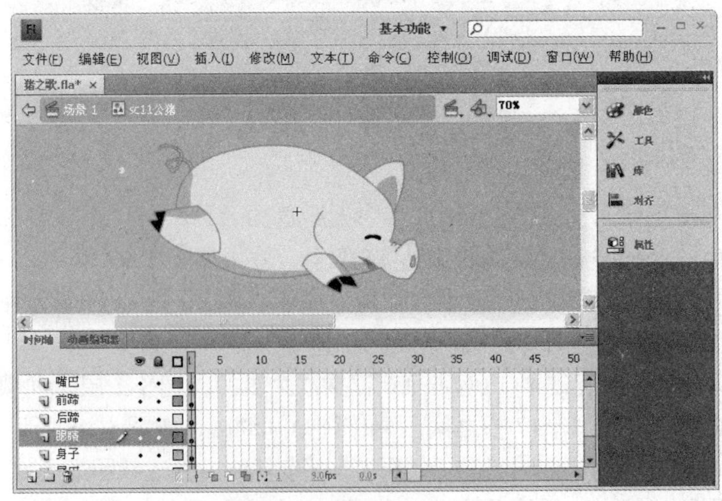

图 5-99　“sc11 公猪”元件

（4）制作镜头十一动画效果。在场景中“动画”图层的第835帧按F7键插入空白关键帧，在该帧任意绘制一个图形，按F8键将其转换为图形元件sc11。双击进入元件编辑窗口，删除图形。将图层1命名为bj，任意绘制一个超出舞台大小的白色矩形，在第35帧按F5键插入帧，背景动画效果如图5-100所示。

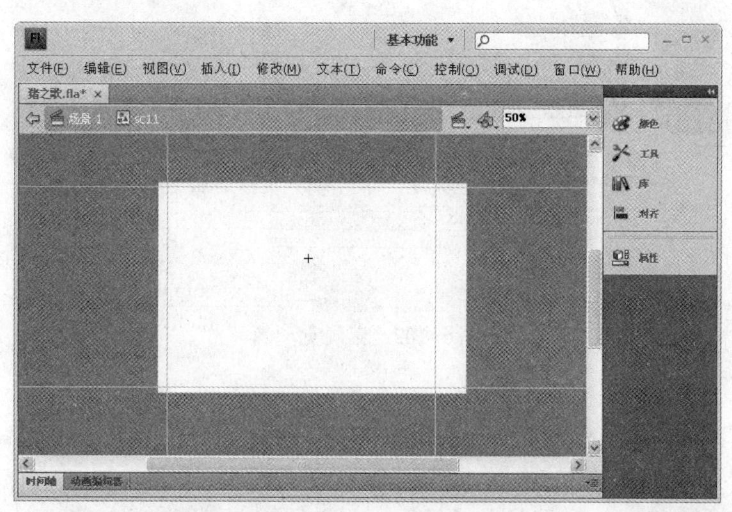

图5-100　镜头十一背景动画效果

（5）绘制床。在舞台中绘制如图5-101所示的床的形状，并填充颜色，其中浅黄色为（#FFCC00），深黄色为（#FF6600）。

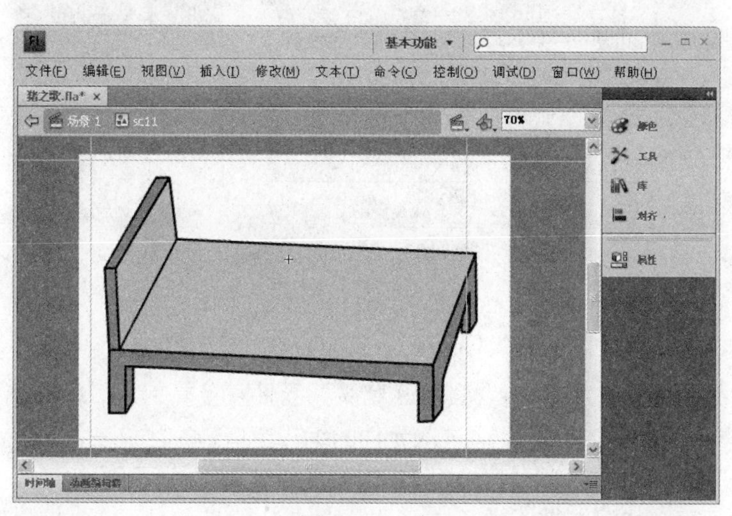

图5-101　床

（6）制作猪睡觉动画。新建图层“猪”，把“sc7公猪”图形元件放入舞台中，将其水平翻转，并放在床上，形成猪睡觉的效果。在第10、20、35帧分别按F6键插入关键帧，把第10、35帧中的元件用任意变形工具放大，把第20帧中的元件缩小，在各帧之间创建传统补间动画，如图5-102所示。

（7）制作镜头十一动画。新建图层z，把z图形元件放入舞台中猪嘴的位置，把第35帧删除。至此，镜头十一动画完成，如图5-103所示。

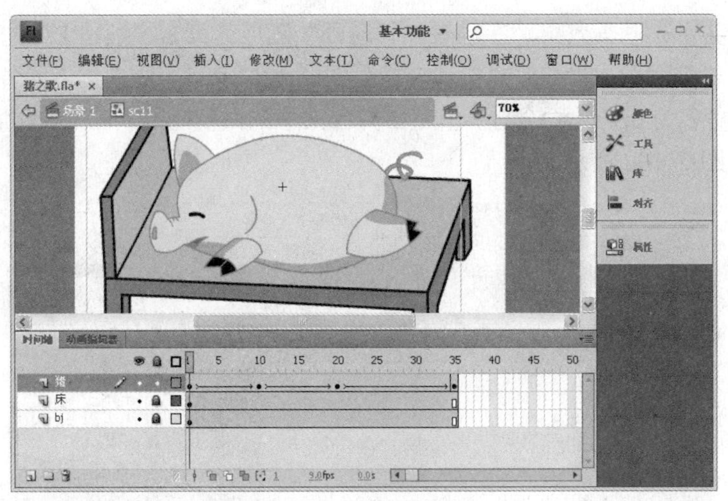

图 5-102　猪睡觉动画

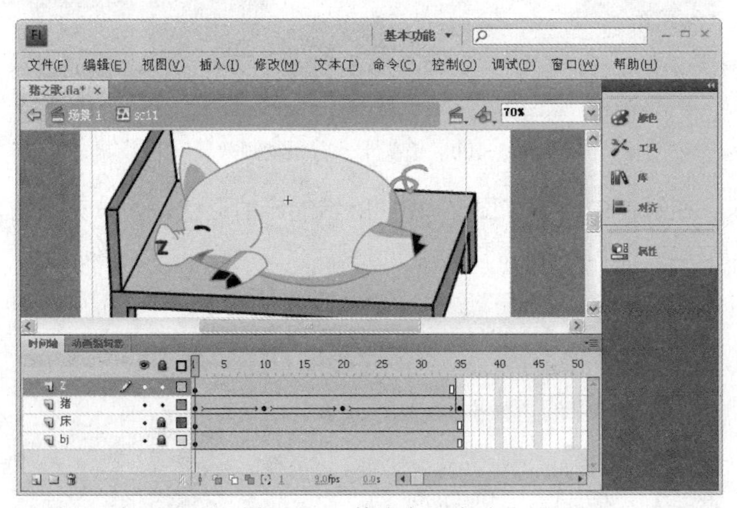

图 5-103　镜头十一动画

十四、镜头十二动画

（1）制作猪头元件并添加耳环。将“sc9 猪头”元件直接复制为“sc12 猪头”，将“sc9 右耳朵”元件直接复制为“sc12 右耳朵”。进入元件的编辑窗口，将“sc9 右耳朵”元件替换为“sc12 右耳朵”，删除“眼睛”图层第 1 帧的内容，然后进入“sc12 右耳朵”元件。新增图层，在耳朵上绘制黄色的耳环，如图 5-104 所示。

（2）添加眼镜。进入“sc12 猪头”元件的编辑窗口，在“眼睛”图层的第 1 帧绘制如图 5-105 所示的眼镜形状，填充颜色为红色到黑色的放射状渐变，用白色为眼镜添加反光效果，按 F8 键将眼镜转换为图形元件。

（3）绘制牙刷。按 Ctrl+F8 组合键新建图形元件“牙刷”，在舞台中绘制如图 5-106 所示的牙刷形状。其中，刷头为白色，刷柄为褐色，并为其适当添加阴影。注意，牙刷可随意制作。

图 5-104　添加耳环

图 5-105　添加眼镜

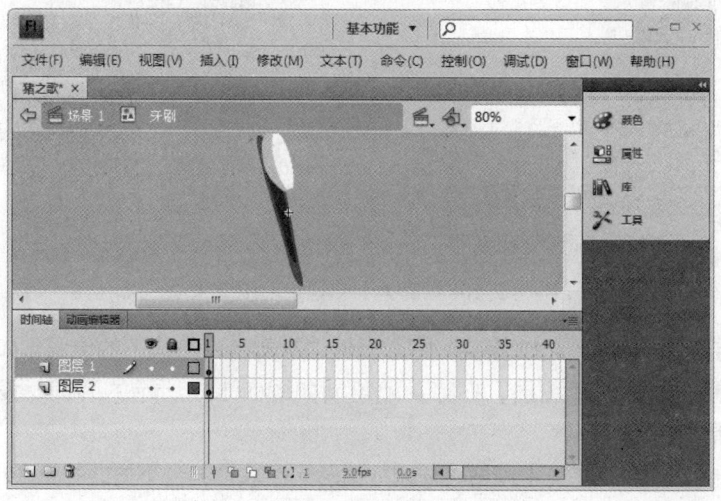

图 5-106　牙刷

（4）制作左手。把“sc4 左爪子”图形元件直接复制为“左爪”图形元件，如图 5-107 所示。

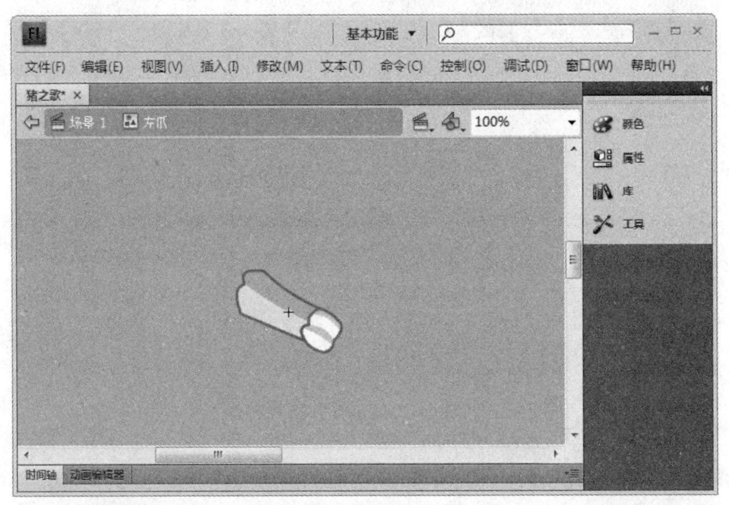

图 5-107　“左爪”元件

（5）制作镜头十二背景动画。在场景中“动画”图层的第 871 帧按 F7 键插入空白关键帧，在该帧任意绘制一个图形，按 F8 键将其转换为图形元件 sc12。双击进入元件编辑窗口，删除图形。将图层 1 命名为“背景”，任意绘制一个超出舞台大小的白色矩形，在第 92 帧按 F5 键插入帧，背景动画效果如图 5-108 所示。

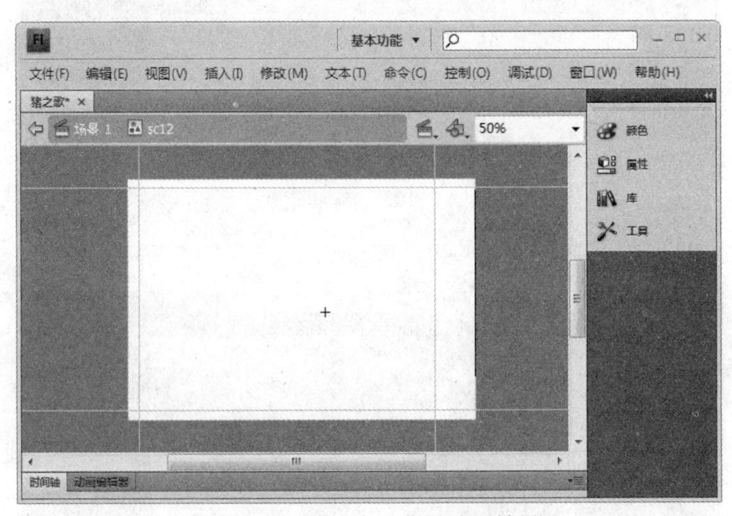

图 5-108　镜头十二背景动画效果

（6）新建图层“头”，把“sc12 猪头”图形元件放在舞台中央偏下的位置，如图 5-109 所示。

（7）添加装饰效果。新建图层，在猪头上绘制如图 5-110 所示的装饰，设置填充颜色为黄色，线条颜色为黑色。

（8）新建图层“牙刷”，在第 1 帧把“牙刷”图形元件放在舞台下方，在第 39 帧按 F6 键插入关键帧，把牙刷向上移动至猪脸的位置，在两帧之间创建传统补间动画，如图 5-111 所示。

图 5-109　添加“sc12 猪头”元件

图 5-110　添加装饰

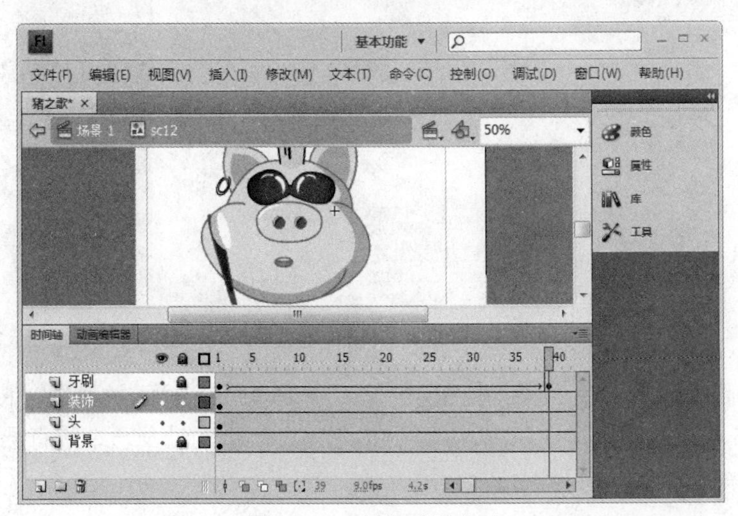

图 5-111　制作牙刷动画

（9）新建图层 zuoshou，在第 40 帧插入关键帧，把“左爪”图形元件放在舞台下方，在第 80 帧插入关键帧，把元件向上移动至猪脸的位置，在两帧之间创建传统补间动画。至此，镜头十二动画制作完成，如图 5-112 所示。

图 5-112　镜头十二动画

十五、镜头十三动画

（1）制作公猪元件。将“sc7 公猪”元件直接复制为“sc13 公猪”元件。进入元件的编辑窗口，选择“修改→变形→水平翻转”菜单命令和“修改→变形→垂直翻转”菜单命令，调整猪腿的位置，效果如图 5-113 所示。

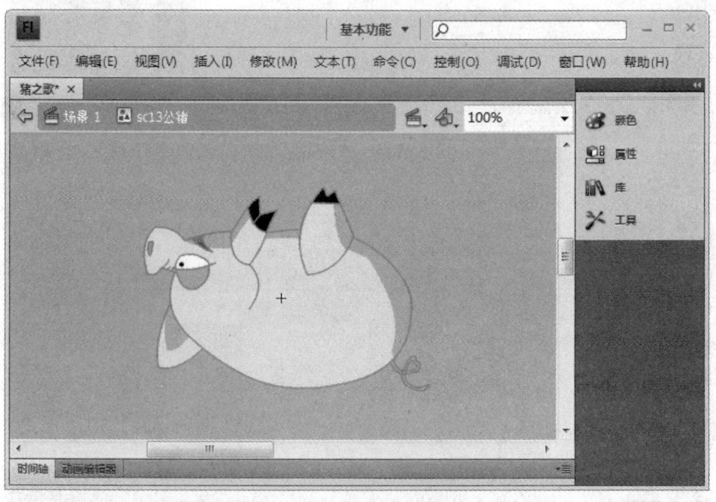

图 5-113　“sc13 公猪”元件

（2）制作猪闭眼动画。在“眼睛”图层的第 10、15 帧分别插入关键帧，将第 10 帧中的眼睛压扁，将第 15 帧中的眼睛再次压扁，3 帧形成猪逐渐闭眼的动画，在所有层的第 54 帧按 F5 键插入关键帧，如图 5-114 所示。

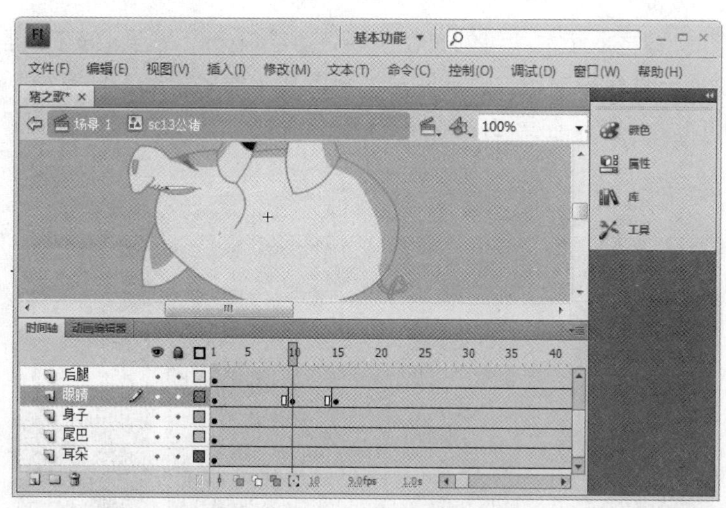

图 5-114　制作猪闭眼动画

（3）制作眼泪动画。新建图层“眼泪”，在第 16 帧按 F6 键插入关键帧，用椭圆工具绘制白色的眼泪，并按 F8 键将其转换为图形元件“sc13 眼泪”，将其放在猪眼睛的位置。在第 20、21、27、36、54 帧分别插入关键帧，将第 21、27、36 帧中的眼泪依次放大，将第 54 帧中的眼泪放大并向下移动一段距离，将元件的透明度设置为 0%。在第 16～54 帧之间创建传统补间动画，如图 5-115 所示。

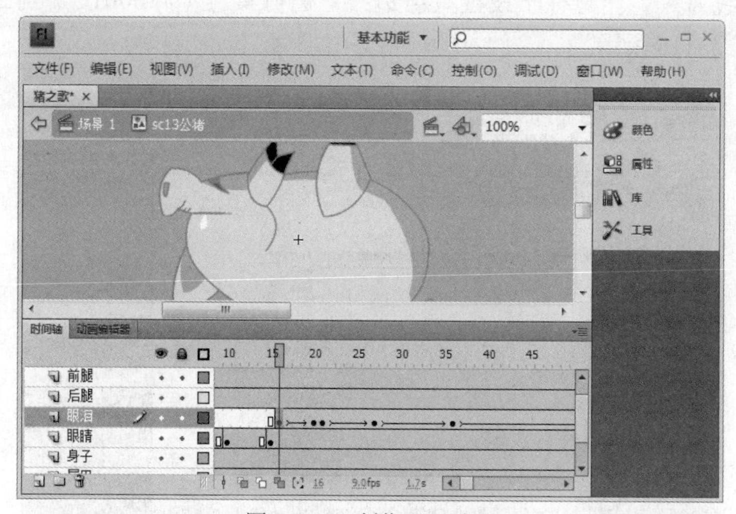

图 5-115　制作眼泪动画

（4）制作火苗动画。按 Ctrl+F8 组合键新建图形元件“火苗”，在舞台中绘制火苗燃烧的形状，从下至上为其填充橙色（#FF3300）到黄色（#FFFF00）的线性渐变。在第 2、3 帧分别插入关键帧，用选择工具调整火苗的形状，各帧火苗形状如图 5-116 所示。

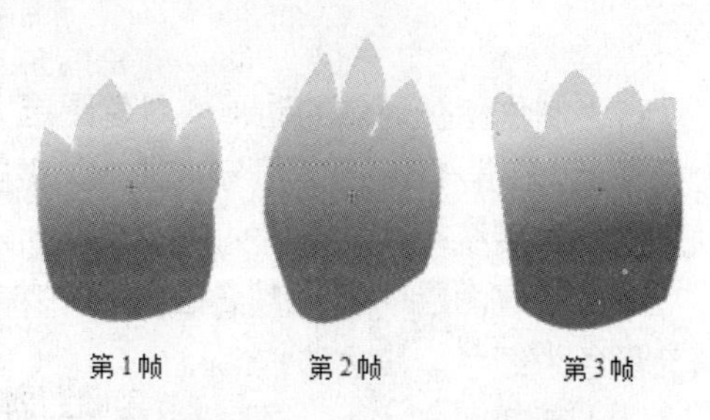

图 5-116　各帧火苗形状

（5）制作镜头十三背景动画。在场景中“动画”

图层的第 964 帧按 F7 键插入空白关键帧，在该帧任意绘制一个图形，按 F8 键将其转换为图形元件 sc13。双击进入元件编辑窗口，删除图形。将图层 1 命名为 bj，任意绘制一个超出舞台大小的灰色（#D0D0D0）矩形，在第 213 帧按 F5 键插入帧，背景动画效果如图 5-117 所示。

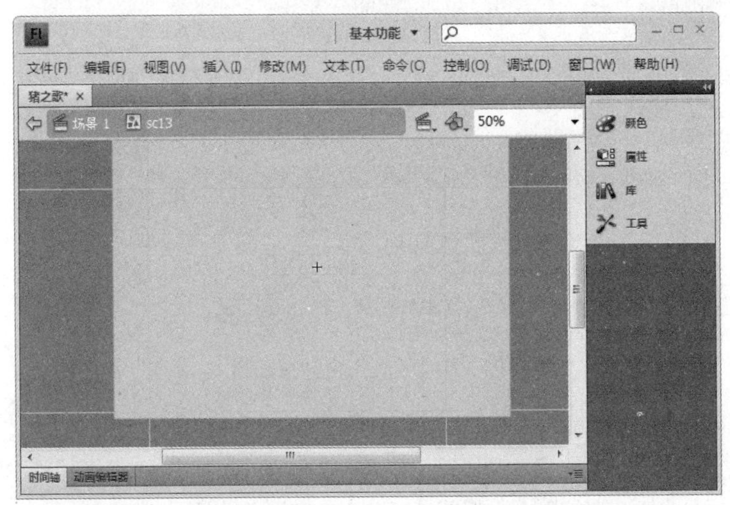

图 5-117　镜头十三背景动画效果

（6）绘制底座和杆子。新建图层，在舞台中绘制底座和杆子。将底座填充为紫色（#663D52），边线为黑色。为杆子设置黑色边线，进行紫色（#36001C）到白色的线性渐变填充，效果如图 5-118 所示。

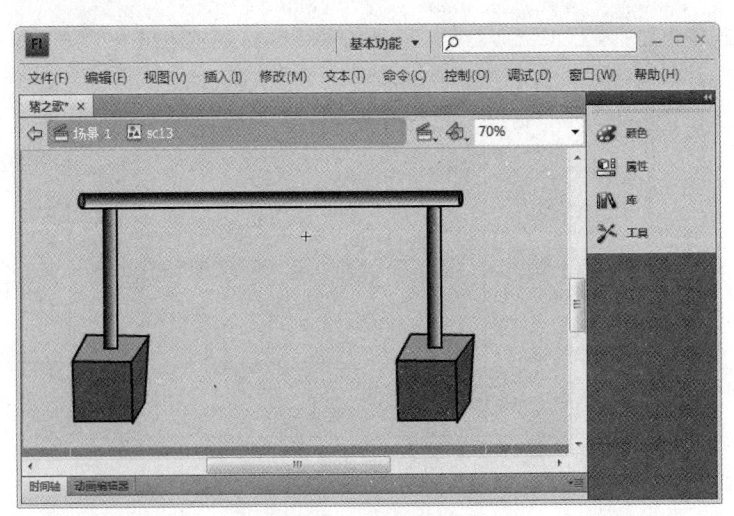

图 5-118　底座和杆子

（7）制作猪被烤焦的动画。新建图层“猪”，在第 1 帧中把“sc13 公猪”图形元件放在舞台杆子上，在第 150、182 帧分别插入关键帧，调整第 182 帧中猪的颜色为黑色，在第 150～182 帧之间创建传统补间动画，如图 5-119 所示。

（8）新建图层“火盆 1”，在舞台中绘制如图 5-120 所示的火盆上半部分，形状为椭圆形，填充颜色为红色，黑色边线。

（9）新建图层“火”，把“火苗”元件放在舞台中火盆偏上的位置，效果如图 5-121 所示。

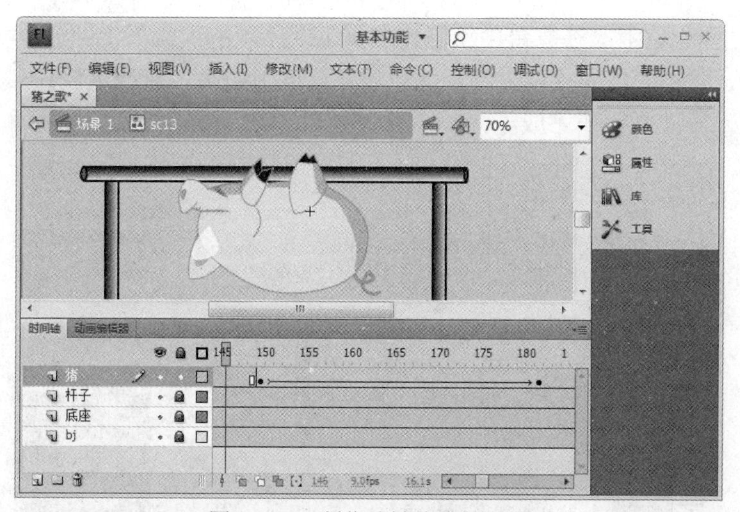

图 5-119 制作猪被烤焦的动画

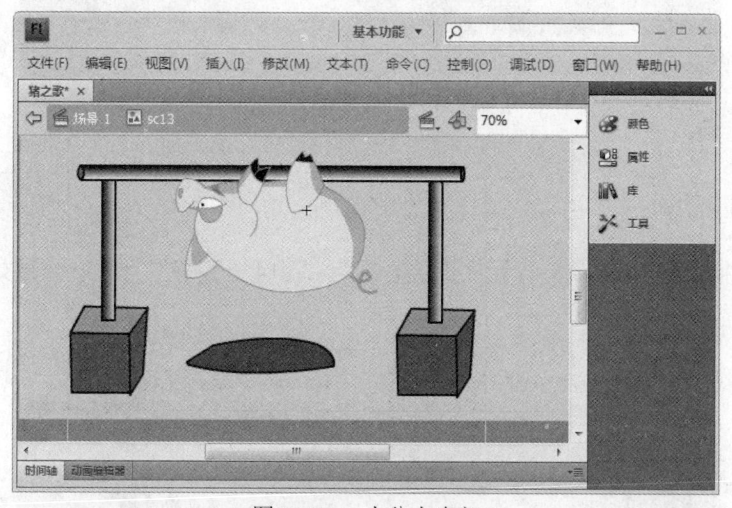

图 5-120 火盆上半部

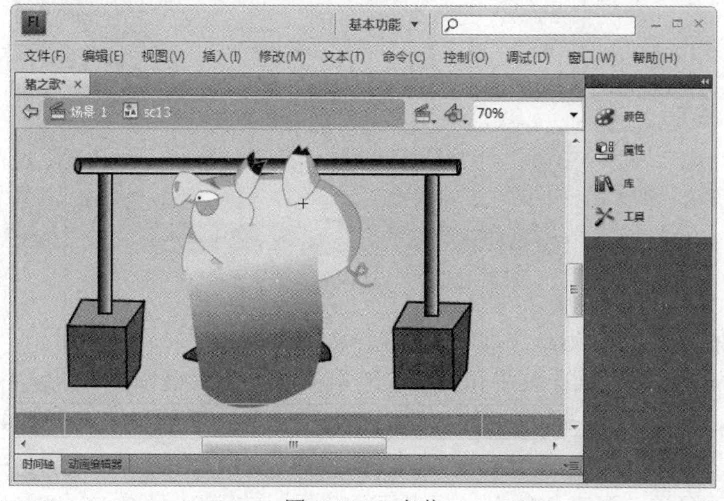

图 5-121 火苗

（10）新建图层“火盆”，在舞台中绘制如图 5-122 所示的火盆下半部分，填充颜色为灰色，边线颜色为黑色，盆边颜色为白色，并用红色填充火盆上边缘，形成火苗在火盆中间的遮挡效果。至此，镜头十三动画制作完成。

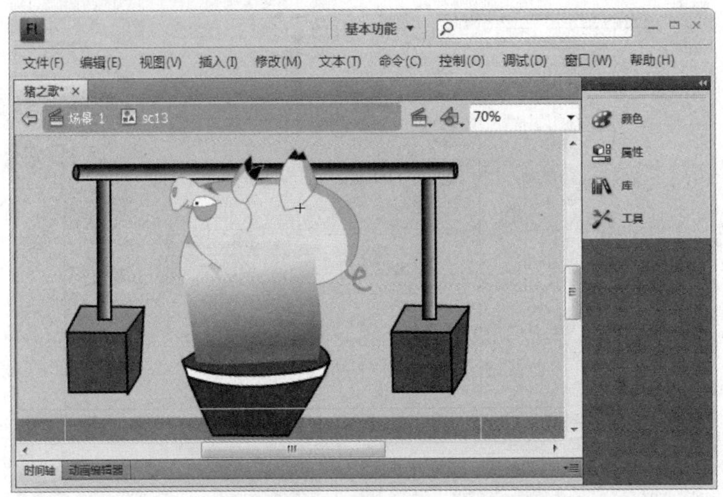

图 5-122　镜头十三动画

十六、镜头十四动画

（1）制作公猪。把“sc6 公猪”元件直接复制为“sc14 公猪静”元件，效果如图 5-123 所示。

图 5-123　“sc14 公猪静”元件

（2）制作公猪走路动画。把“sc14 公猪静”元件直接复制为“sc14 公猪”图形元件，在所有层的第 7 帧按 F5 键插入帧，在手和脚各层的第 4 帧插入关键帧，在两帧中调整猪的胳膊为前后摆动的效果，调整脚为一前一后的效果，形成猪走路的动画，如图 5-124 所示。

（3）绘制猪之家。按 Ctrl+F8 组合键新建图形元件“sc14 猪的家”，在舞台中绘制如图 5-125 所示猪的家及周围环境，要求整体大小超出舞台范围，在第 76 帧按 F5 键插入帧。

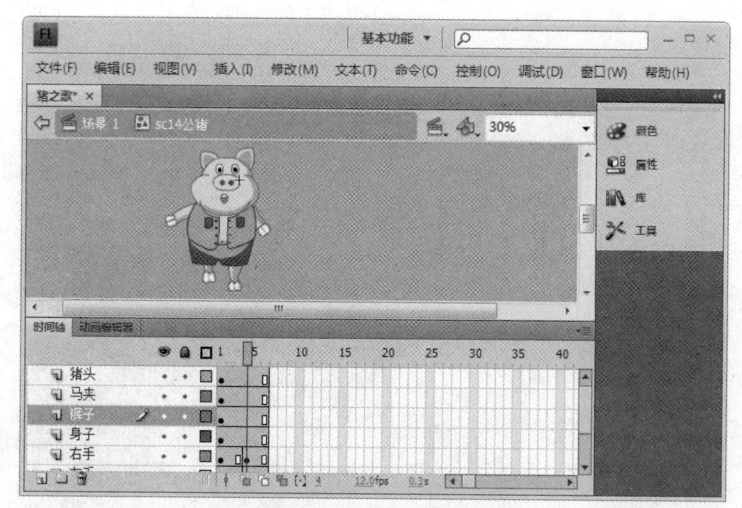

图 5-124　制作猪走路的动画

图 5-125　猪的家

（4）添加标牌动画。新建图层，在第 13 帧插入关键帧，在舞台中绘制写有“猪之家”字样的标牌，挂在路边的树上，将其转换为图形元件。在第 19 帧插入关键帧，用任意变形工具将标牌向左旋转一些。在第 24 帧插入关键帧，将标牌向右旋转一些。同理，在后面每隔几帧中制作标牌在树上左右摇晃的动画，如图 5-126 所示。

（5）制作镜头十四背景动画。在场景中“动画”图层的第 1 177 帧按 F7 键插入空白关键帧，在该帧任意绘制一个图形，按 F8 键将其转换为图形元件 sc14。双击进入元件编辑窗口，删除图形。将图层 1 命名为“猪的家”，把“sc14 猪的家”图形元件放在舞台中，调整其远超出舞台大小，在第 15、76 帧分别插入关键帧，调整第 15 帧中的元件与舞台大小相同，在第 1～15 帧之间创建传统补间动画，如图 5-127 所示。

（6）新建图层，在第 15 帧插入关键帧，把“sc14 公猪静”元件放在猪之家门口，调整其与门一样大。在第 24 帧插入关键帧，调整第 15 帧中的猪元件的透明度为 0%，在两帧之间创建传统补间动画，删除第 25 帧以后的所有帧，如图 5-128 所示。

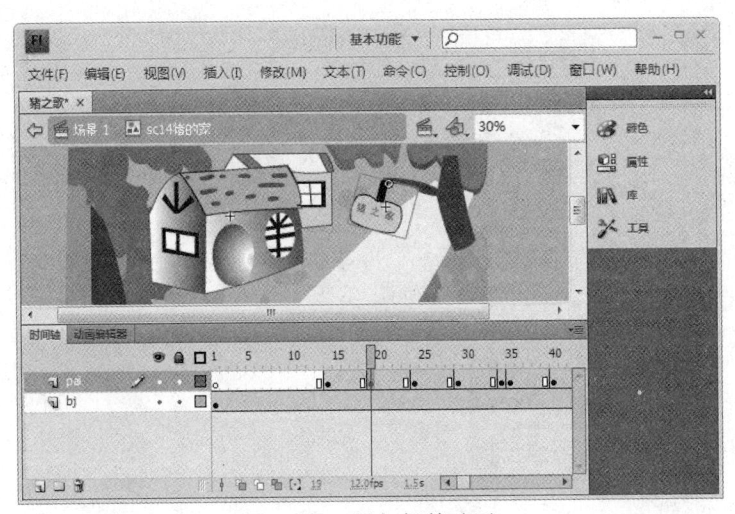

图 5-126　添加标牌动画

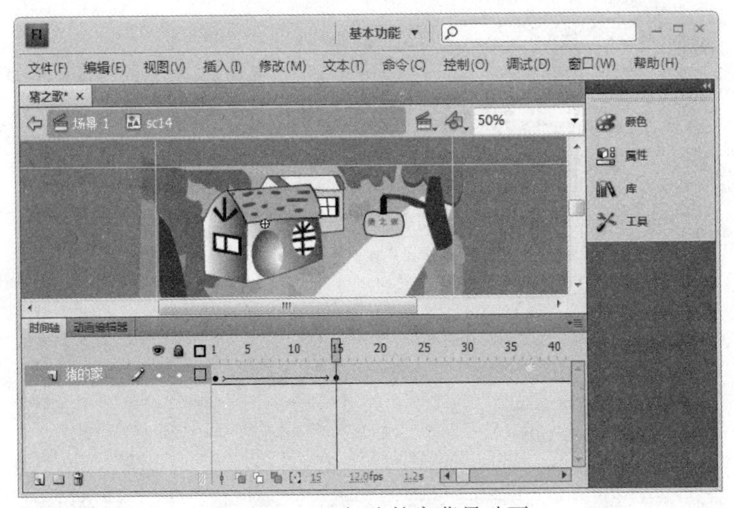

图 5-127　添加猪的家背景动画

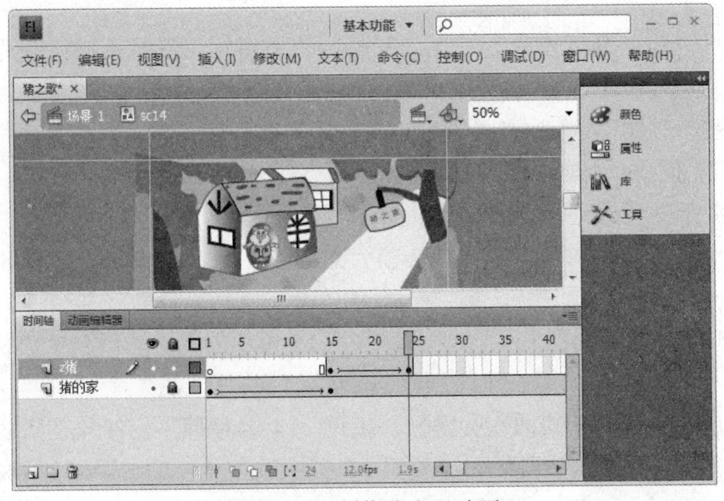

图 5-128　制作猪出现动画

（7）新建图层，在第 25 帧插入关键帧，把“sc14 公猪”图形元件放在猪之家门口，调整其与门一样大。在第 76 帧插入关键帧，把猪向下移动，并用任意变形工具将其放大，在两帧之间创建传统补间。至此，镜头十四动画制作完成，如图 5-129 所示。

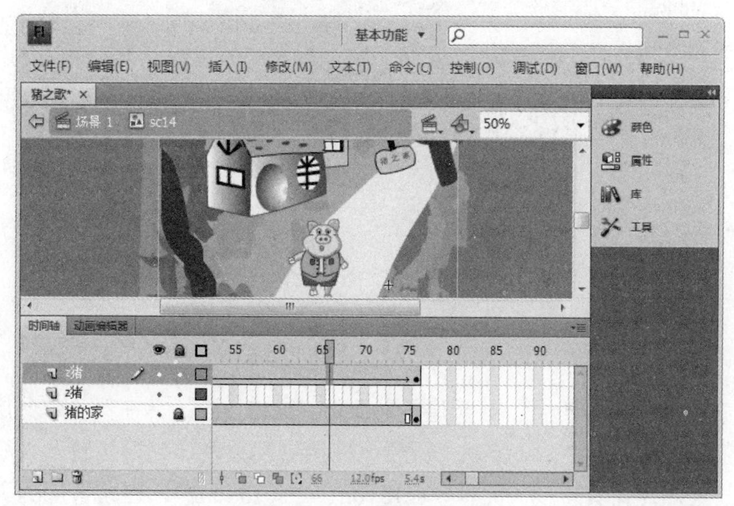

图 5-129 镜头十四动画

十七、镜头十五动画

（1）绘制树。按 Ctrl+F8 组合键新建图形元件“sc15 树”，在舞台中绘制树木形状，并填充颜色，分别为树冠（#74B82E、#8BFA18、#63C12F、#558822、#356017），树干（#5B3916、#B8722E），效果如图 5-130 所示。

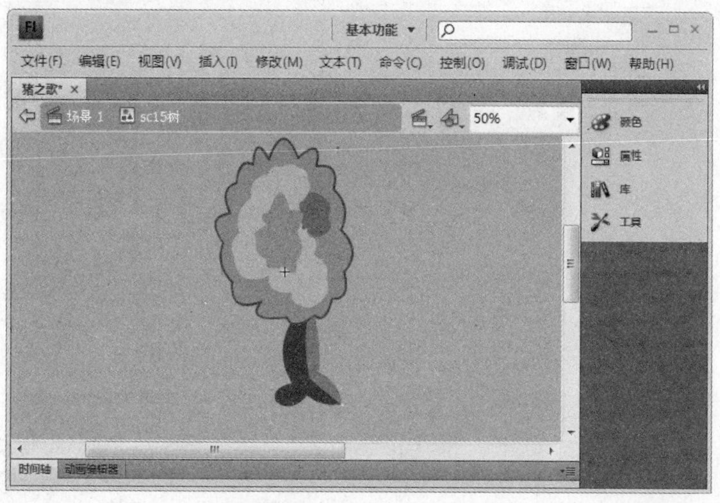

图 5-130 “sc15 树”元件

（2）制作富贵小屋。按 Ctrl+F8 组合键新建图形元件“sc15 小屋”，在舞台中绘制带福字的房屋形状，并填充颜色（#EA821F、#C16C1B、#13CFD1、#167D7C、#181E2C、#FF0000、#FF9900），在屋前绘制一些闪闪发光的元宝并填充颜色（#FF9900、#FF6600），效果如图 5-131 所示。

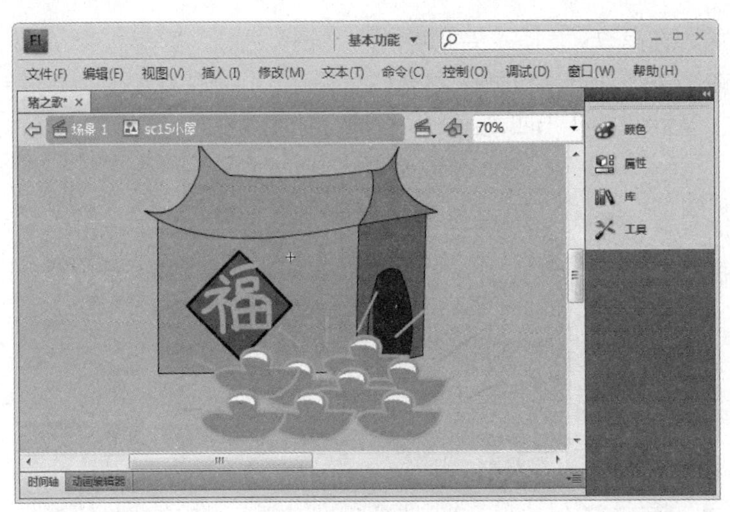

图 5-131　富贵小屋

（3）制作场景。按 Ctrl+F8 组合键新建图形元件“sc15 场景”，在舞台中分层绘制如图 5-132 所示的场景，并在路两侧添加上“sc15 树”元件，按照透视关系调整好位置及大小，在天空中绘制几个形状不一的云朵，并将其转换为元件“sc15yun1”“sc15yun2”，在所有层的第 130 帧按 F5 键插入帧。

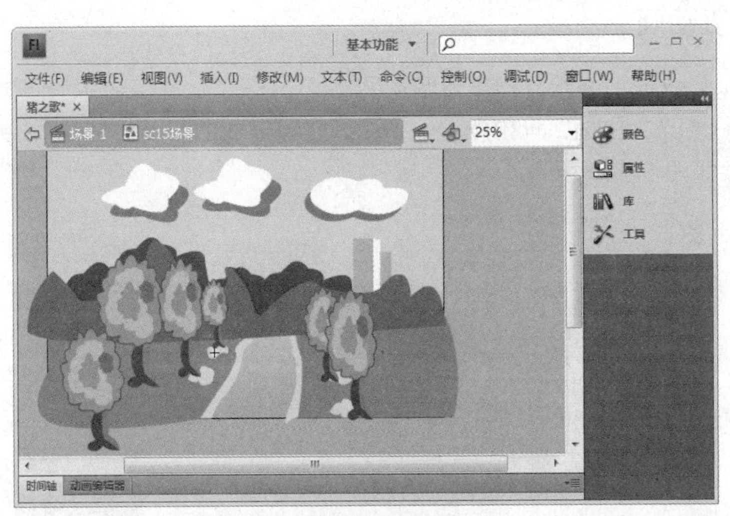

图 5-132　镜头十五场景

（4）制作富贵小屋飘过的动画。新建图层，在第 80 帧插入关键帧，把“sc15 小屋”放在舞台右侧，在第 126 帧插入关键帧，将其移至舞台左侧，在两帧之间创建传统补间动画，如图 5-133 所示。

（5）绘制小猪背影。按 Ctrl+F8 组合键新建图形元件“sc15 猪”，在舞台中分层绘制如图 5-134 所示的小猪图形，并填充颜色，其中衣服的颜色为淡蓝色（#73E1E1），将小猪身体的各部位转换成图形元件。

（6）制作小猪走路动画。在所有层的第 5、10、15 帧分别按 F6 键插入关键帧，在第 20 帧按 F5 键插入帧，调整各帧中的小猪胳膊及双腿为走路时摇晃的状态，如图 5-135 所示。

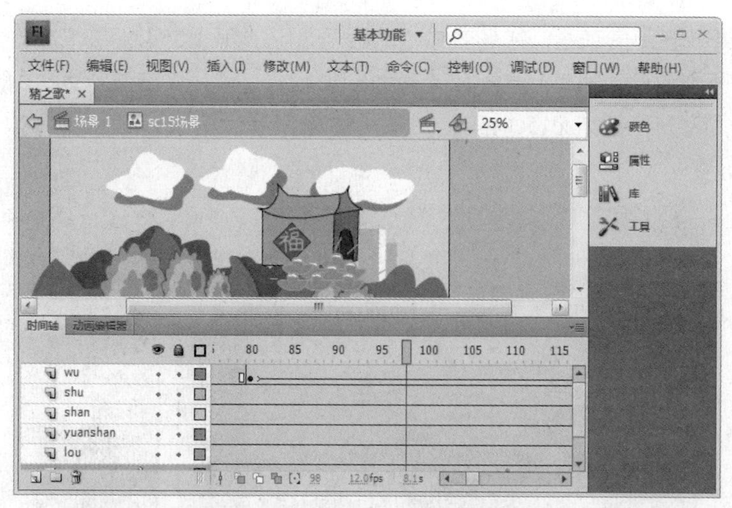

图 5-133 制作富贵小屋飘过动画

图 5-134 绘制小猪背影

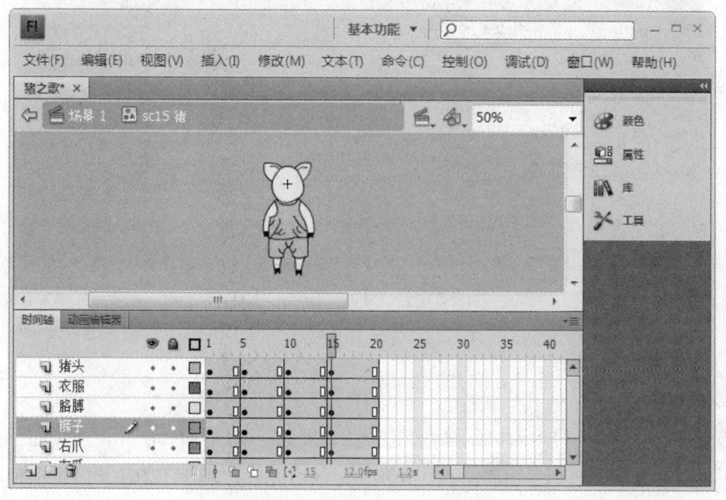

图 5-135 制作小猪走路动画

（7）制作镜头十五背景动画。在场景中“动画”图层的第 1 254 帧按 F7 键插入空白关键帧，在该帧任意绘制一个图形，按 F8 键将其转换为图形元件 sc4。双击进入元件编辑窗口，删除图形。将图层 1 命名为 bj，把“sc15 场景”图形元件放在舞台中央，在第 130 帧按 F5 键插入帧，如图 5-136 所示。

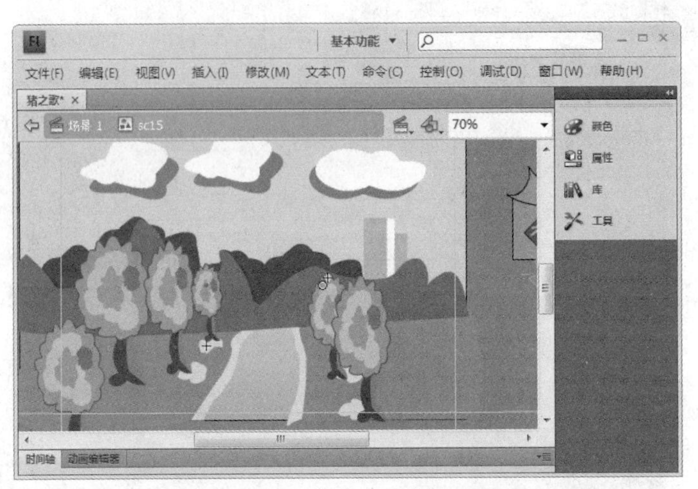

图 5-136　镜头十五背景动画

（8）新建图层“猪”，把“sc15 猪”图形元件放在舞台下方，在第 130 帧插入关键帧，将小猪沿着小路向远处移动，并将其缩小，在两帧之间创建传统补间动画。至此，镜头十五动画制作完成，如图 5-137 所示。

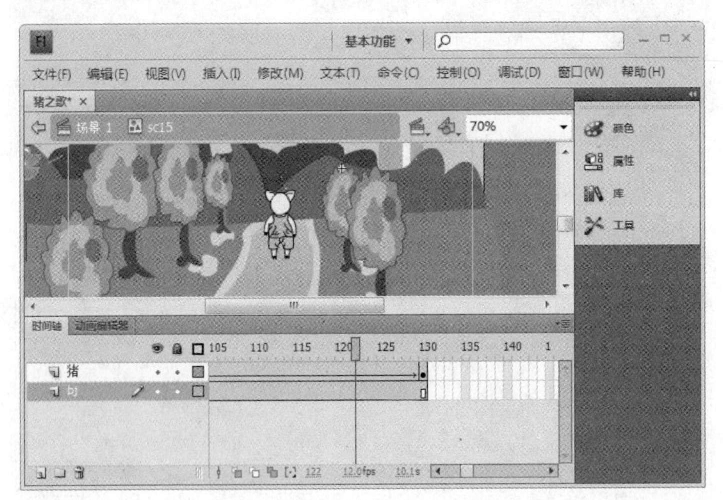

图 5-137　镜头十五动画

十八、镜头十六动画

（1）绘制祖先猪。按 Ctrl+F8 组合键新建图形元件“sc16 祖先”，在舞台中分层绘制手拿八钉耙的祖先猪图形，并填充颜色。为帽子（#999966、#003333、#FF3300、#FFFF00），头（#FFCCCC、#FE7878），衣服（#5095FC、#FF0000、#FF9900）填充颜色，将钉耙及其余部分均填充为黑白两色，并将各部位转换成所需的图形元件，效果如图 5-138 所示。

图 5-138 祖先猪

（2）绘制小母猪。按 Ctrl+F8 组合键新建图形元件“sc16 小母猪”，在舞台中绘制小母猪图形，并填充颜色。分别为蝴蝶结（#D10101），头（#FDD0AF、#FBC0A0、#FEC697、#F48476、#360000、#FA7264），衣服（#FB5C7C）填充颜色，效果如图 5-139 所示。

图 5-139 小母猪

（3）绘制桃花。按 Ctrl+F8 组合键新建图形元件“sc16 桃花”，在舞台中绘制桃花图形，并填充颜色。分别为枝干（#653D01），花（#FF99CC、#FF3300），花边线（#E30273）枝干边线（#653D01）填充颜色，效果如图 5-140 所示。

（4）绘制红心。按 Ctrl+F8 组合键新建图形元件“sc16 红心”，在舞台中绘制心形图案，并填充颜色，为心形（#FF3300）、边线（黑色）填充颜色，效果如图 5-141 所示。

（5）绘制小猪侧面。按 Ctrl+F8 组合键新建图形元件“sc16 公猪”，在舞台中绘制小猪侧身图形，并填充颜色。分别为皮肤（#FAEAD1），衣服（#02A6EC、#0172A0）填充颜色。注意，绘制小猪时，将小猪的两条腿分别放在两个不同图层上，猪身体在一层，并转换为元件“sc16 猪身”，效果如图 5-142 所示。

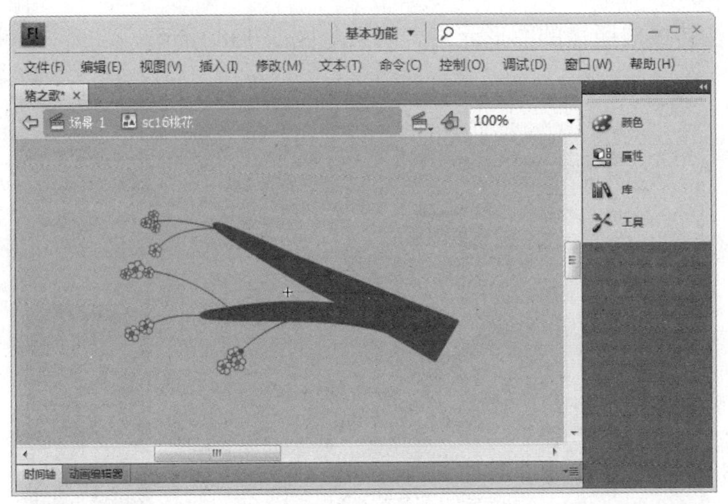

图 5-140 桃花

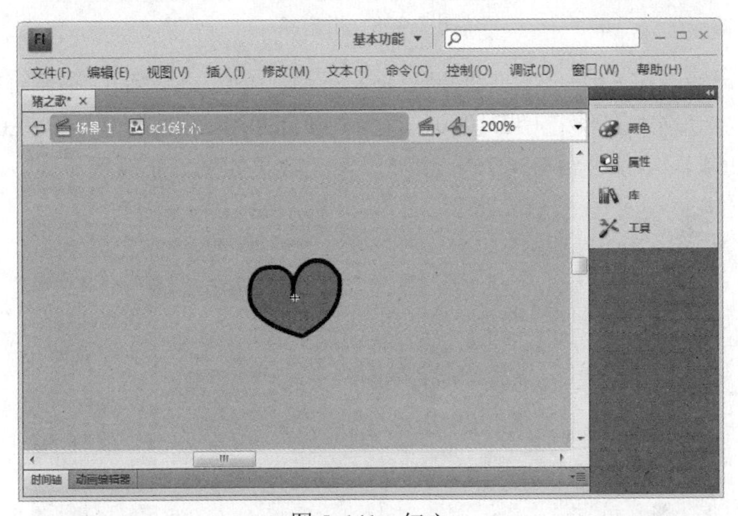

图 5-141 红心

图 5-142 小猪侧面

（6）制作小猪走路的动画。在所有层的第 5、10 帧分别插入关键帧，制作小猪的腿向前迈出一步的循环走路动画。在走路时始终以前腿脚底为轴心向前迈步，让小猪的身体同步跟进即可。最后在各帧之间创建传统补间动画，如图 5-143 所示。

图 5-143　制作小猪走路的动画

（7）绘制场景。按 Ctrl+F8 组合键新建图形元件“sc16 场景”，在舞台中绘制如图 5-144 所示的场景图形。重点应突出科学算命的房子，其中的树可以用“sc15 树”元件，其余场景可任意绘制。

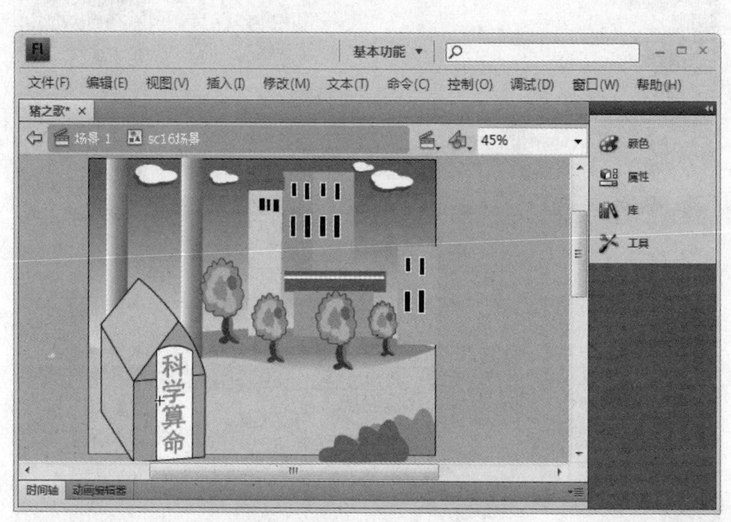

图 5-144　科学算命场景

（8）输入文字。按 Ctrl+F8 组合键新建图形元件 I LOVE YOU，在舞台中输入橘色（#FF3300）文字“I LOVE YOU”，并在外面绘制一个圆圈，效果如图 5-145 所示。

（9）制作想象元件。按 Ctrl+F8 组合键新建图形元件“sc16 想象”，在舞台中绘制如图 5-146 所示的白色图形并填充黑色边线，在第 182 帧按 F5 键插入帧。

（10）新建图层，把“sc16 祖先”元件放在舞台中，调整其大小与位置，效果如图 5-147 所示。

图 5-145　文字元件

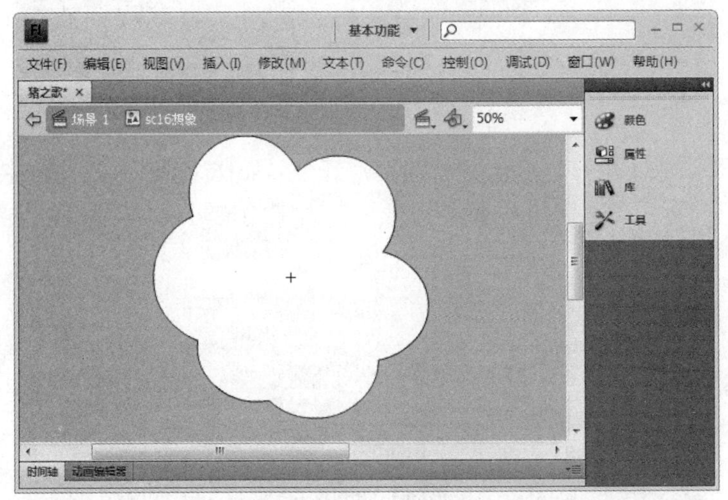

图 5-146　想象背景

图 5-147　祖先元件

（11）新建图层，在第 36 帧按 F6 键插入关键帧，把“sc16 桃花”元件放在舞台中，在第 65 帧插入关键帧，更改第 36 帧桃花元件的透明度为 0%，在两帧之间创建传统补间动画，效果如图 5-148 所示。

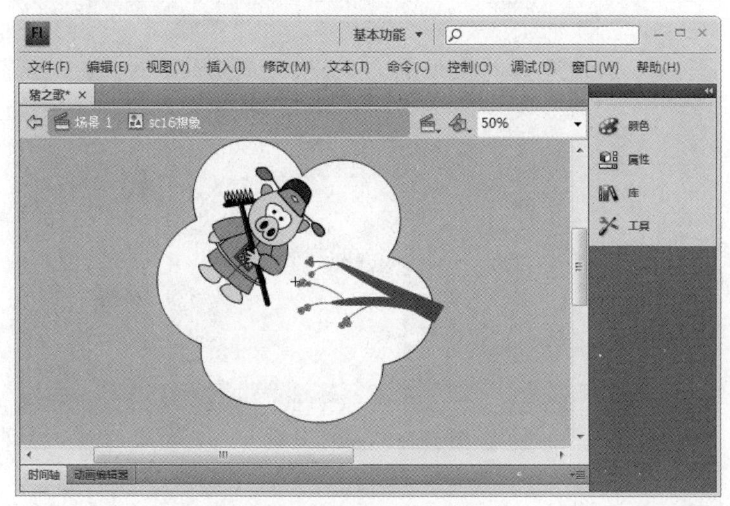

图 5-148　桃花出现动画

（12）新建图层，在第 66 帧按 F6 键插入关键帧，把“sc16 小母猪”图形元件放在舞台中，调整其位置与大小。在第 96 帧插入关键帧，更改第 66 帧元件的透明度为 0%，在两帧之间创建传统补间动画，效果如图 5-149 所示。

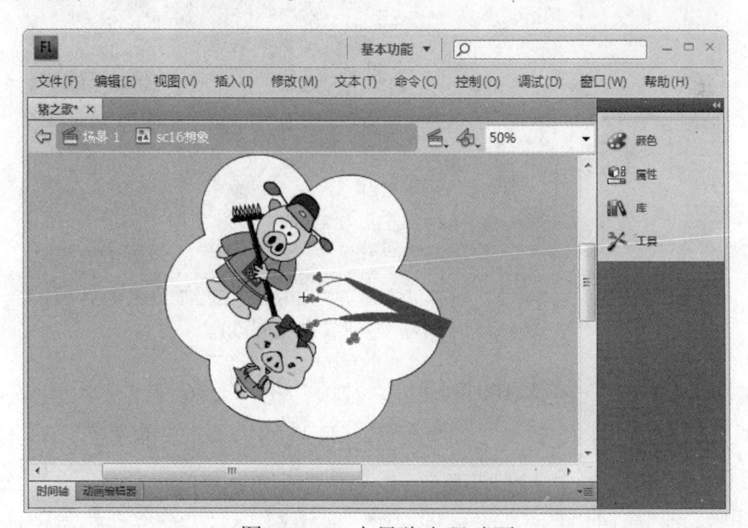

图 5-149　小母猪出现动画

（13）制作镜头十六背景动画。在场景中“动画”图层的第 1 384 帧按 F7 键插入空白关键帧，在该帧任意绘制一个图形，按 F8 键将其转换为图形元件 sc16。双击进入元件编辑窗口，删除图形。将图层 1 命名为“背景”，把“sc16 场景”元件放在舞台中，在第 182 帧按 F5 键插入帧，背景效果如图 5-150 所示。

（14）新建图层猪，把“sc16 公猪”图形元件放在舞台中，调整其大小及位置，在第 9 帧按 F6 键插入关键帧，将猪沿路移动至科学算命的房子前，在两帧之间创建传统补间动画，效果如图 5-151 所示。

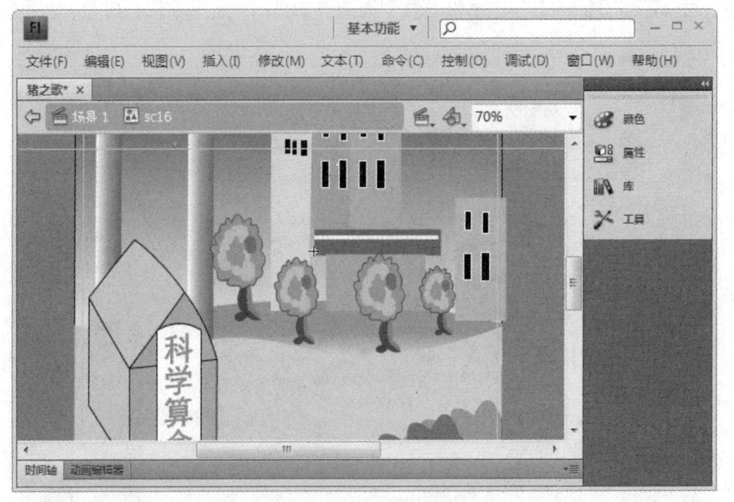

图 5-150　背景效果

图 5-151　小猪走到算命房间动画

（15）新建图层“想象”，在第 10 帧插入关键帧，把“sc16 想象”元件放在舞台中，在第 20 帧插入关键帧，调整第 10 帧中元件的宽和高，使其均为 25 像素左右，在第 10～20 帧之间创建传统补间动画，效果如图 5-152 所示。

（16）新建图层，在第 141 帧插入关键帧，把“sc16 红心”元件放在舞台中，在该图层上单击鼠标右键，在弹出的快捷菜单中选择“添加运动引导层”命令，在引导层上绘制一条弯曲的线作为引导线，调整引导线的起点在祖先猪位置，终点在小母猪位置。在被引导层上的第 164 帧插入关键帧，设置红心透明度为 0%，调整第 141 和 146 帧的红心位于引导线的两端，在两帧之间创建传统补间动画，效果如图 5-153 所示。

（17）新建图层，在第 164 帧按 F6 键插入关键帧，把 I LOVE YOU 图形元件放在想象元件中，并将其缩小。在第 177 帧插入关键帧，把元件放大，在两帧之间创建传统补间动画。至此，镜头十六动画制作完成，如图 5-154 所示。

图 5-152 想象元件出现动画

图 5-153 红心出现动画

图 5-154 镜头十六动画

十九、镜头十七动画

（1）绘制树。按 Ctrl+F8 组合键新建图形元件“sc17 树”，在舞台中绘制盆景树的形状，并填充颜色（#66CC33、#00914C、#56000C、#CE8E9C、#209D63、#975B02），效果如图 5-155 所示。

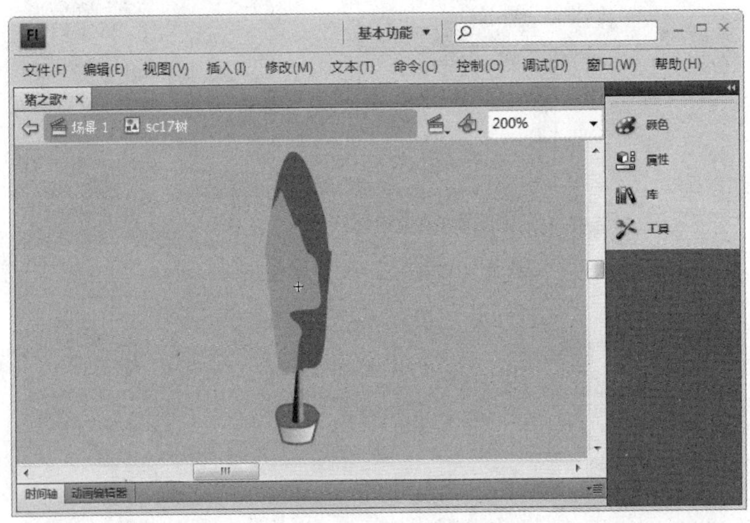

图 5-155　盆景树

（2）制作猪背影走路的动画。将“sc15 猪”直接复制生成“sc17 猪”元件，即可得到猪背影走路动画，如图 5-156 所示。

图 5-156　制作猪背影走路动画

（3）绘制镜头十七场景。按 Ctrl+F8 组合键新建图形元件“sc17 场景”，在舞台中分层绘制如图 5-157 所示的场景。其中，树可通过直接摆放“sc17 树”元件得到，此场景可任意绘制，但要求其中的一栋房子是小吃部。

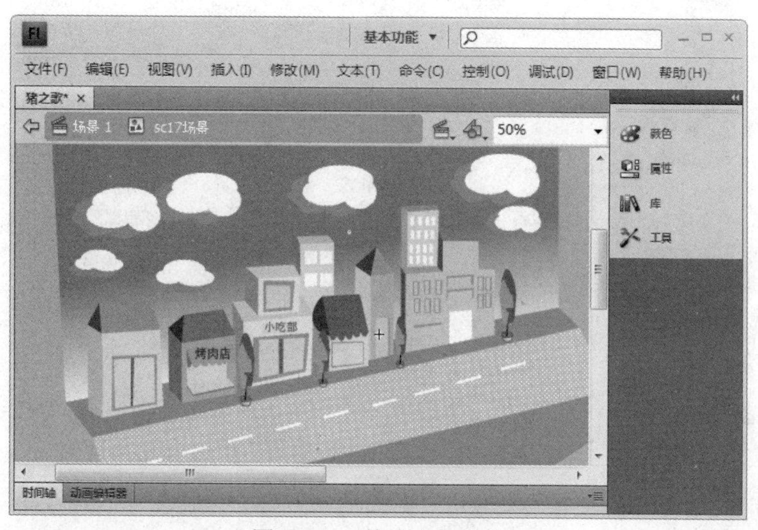

图 5-157　镜头十七场景

（4）制作镜头十七场景。在场景中“动画”图层的第 1 563 帧按 F7 键插入空白关键帧，在该帧任意绘制一个图形，按 F8 键将其转换为图形元件 sc17。双击进入元件编辑窗口，删除图形。将图层 1 命名为“场景”，把“sc17 场景”图形元件放在舞台中，在第 42 帧按 F5 键插入帧，如图 5-158 所示。

图 5-158　添加场景

（5）新建图层，把“sc17 猪”元件放在舞台下方，在第 38、42 帧分别插入关键帧，调整第 38 帧中的猪位于小吃部门口位置并将其缩小，把第 42 帧中的猪的透明度调整为 0%，在各帧之间创建传统补间动画。至此，镜头十七动画制作完成，如图 5-159 所示。

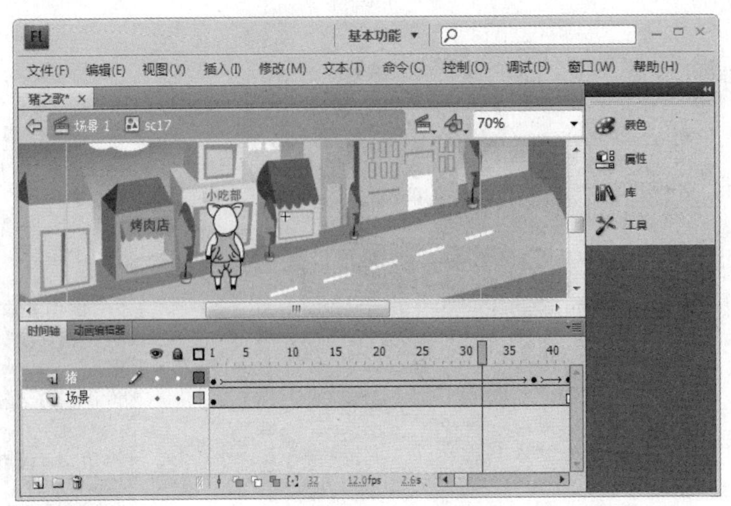

图 5-159　镜头十七动画

二十、镜头十八动画

（1）绘制椅子。按 Ctrl+F8 组合键新建图形元件“椅子”，在舞台中绘制椅子形状，并填充颜色（#990000、#FF3300、#CC3300、#990000、#FFCC00、#BA4A01），效果如图 5-160 所示。

图 5-160　椅子

（2）绘制盘子。按 Ctrl+F8 组合键新建图形元件“盘子”，在舞台中绘制盘子形状，并填充颜色为白色，黑边，阴影颜色为灰色（#CCCCCC），效果如图 5-161 所示。

（3）制作公猪。把“sc6 公猪”元件直接复制生成“sc18 公猪”元件。双击进入元件的编辑窗口，删除元件中除头部外的所有动画，删除“左手”和“右手”两图层，在所有层的第 45 帧按 F5 键插入帧，公猪效果如图 5-162 所示。

（4）制作墙面。在场景中“动画”图层的第 1 605 帧按 F7 键插入空白关键帧，在该帧任意绘制一个图形，按 F8 键将其转换为图形元件 sc18。双击进入元件编辑窗口，删除图形。将图层 1 命名为“墙面”，绘制一个超出舞台大小的矩形，将矩形的上半部分填充为白色，将下半部分填充为浅黄色，在第 45 帧按 F5 键插入帧，效果如图 5-163 所示。

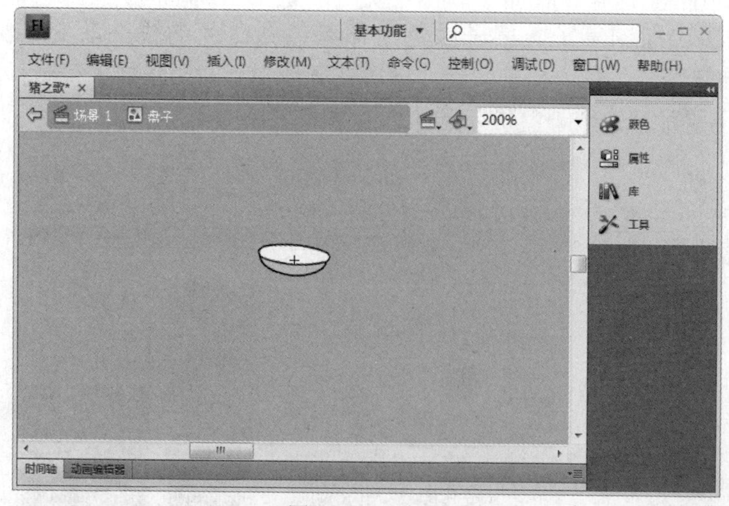

图 5-161 盘子

图 5-162 公猪

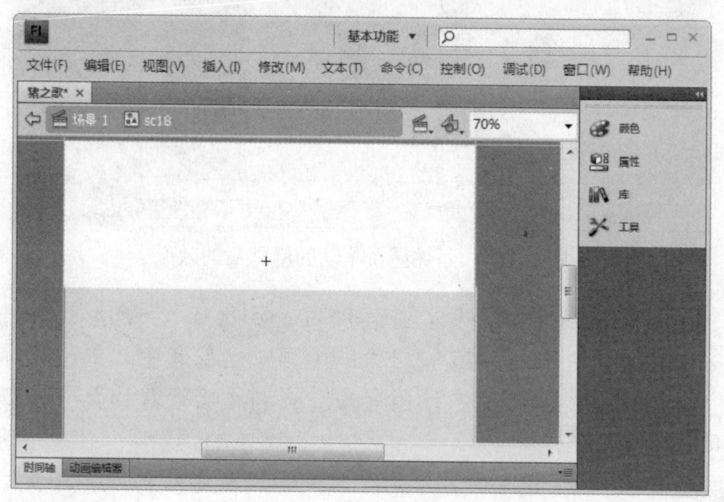

图 5-163 墙面

（5）新建图层，绘制桌子，桌子颜色为橘黄色到白色的线性渐变，侧边颜色为棕色（#8F3901）。再新建图层，把“椅子”元件摆放在舞台中。对于正面的椅子，直接绘制椅背即可。注意，桌面上需放置一个“盘子”元件，效果如图 5-164 所示。

图 5-164　摆放桌椅和盘子后的效果

（6）在桌子和椅子层的中间新建图层，把“sc18 公猪”放在第 1 帧上，调整好大小及位置。新建图层，用前面介绍过的方法绘制猪左臂和上臂，并转换为相应的元件，效果如图 5-165 所示。

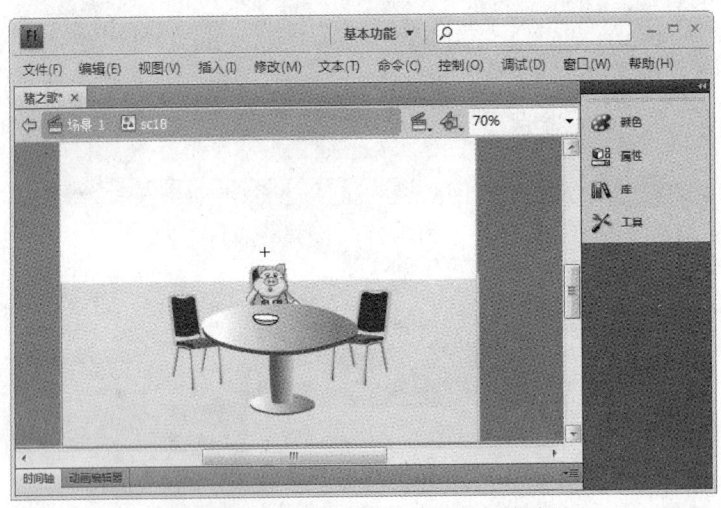

图 5-165　添加猪及不动的胳膊后的效果

（7）新建图层“下臂”，绘制猪下臂，并转换为“sc18 右爪”图形元件，将其摆放在桌面上胳膊与盘子中间的位置。将第 5～45 帧之间的所有帧全部选中，单击鼠标右键，在弹出的快捷菜单中选择“转换为关键帧”命令，用逐帧动画制作猪下臂从盘子里拿食物到嘴边的动画，如图 5-166 所示。

（8）新建图层“盘子”，在第 1 帧把“盘子”元件放在桌子上，从第 5 帧开始，随机制作空盘子逐渐摞起来的动画。至此，镜头十八动画制作完成，如图 5-167 所示。

图 5-166　制作猪吃食物的动画

图 5-167　镜头十八动画

二十一、镜头十九动画

（1）绘制场景。将“sc15 场景”元件直接复制为“sc19 场景”元件。进入元件的编辑窗口，删除 wu 图层，将所有图层的帧数调整为 130 帧，效果如图 5-168 所示。

（2）制作镜头十九场景动画。在场景中“动画”图层的第 1 649 帧按 F7 键插入空白关键帧，在该帧任意绘制一个图形，按 F8 键将其转换为图形元件 sc19。双击进入元件编辑窗口，删除图形。将图层 1 命名为 bj，把“sc19 场景”元件放在舞台中，在第 132 帧按 F5 键插入帧，如图 5-169 所示。

（3）新建图层“猪”，在第 1 帧把“sc15 猪”元件放在舞台下方，在第 132 帧按 F6 键插入关键帧，把猪沿着小路向远处移动，并将其缩小，在两帧之间创建传统补间动画。至此，镜头十九动画制作完成，如图 5-170 所示。

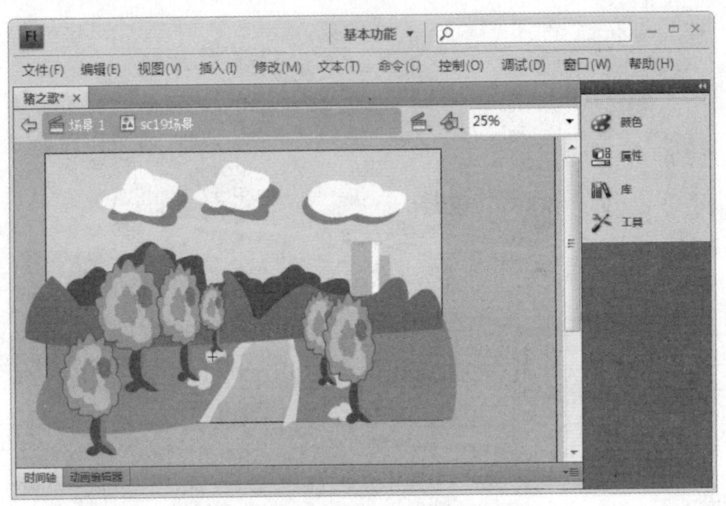

图 5-168　直接复制场景后的效果

图 5-169　制作场景动画

图 5-170　镜头十九动画

二十二、镜头二十动画

（1）绘制白云。按 Ctrl+F8 组合键新建图层元件 sc20yun，在舞台中绘制如图 5-171 所示的白云。

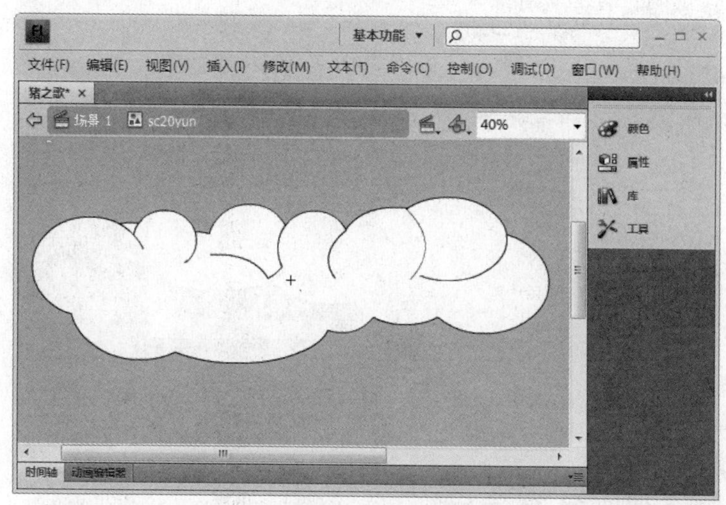

图 5-171　白云

（2）制作镜头二十背景动画。在场景中“动画”图层的第 1 782 帧按 F7 键插入空白关键帧，在该帧任意绘制一个图形，按 F8 键将其转换为图形元件 sc20。双击进入元件编辑窗口，删除图形。将图层 1 命名为 bj，绘制一个超出舞台大小的矩形，从上至下填充蓝色到白色的线性渐变，在第 38 帧按 F5 键插入帧，背景动画效果如图 5-172 所示。

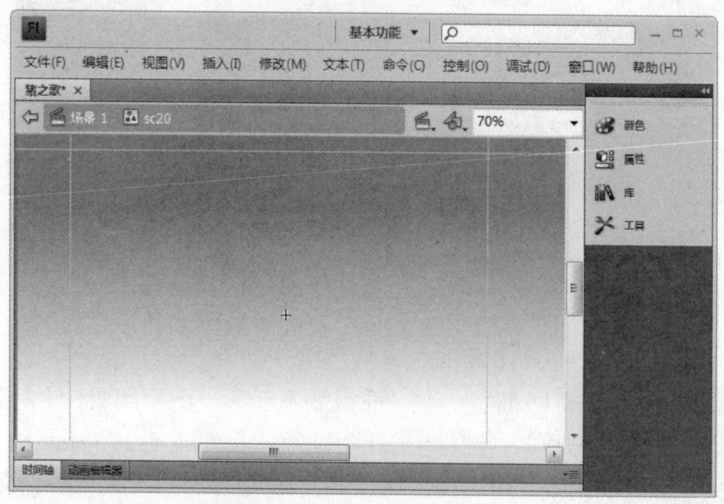

图 5-172　制作渐变背景动画

（3）新建图层，把 sc20yun 元件放在舞台偏下位置，并让其右端与舞台右侧对齐。在第 38 帧插入关键帧，将白云向右移动，在两帧之间创建传统补间动画，效果如图 5-173 所示。

（4）新建图层，把“sc16 祖先”元件放在舞台右侧偏下位置。在第 38 帧插入关键帧，将其向左移动至舞台中央，在两帧之间创建传统补间动画。至此，镜头二十动画制作完成，如图 5-174 所示。

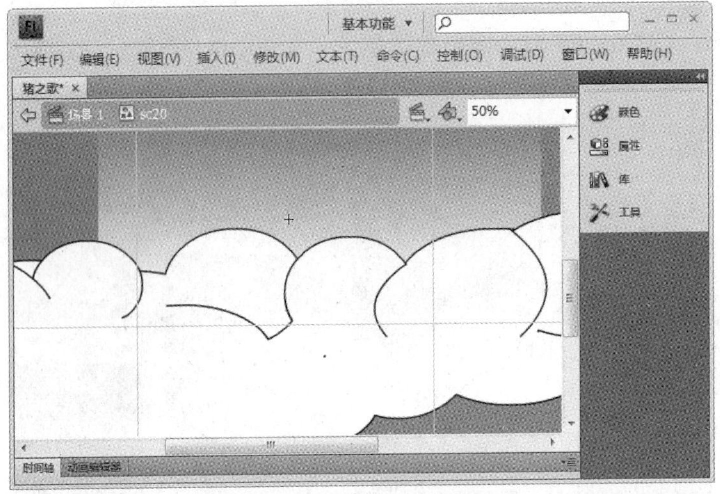

图 5-173　白云移动动画

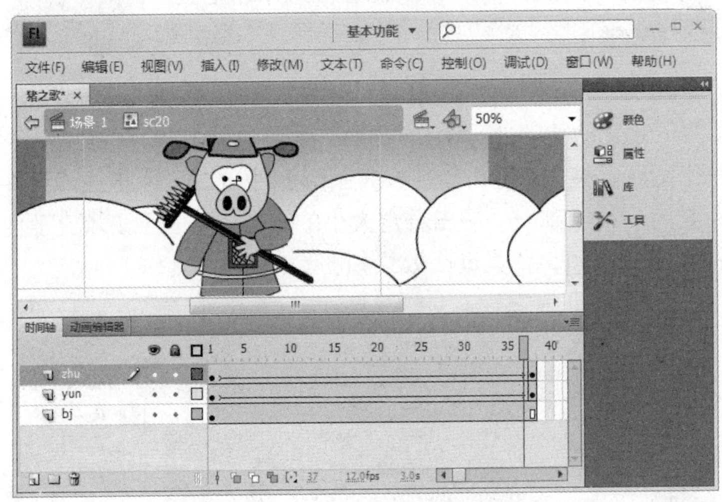

图 5-174　猪祖先动画

二十三、镜头二十一动画

（1）制作祖先猪动画。将“sc16 祖先”元件直接复制为“sc21 祖先”元件。进入元件的编辑窗口，在所有层的第 37 帧按 F5 键插入帧。在最底下新建一个新图层，绘制蓝边白底的矩形，在矩形中间添加黑色文字“神算”，字体为方正粗圆简体，如图 5-175 所示。

（2）在“猪头”图层的第 5、10、14、18、23、28 帧分别插入关键帧，调整第 5、14、23 帧中的眼睛位置为一高一低。在“猪嘴”图层的第 5 帧以后，每隔几帧插入关键帧，具体帧数可任意，制作猪说话时嘴一张一闭的口型，可以自行调整说话的快慢，如图 5-176 所示。

（3）制作背景。在场景中“动画”图层的第 1 820 帧按 F7 键插入空白关键帧，在该帧任意绘制一个图形，按 F8 键将其转换为图形元件 sc21。双击进入元件编辑窗口，删除图形。将图层 1 命名为 bj，绘制一个超出舞台大小的红色矩形，在第 38 帧按 F5 键插入帧，如图 5-177 所示。

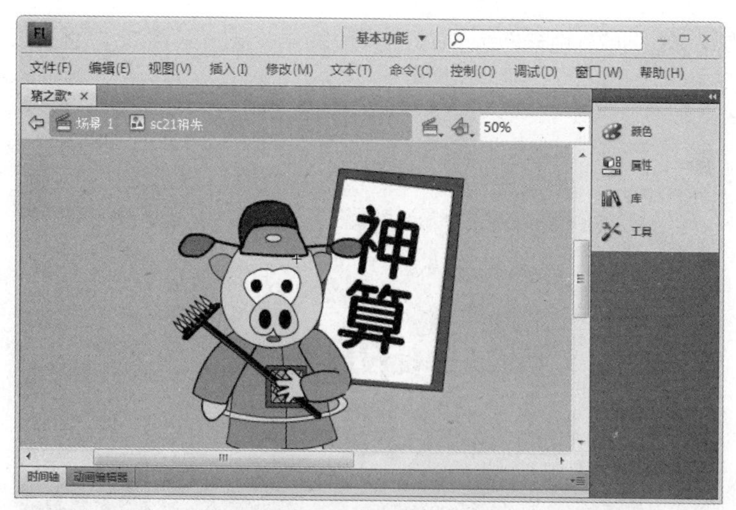

图 5-175　添加神算标牌

图 5-176　制作祖先猪说话的动画

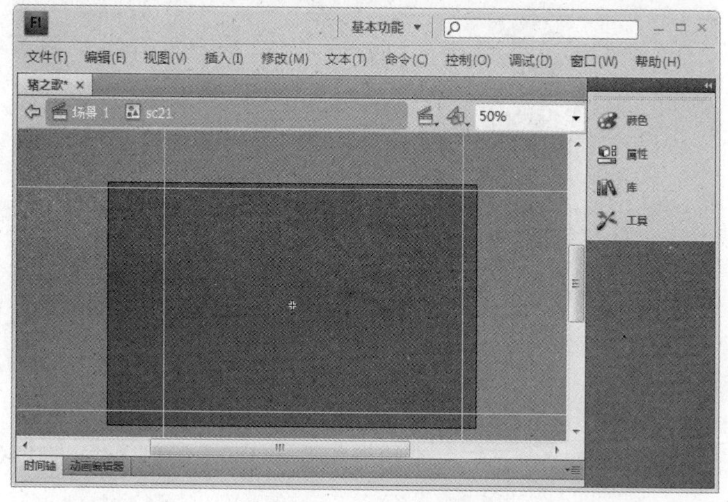

图 5-177　绘制红色背景

（4）新建图层，将“sc21 祖先”元件放在舞台的第 1 帧上，至此，镜头二十一动画制作完成，如图 5-178 所示。

图 5-178　镜头二十一动画

二十四、镜头二十二动画

（1）制作镜头二十二背景动画。在场景中“动画”图层的第 1 859 帧按 F7 键插入空白关键帧，在该帧任意绘制一个图形，按 F8 键将其转换为图形元件 sc22。双击进入元件编辑窗口，删除图形。将图层 1 命名为 bj，绘制一个超出舞台大小的灰色矩形，在第 37 帧按 F5 键插入帧，如图 5-179 所示。

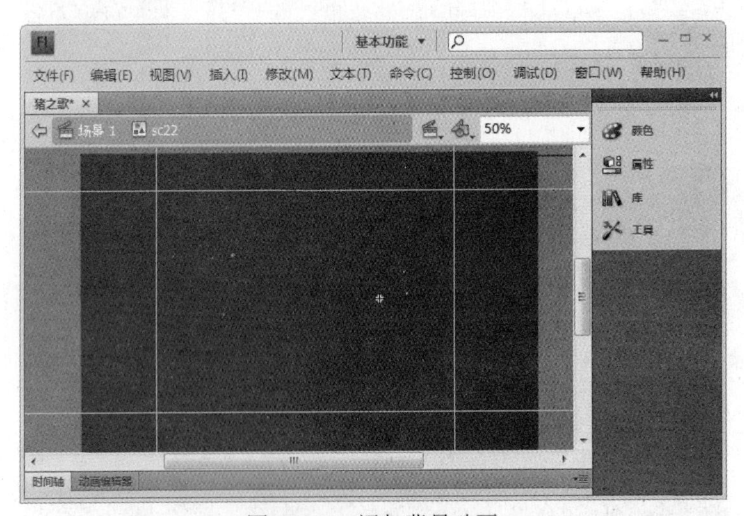

图 5-179　添加背景动画

（2）绘制背景花。新建图层，在舞台中绘制如图 5-180 所示的粉色（#F4C6F4）花朵。

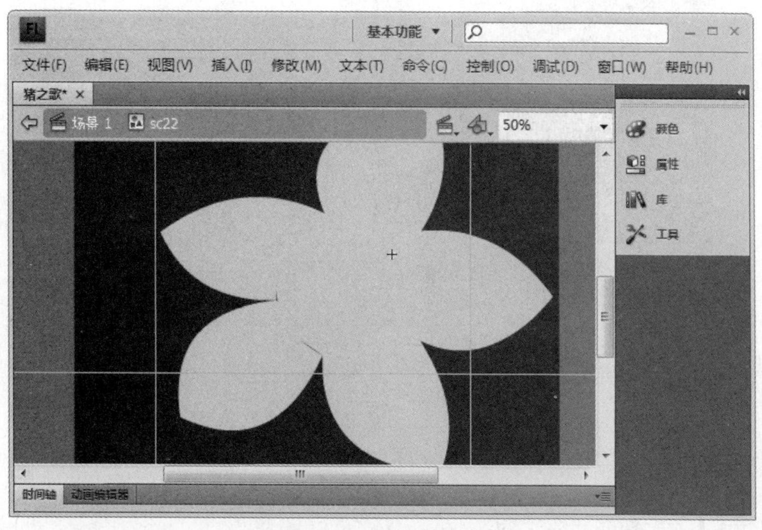

图 5-180　绘制花朵

（3）绘制猪形状。新建图层，在舞台中绘制如图 5-181 所示的猪形状，并填充颜色，分别为皮肤（#F8D4D4、#ED9F9F），鼻子（#EC8B94、#D67F85、#690C14），嘴（#FF0000），衣服（#A9A801），花（黄色描红边）填色。

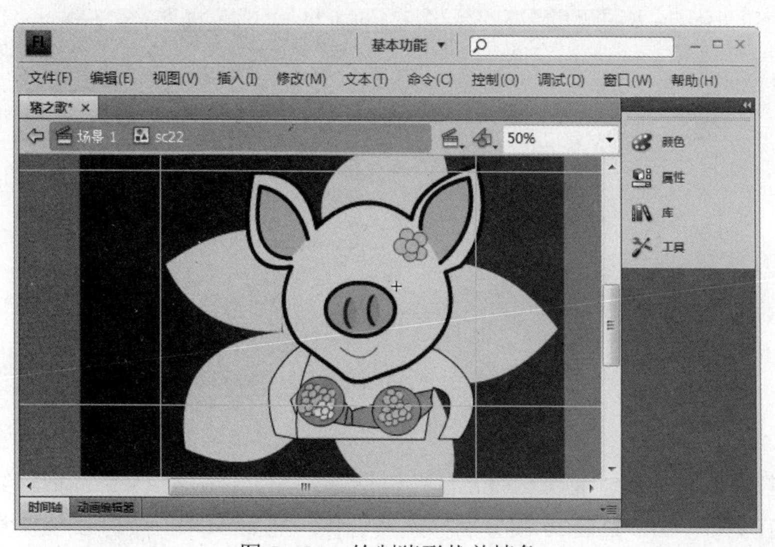

图 5-181　绘制猪形状并填色

（4）添加眼睛。新建图层，绘制黑色眼睛，并添加眼睫毛和白眼仁，将眼睛转换为图形元件，在第 9、15、20、25、30、37 帧分别插入关键帧，将第 9、20、30 帧的眼睛用任意变形工具压扁。至此，镜头二十二动画制作完成，如图 5-182 所示。

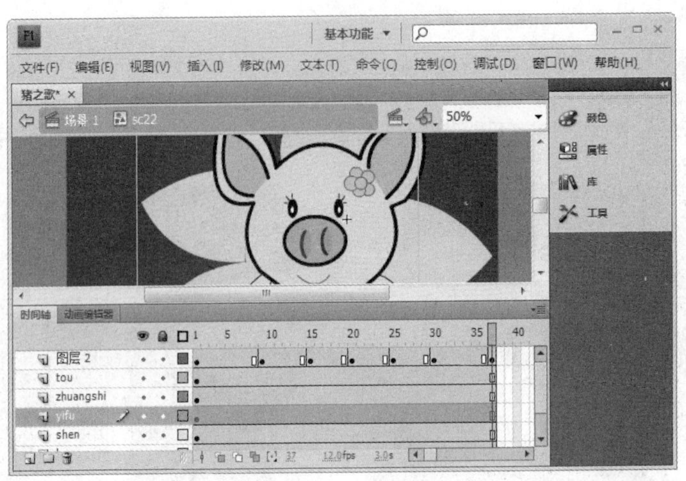

图 5-182　眨眼动画

二十五、镜头二十三动画

（1）绘制红心。按 Ctrl+F8 组合键新建图形元件“红心 2”，在舞台中绘制一个心形，填充红色（#EB2D37）到浅粉（#F7D4D2）的放射状渐变，如图 5-183 所示。

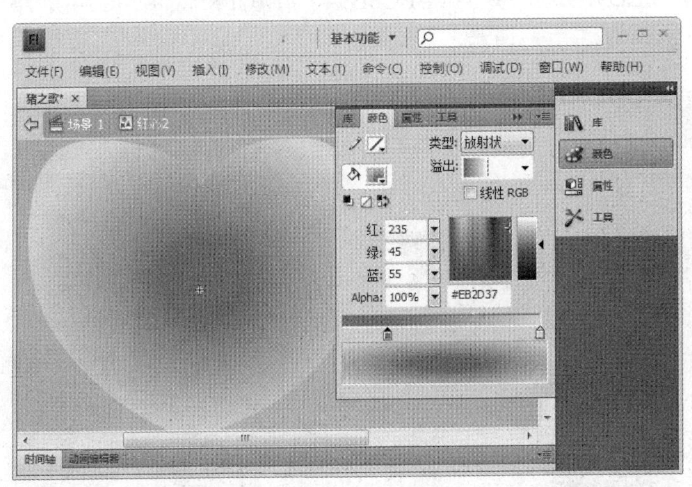

图 5-183　绘制红心

（2）制作红心跳动动画。按 Ctrl+F8 组合键新建图形元件“红心 1”，把“红心 2”放在舞台第 1 帧上，在第 5、10、15、20 帧分别插入关键帧，将第 5、15 帧的心形放大，在各帧之间创建传统补间动画，如图 5-184 所示。

（3）绘制白色背景。在场景中“动画”图层的第 1 902 帧按 F7 键插入空白关键帧，在该帧任意绘制一个图形，按 F8 键将其转换为图形元件 sc23。双击进入元件编辑窗口，删除图形。将图层 1 命名为 bj，绘制一个超出舞台大小的白色矩形，在第 39 帧按 F5 键插入帧，背景效果如图 5-185 所示。

（4）新建图层，在第 1 帧把“红心 2”图形元件放在舞台中央，使其稍大于舞台。在第 15、39 帧分别插入关键帧，将第 15 帧中的心形稍缩小一些。在各帧之间创建传统补间动画，如图 5-186 所示。

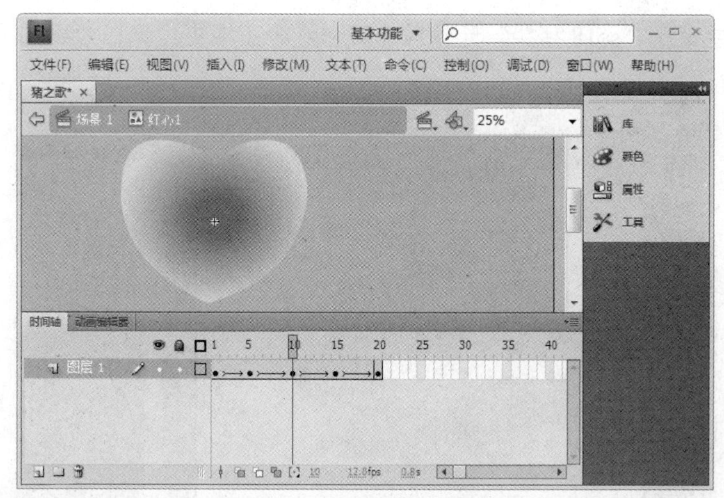

图 5-184　制作红心跳动动画

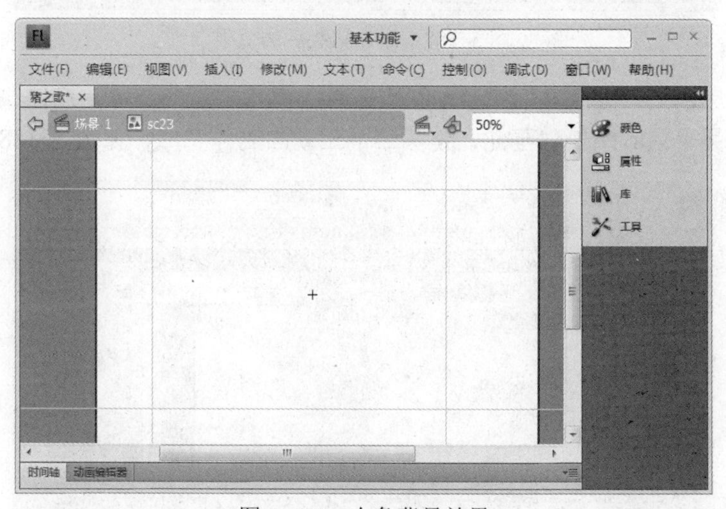

图 5-185　白色背景效果

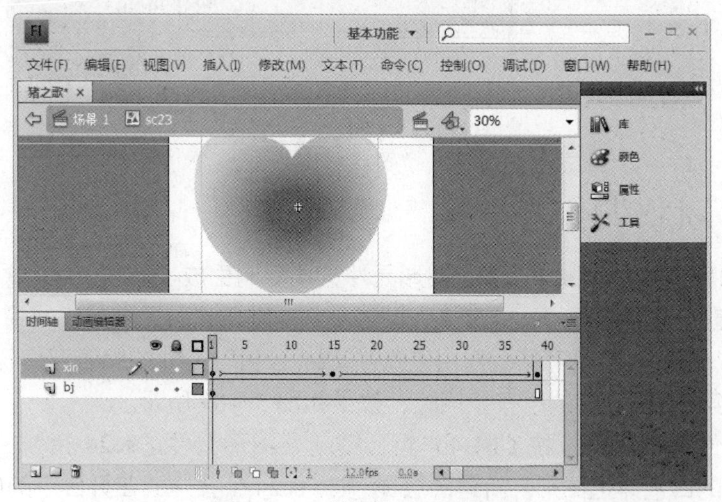

图 5-186　制作红心背景动画

（5）新建图层，把“sc18 猪头”元件放在舞台红心正中央位置，效果如图 5-187 所示。

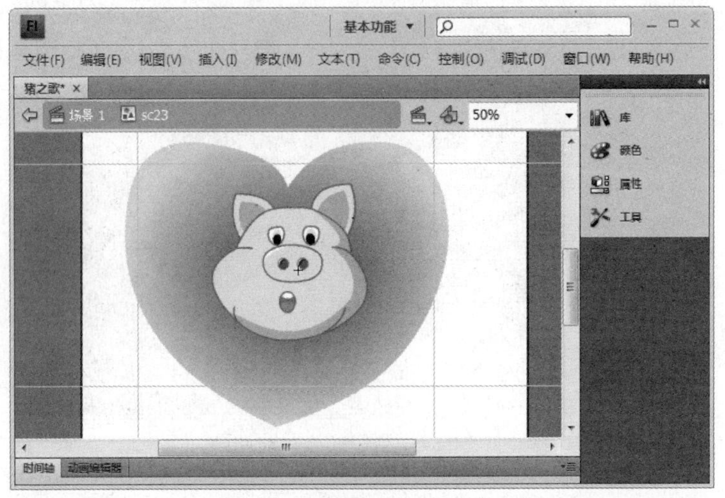

图 5-187　添加猪头后的效果

（6）新建图层，把“红心 1”图形元件放在舞台中猪眼睛的位置，按住 Alt 键拖动，将其复制一个，放在另一只眼睛处。至此，镜头二十三动画制作完成，如图 5-188 所示。

图 5-188　镜头二十三动画

二十六、镜头二十四动画

（1）制作公猪元件。把“sc4 公猪”图形元件直接复制生成“sc24 公猪”图形元件，把“sc4 猪头”图形元件直接复制生成“sc24 猪头”图形元件。进入猪头元件的编辑窗口，删除“鼻涕”图层，删除第 17 帧以后的所有帧。双击进入“sc24 公猪”元件的编辑窗口，删除左右手图层的全部动画，将第 24 帧以后的所有帧删除，效果如图 5-189 所示。

（2）为猪元件添加背景。按 Ctrl+F8 组合键新建图形元件“sc24 猪”，在图层 1 上绘制如图 5-190 所示的白色黑边图形。新建图层 2，把“sc24 公猪”放在舞台中的白色背景图案中，调整其至合适的大小，在两层的第 78 帧按 F5 键插入帧。

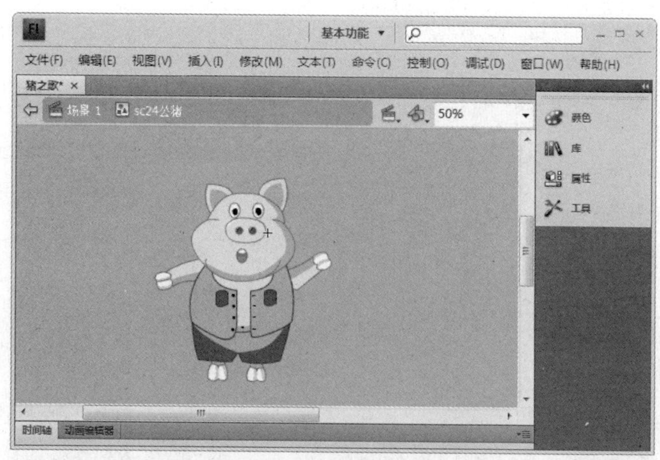

图 5-189　制作“sc24 公猪”元件

图 5-190　为元件添加背景图案

（3）添加橙色背景。在场景中“动画”图层的第 1 943 帧按 F7 键插入空白关键帧，在该帧任意绘制一个图形，按 F8 键将其转换为图形元件 sc24。双击进入元件编辑窗口，删除图形。将图层 1 命名为 bj，绘制一个超出舞台大小的橙色（#FF6600）矩形，在第 78 帧按 F5 键插入帧，如图 5-191 所示。

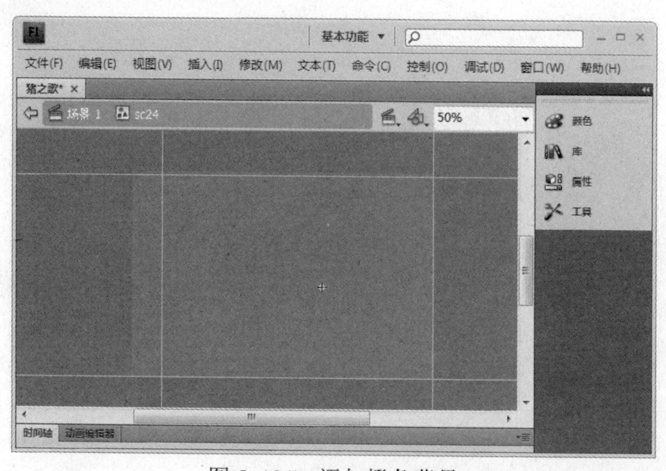

图 5-191　添加橙色背景

（4）新建图层“光环”，把“sc2 光环”元件放在舞台中央偏下位置，如图 5-192 所示。

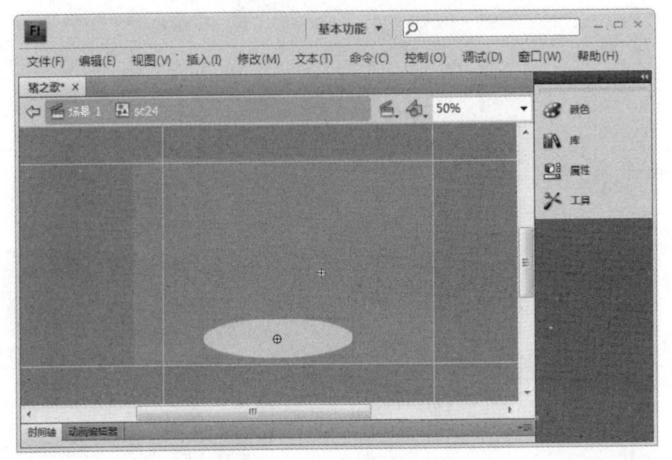

图 5-192　添加光环

（5）新建图层“人”，把 people 图形元件放在舞台光环上，如图 5-193 所示。

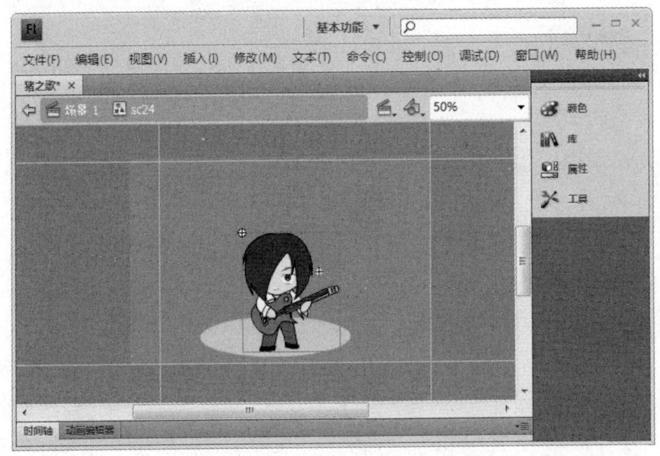

图 5-193　添加 people 元件

（6）新建图层“光”，把“sc2 光”图形元件放在舞台中，如图 5-194 所示。

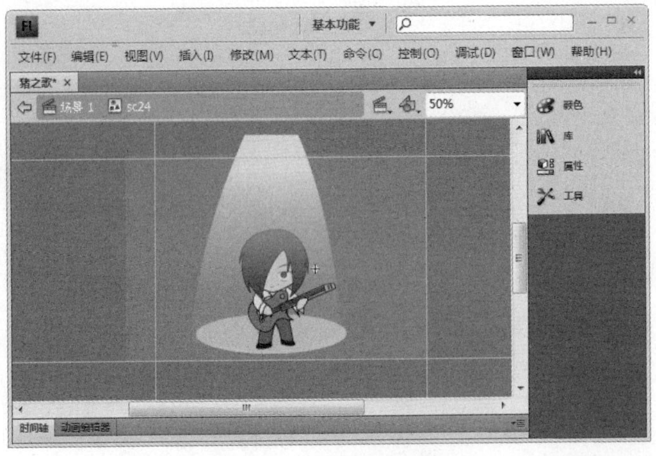

图 5-194　添加光元件

（7）新建图层“猪”，在第16帧插入关键帧，把“sc24猪”图形元件放在舞台人物的右上角位置，调整其至合适大小。在该层的第21、35、52帧分别插入关键帧，将几帧中的元件依次放大，至第52帧时让其基本覆盖整个舞台，在第15～52帧之间创建传统补间动画。至此，镜头二十四动画制作完成，如图5-195所示。

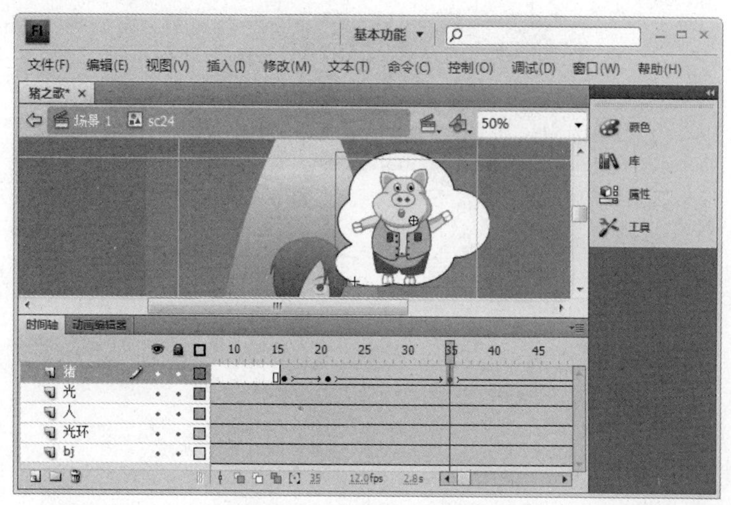

图5-195　镜头二十四动画

二十七、镜头二十五动画

（1）制作最后一个镜头画面的渐隐动画。返回场景，在第2 019帧和2 040帧按F6键插入关键帧，调整第2 040帧的元件色调为黑色，值为100%。在第2 019～2 040帧之间创建传统补间动画，在2 055帧插入帧，如图5-196所示。

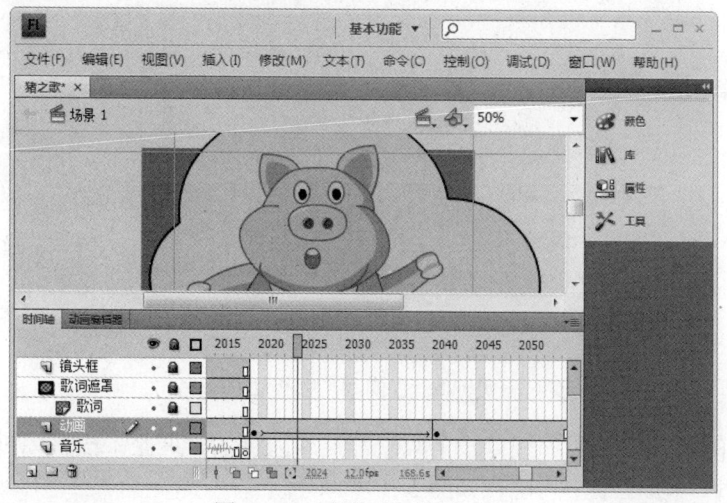

图5-196　制作画面渐隐动画

（2）制作“完”字渐显动画。新建图层“动画1”，在第2 019帧按F6键插入关键帧，在舞台中输入白色的“完”字，字体为方正粗圆简体，字号为135点。将文字选中，按F8键将其转换为图形元件“完”。在第2 040帧插入关键帧，调整第2 019帧元件的透明度为0%。在2 019～2 040

帧之间创建传统补间动画，在 2 055 帧插入帧，如图 5-197 所示。至此，动画部分制作完成。

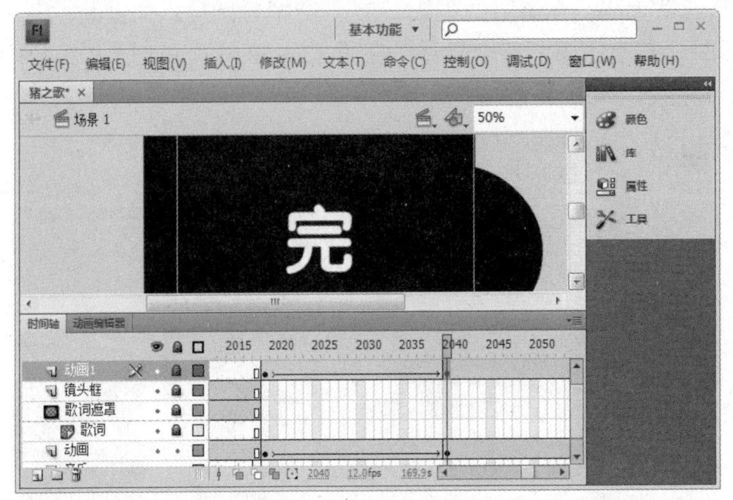

图 5-197　制作“完”字渐显动画

二十八、播放按钮动画

（1）制作按钮元件。按 Ctrl+F8 组合键新建按钮元件“按钮”，在图层 1 的“弹起”帧用前面介绍的绘制猪鼻子的方法绘制一个猪鼻子。新建图层 2，在“弹起”帧输入文字“play”，将其放在鼻子下方，字体为黑体，颜色为橙色（#FF3300），如图 5-198 所示。

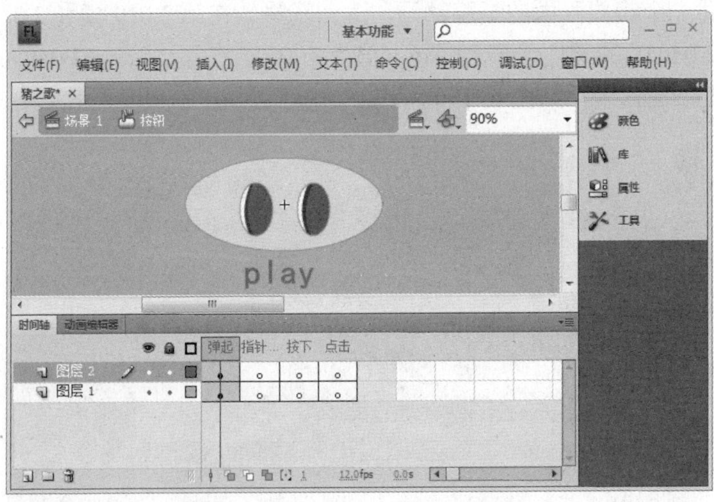

图 5-198　“弹起”帧按钮状态

（2）在两层的“指针经过”和“按下”帧都插入关键帧，调整“指针经过”帧中的文字颜色为蓝色，将猪鼻子水平缩小一些，如图 5-199 所示。

（3）调整“按下”帧中的文字颜色为深褐色（#660033），如图 5-200 所示。在图层 1 的“点击”帧按 F6 键插入关键帧，按钮元件制作完成。

（4）返回场景，新建图层 button，将“按钮”元件放在第 1 帧上，位置如图 5-201 所示，删除第 2 帧以后的所有帧。

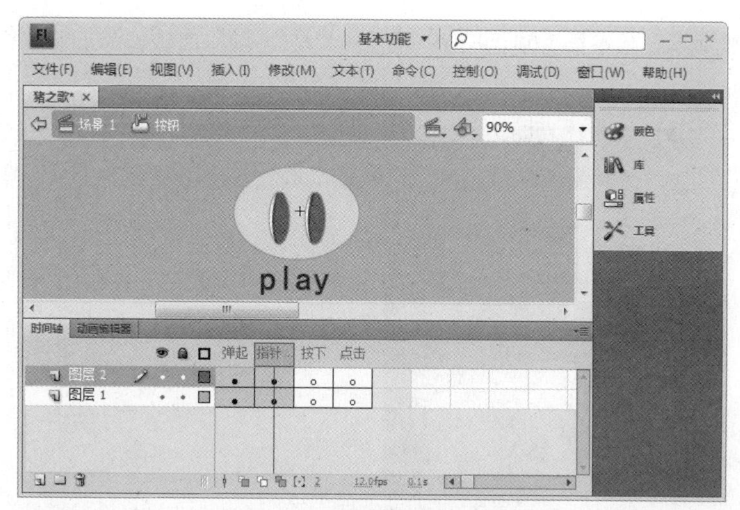

图 5-199 “指针经过”帧按钮状态

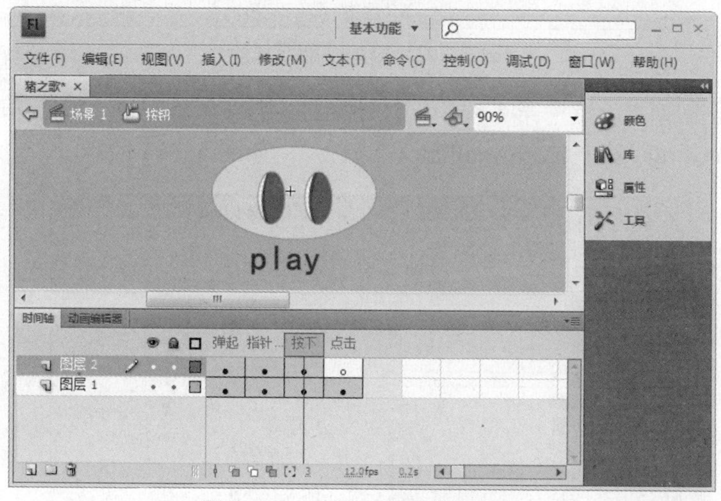

图 5-200 “按下”帧按钮状态

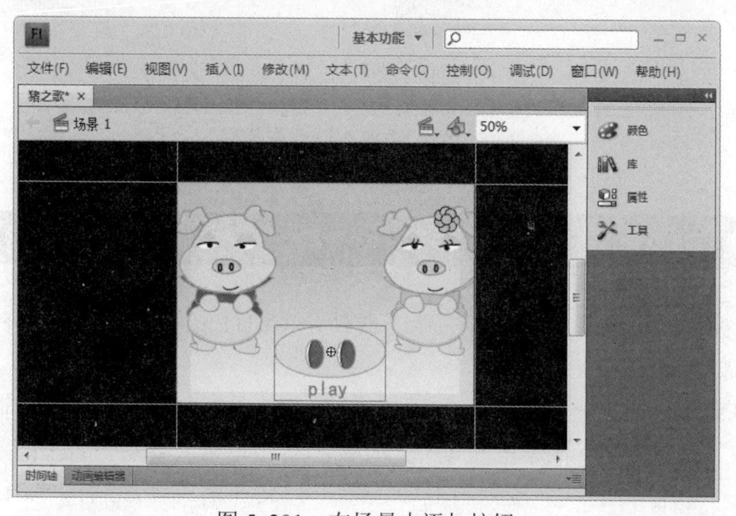

图 5-201 在场景中添加按钮

（5）为帧添加脚本。选中第 1 帧，按 F9 键打开“动作-帧”面板，添加帧动作代码“stop();”，如图 5-202 所示。

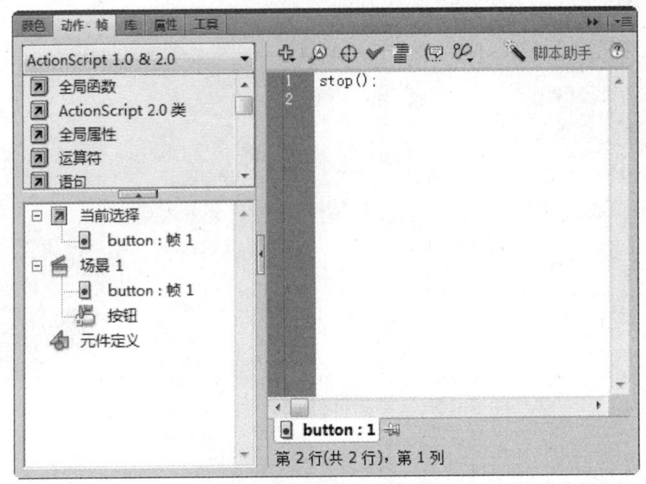

图 5-202　添加帧动作代码

（6）为按钮添加脚本。选中第 1 帧中的按钮元件，按 F9 键打开“动作-按钮”面板，添加按钮动作代码“on（release）{gotoAndPlay（2）;} ”，如图 5-203 所示。

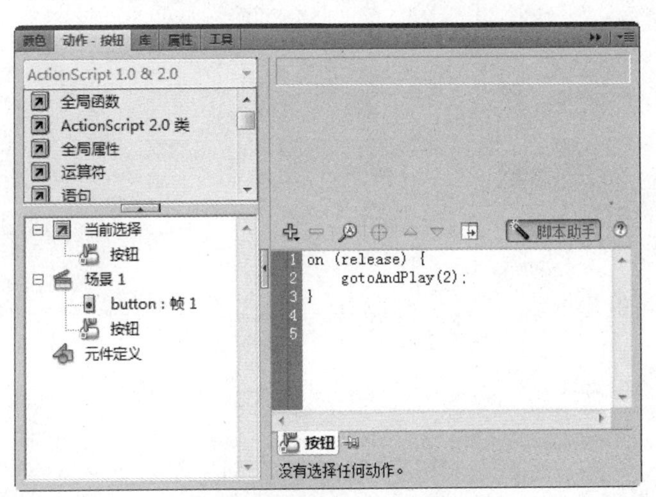

图 5-203　添加按钮动作代码

任务六　文件优化及发布

（1）选择“控制→测试影片”菜单命令（或使用 Ctrl+Enter 组合键）打开播放器窗口，即可观看到动画，如图 5-204 所示。

（2）选择“文件→导出→导出影片”菜单命令，在“文件名”组合框中输入“猪之歌”，选择“保存类型”为“SWF 影片（*.swf）”选项，然后单击“保存”按钮。如果要保存为其他格式，则可在“保存类型”下拉列表框中选取一种文件格式，然后再单击“保存”按钮，如图 5-205 所示。

图 5-204 测试影片

（3）选择“文件→发布设置”菜单命令，在弹出的“发布设置”对话框中对文档进行设置，然后单击“发布”按钮，如图 5-206 所示。

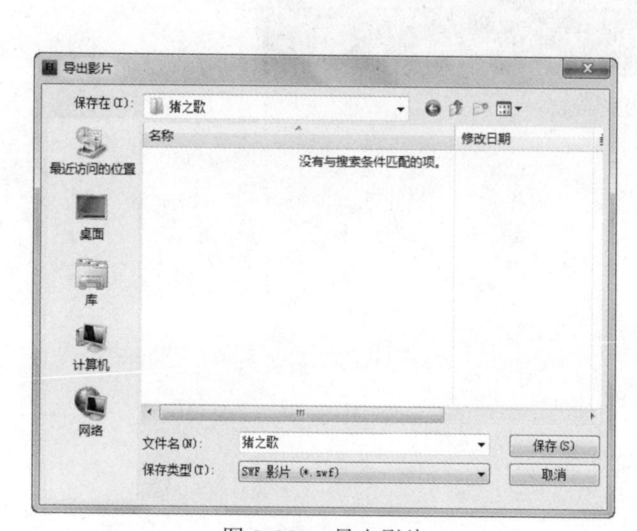

图 5-205 导出影片

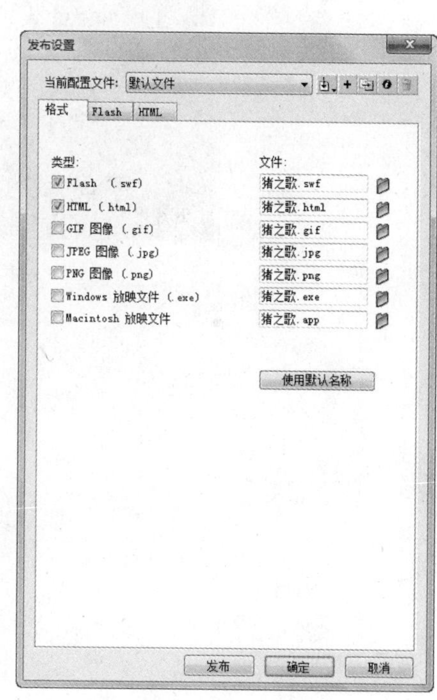

图 5-206 发布设置

拓展项目——Flash MV

项目任务

设计并制作一个 Flash MV 动画。

客户要求

任选一首歌曲，设计并制作一个舞台大小为 550 像素 × 400 像素的 MV 动画。

关键技术

- 歌词与音乐的同步技术。
- 动画运动规律的运用。

参考效果图

参考效果图如图 5-207 所示。

图 5-207　参考效果图

项目六

电视动画短片

学习目标

- 掌握二维动画短片制作的一般流程。
- 熟悉 Flash CS4 软件工作环境。

 知识链接

在视听感觉越来越追求高品质的今天，Flash 电视动画短片也占据了越来越多的市场份额。当你的头脑中突然闪现出一个好的创意，想要在最短的时间内把它记录并表现出来，最行之有效的工具莫过于 Flash 了。但通常的做法并不是马上打开计算机运用 Flash 软件来进行制作，而是遵循动画短片的制作流程来进行，这样才能事半功倍。那么电视动画短片的制作流程是什么呢?

传统电视动画短片的制作流程分为前期、后期和中期 3 个部分。

前期：策划、剧本、角色设计、场景设计、分镜头台本绘制。

中期：背景、原动画、上色、特效、摄影。

后期：剪辑、配音、音乐音效合成、试映与发行。

传统的电视动画短片往往需要一个较大的开发团队完成，制作流程会因为不同的国家、不同的开发制作团队而有一些改变。而对于 Flash 动画，这一切都可以变得很简单，有时甚至可以一个人单枪匹马地完成一个短片的设计与制作。

Flash 动画短片同电影、电视一样，是用镜头来传情达意、表现故事情节的，经常使用推镜、拉镜、摇镜、移镜、晃镜、跟镜等几种镜头来表达。

 项目实施——电视短片

任务一　项目策划及剧本编写 

 作品策划

《踩地雷》是大型的 Flash 动画短片《笑话》系列之一。客户提供了一段时长 24 s 的音频文件，要求动画片以轻松、幽默的风格为主，不仅保留笑话的原有风格，同时采用原声对白，借助 Flash 动画的强大表现力，将很多文字及音频版无法呈现的场面生动地表现出来，使情节设计上极富想象力。

短片的台词对白

旁白：说这个部队当中啊，有位士兵问连长说。

士兵："连长，连长，就是在打仗的时候，打仗、作战的时候，我踩着地雷了咋办？（小声重复一次）踩着地雷了咋办？"

连长："踩着地雷了咋办？"

士兵："啊？"

连长："能咋办？"

士兵：（跟着重复一遍）"能咋办？"

连长："踩坏了。"

士兵：“啊？”

连长：“照价赔偿！”

士兵：“啊……”

短片的剧本

根据客户的要求、台词对白及音频文件的时长，进行剧本的编写，同时为了便于划分镜头，剧本的写作应注重文学性，同时注意控制演出时间、各种剧情含量与制作成本等Flash成片制作要素。

SC1：远景（半空）：一个阳光明媚的早晨，镜头从分开的树丛中推进，看到半空中浮动着片片白云，部队的训练场上红旗飘飘。

旁白：“说这个部队当中啊，有位士兵问连长说”与此同步开始。

中景：镜头拉近至军营大楼前，切换镜头。

SC2：近景：一位士兵从画面外十分焦急、快速地向里跑，动作夸张（冲出去后调整回位）。

SC3：连长的画面从下进入，头和眼动一下。旁白与此同步结束。

SC4：呆头呆脑的士兵急停在画面中，流着鼻涕，眨着眼睛。

士兵：“连长，连长，就是在打仗的时候，”

SC5：士兵进入到画面中，端起枪开始射击（有反作用力），弹壳崩落在地上。

士兵：“打仗、作战的时候，我踩着地雷了咋办？”

SC6：士兵进入画面，不小心一只脚踩到了地雷，神情紧张，身体在惯性的作用下前后晃了两下，转头问道。

SC7：连长一脸严肃，眨着眼睛，用手摸摸胡子，说道：“踩着地雷了咋办？”“能咋办？”

SC7-1：同SC4，士兵眨眼，头动，流鼻涕。士兵：“啊？”（小声重复一次）“踩着地雷了咋办？”

SC8：连长入画，手指着士兵说：“踩坏了。”

SC9：士兵向前伸手，点头。

连长：“能咋办？”士兵：“能咋办？（跟着重复一遍）”

连长：“照价赔偿！”

SC10：士兵手抬起，出画，撞针上抬，破损的地雷动一动。

士兵：“啊……”

S10：地雷爆炸。

动画效果

效果展示如图6-1所示。

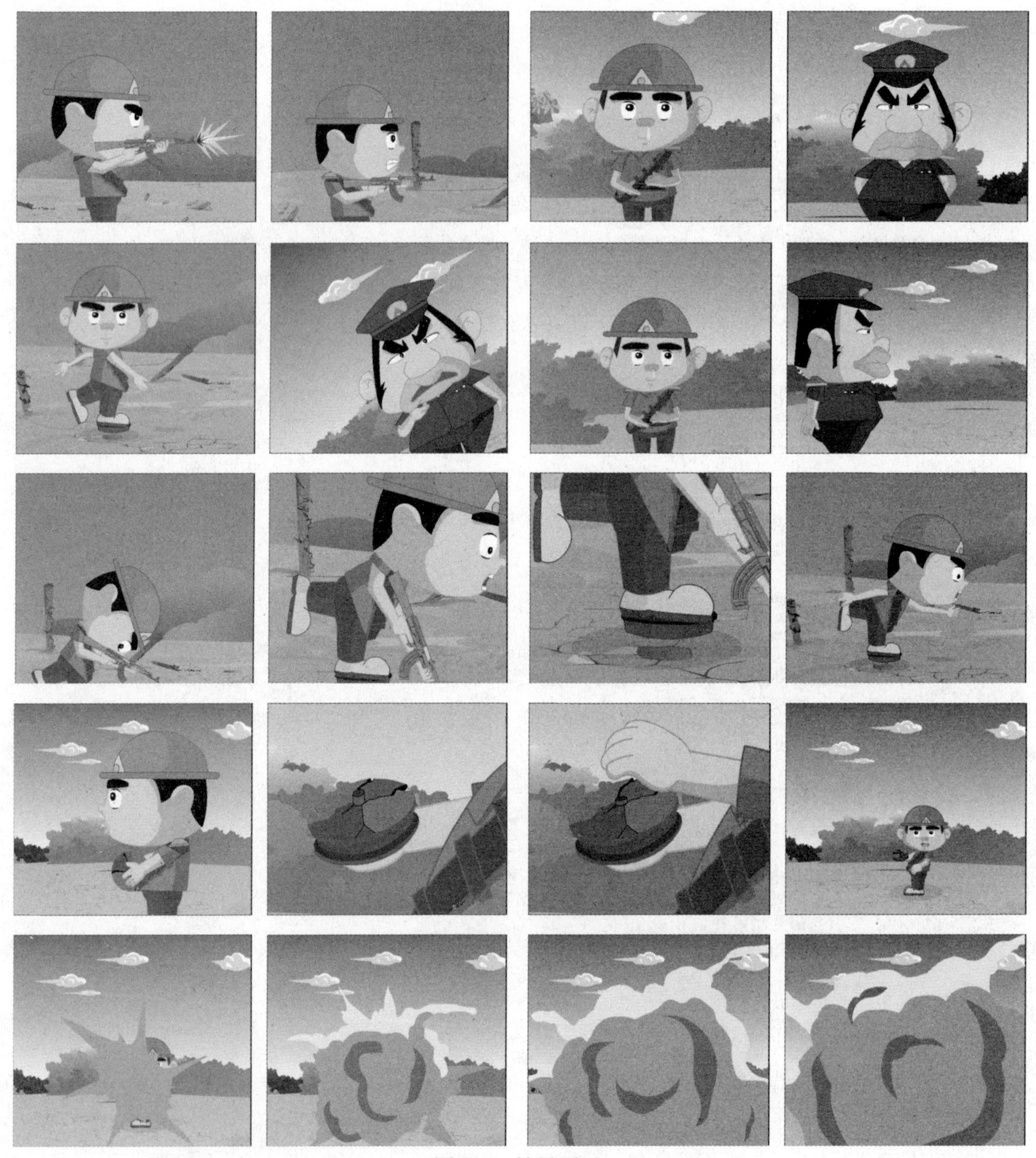

图 6-1　效果展示

分镜头台本

分镜头台本的绘制是与 Flash 剧本关系最密切的。分镜头台本就是将文字或音频故事用画面故事来进行表现，不仅要保留文字剧本的各种精神内涵，同时扩展剧本的戏剧张力，能够让观众直观、轻松地欣赏剧本的内容。合理使用各种分镜技巧，可为观众呈现一个个画面效果清楚、简洁及能够精确表达该画面内涵的镜头。分镜头台本的画法有两种，一种是比较正规的在纸上的绘制，另一种是在 Flash 中直接绘制，绘制时只需要大致表现清楚细节就可以了，没有必要细画每个局部，但前提是自己心中有数。在 Flash 中绘制分镜有利于对其进行调整和修改，能及时看到前后的动态效果。如果是多人合作，则应该在纸上绘制分镜，纸上至少要标有分镜号、内容、动作、时间，绘制完毕后复印多份，再分发到每个制作人员手里。多人制作动画时，分镜头台本要尽量写得详细，在图作参照的基础上再把文字叙述清楚，镜头如何使用、动画以什么方式持续多长时间，都应该绘制得详细而明白，避免动画制作人员不清楚制作要求而按照自己的想法制作从而造成损失。在制作过程中，本剧的分镜头台本是在纸张上绘制的，具体如图 6-2 所示。

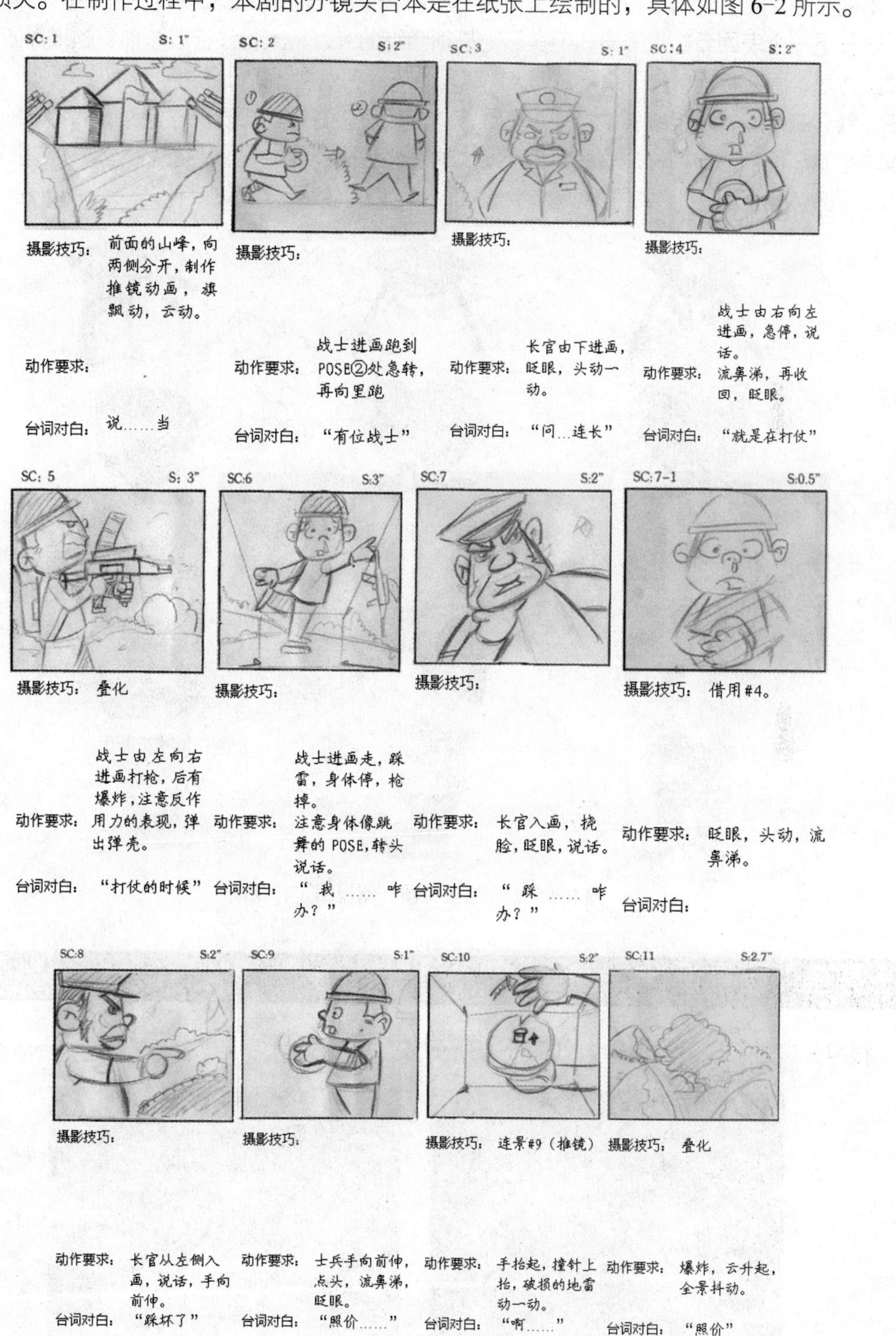

图 6-2　分镜设计

任务二　人物造型设计 

本动画短片要设计两个角色的造型，短片风格轻松幽默，所以在人物设计上要体现出一种夸张感。连长是一个表面看起来严肃，但实际上是很幽默的人，将人物设计成一种看起来很凶的样子，头部呈方形，眉毛粗重，鼻子扁平，大大的嘴巴，厚厚的嘴唇，圆圆的肚子；而士兵则比连长年轻很多，看起来憨憨的，但眼神很孤独、茫然，体形较瘦。在这些能表现连长及士兵特点的基础上，二人均穿着与他们身份相符的军装，两个人物的设计都很卡通。根据分镜头台本，我们需要设计连长的正视图、侧视图，士兵的正视图、侧视图、背视图，效果分别如图 6-3、图 6-4 所示。

图 6-3　连长的正视图、侧视图

图 6-4　士兵的正视图、侧视图、背视图

任务三　场景设计 

根据分镜进行场景的设计，如图 6-5 所示。

图 6-5　场景设计

任务四　素材准备 

一、配饰绘制

分别利用椭圆工具、直线工具、选择工具绘制士兵及连长的帽子，然后根据色板利用混色器进行颜色的设置，采用颜料桶工具、墨水瓶工具进行颜色的填充及描边，最后不要忘记分别将绘制好的配饰转换成图形元件。士兵帽子的正视图、侧视图及色板如图 6-6 所示。

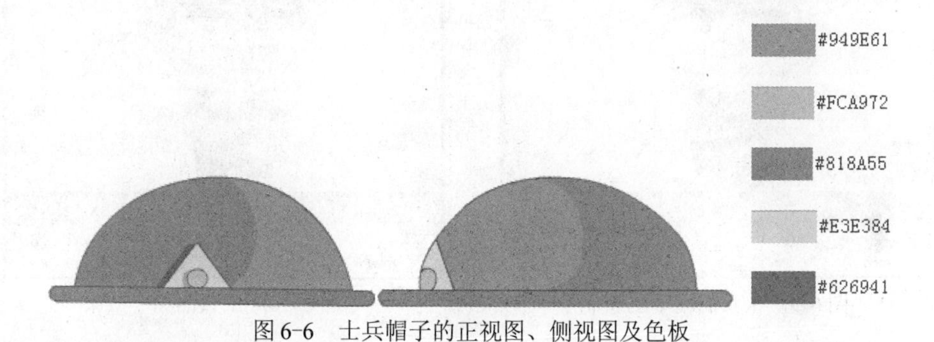

图 6-6　士兵帽子的正视图、侧视图及色板

连长帽子的正视图、侧视图及色板如图 6-7 所示。

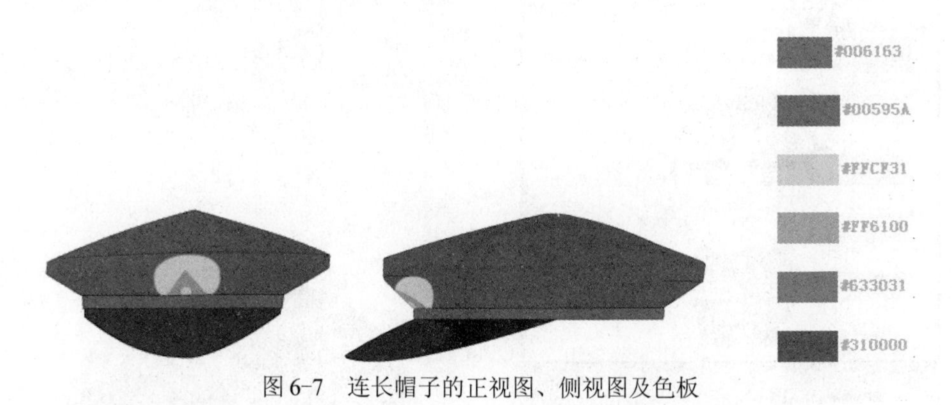

图 6-7　连长帽子的正视图、侧视图及色板

（1）把由导演提供的士兵正视图导入到舞台，调整好位置，然后锁定图层 1，添加新图层 2，如图 6-8 所示。

（2）使用钢笔工具，将其笔触颜色设置成醒目的红色，将笔触样式设置成极细，然后在图层 2 中的第 1 帧沿着帽子的折角部分画线，最后画成闭合的折线，如图 6-9 所示。

（3）然后使用选择工具，按住鼠标左键，比对图层 1 中的帽子，将封闭红线上的所有两个折点间的直线拉成弧线，并将多余的线条删除，效果如图 6-10 所示。

（4）根据色板选择相应的颜色，分别选择颜料桶工具及墨水瓶工具，对士兵的帽子进行填色。在填色的过程中为了使视觉上感到清晰，可暂时将图层 1 隐藏，效果如图 6-11 所示。

图 6-8　导入素材

图 6-9　士兵的帽子的绘制

图 6-10　士兵的帽子效果

图 6-11　士兵帽子的填色

（5）根据人物佩饰造型的设计，将帽子上不需要的线条删除，如图 6-12 所示。

（6）选中图层 2 中的帽子，按 F8 键，将刚刚绘制好的帽子转换成图形元件，如图 6-13 所示。

图 6-12　删除士兵帽子上不需要的线条

图 6-13　将士兵的帽子转换为元件

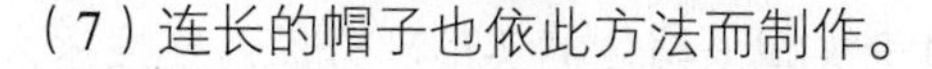

（7）连长的帽子也依此方法而制作。

二、人物绘制

1. 连长头部的具体绘制

（1）根据分镜头台本，连长在说话时只有头部、眼睛、嘴巴、右臂和右手在动，身体的各部位都是相对静止的，所以可以把这些运动的部位分出来绘制，其他部位一起绘制。如果考虑到以后添加动作方便，也可以把身体的头部、眼睛、嘴巴、上臂、下臂、手、大腿、小腿、脚、上身分开来绘制。每绘制好一部分就转换成元件。在绘制说话的表情时，将他的头部整个转换为一个图形元件，然后双击该元件进入头部图形元件的编辑状态，制作头部各部分器官的动态。

（2）把连长正视图导入到舞台，调整好位置，然后锁定图层 1，添加新图层 2，如图 6-14 所示。

图 6-14　添加图层

（3）首先进行连长头部轮廓的绘制。选用钢笔工具，将其笔触颜色设置成醒目的红色，将笔触样式设置成极细，然后在图层 2 中的第 1 帧沿着连长的脸部轮廓进行画线，最后绘制成闭合的折线，如图 6-15 所示。

（4）选用选择工具，按住鼠标左键，比对图层 1 中连长的脸部轮廓将封闭红线上的所有两个折点间的直线拉成弧线，并将多余的线条删除；对于被帽子挡住的头顶部分，也要根据人体的实际结构画出相应的形状，如图 6-16 所示。

（5）进行连长头发轮廓的绘制，选用直线工具，在图层 2 中的第 1 帧沿着连长的头发内部轮廓进行画线，最后绘制成与脸部轮廓相闭合的折线，如图 6-17 所示。

图 6-15　绘制连长的脸部轮廓

图 6-16　调整连长的脸部轮廓将折线调整成曲线

（6）选用选择工具，按住鼠标左键，比对图层 1 中连长的头发轮廓将封闭红线上的所有两个折点间的直线拉成弧线，并将多余的线条删除；对于被帽子挡住的头顶部分，也要根据人体的实际结构绘制出相应的形状，同时也可对脸部的轮廓进行适度的调整，如图 6-18 所示。

图 6-17　绘制连长的头发轮廓

图 6-18　调整连长的头发轮廓

（7）此时可以想象连长由于用脑过度，稍稍有些秃顶，因此选用直线工具，在头部加两条直线，把头皮和头发分隔开；然后把脸部的阴影部分绘制出来，并比对图层 1 中的造型图将刚刚绘制完的折线调整好，删除不需要的线条，如图 6-19 所示。

（8）把图层 1 隐藏，选取颜料桶工具，根据给定的色板进行脸部轮廓颜色的填充，然后把不需要的线条删除，脸部的轮廓绘制完毕。按 F8 键将之转换成图形元件并命名为 sc-03-04 元件 23，效果如图 6-20 所示。

（9）双击图形元件 sc-03-04 元件 23，进入元件的编辑状态，按 Ctrl+A 组合键全选后按 F8

键将之转换成图形元件，如图 6–21 所示。

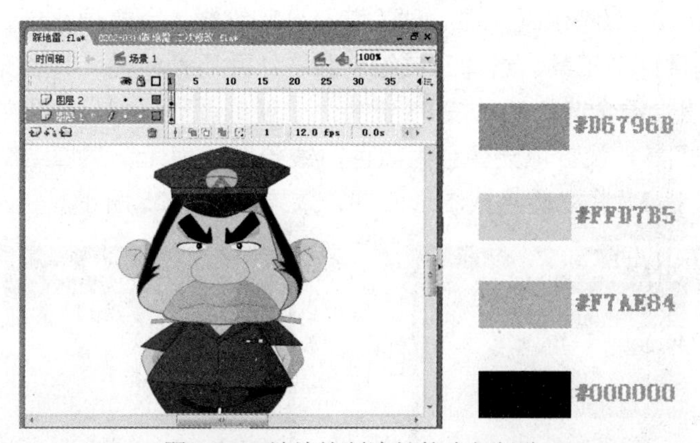

图 6–19　继续绘制连长的头部部分

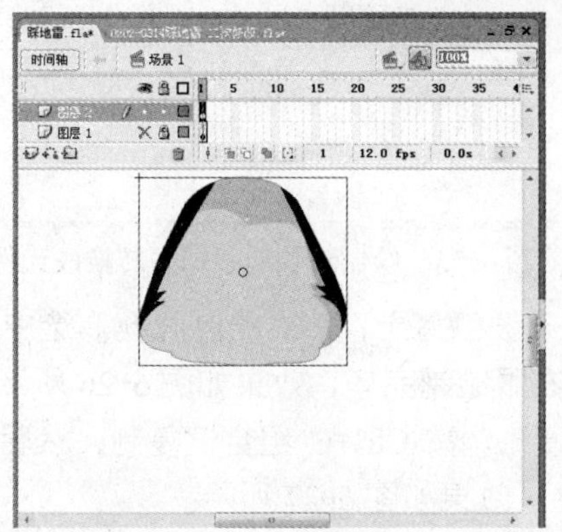

图 6–20　对连长的脸部填色并转换成元件后的效果

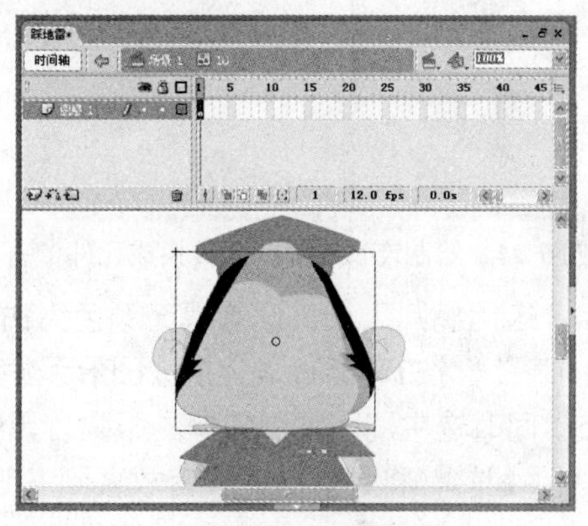

图 6–21　转换元件

（10）将图层 1 锁定后隐藏，新建图层 2，并在图层 2 的第 1 帧利用钢笔工具、直线工具绘制嘴巴，并用墨水瓶工具、颜料桶工具绘制边线，然后填充颜色，删除不需要的线条，按 Ctrl+A 组合键全选，然后按 F8 键将之转换成图形元件，效果如图 6–22 所示。

（11）将图层 2 锁定后隐藏，新建图层 3，并在图层 3 的第 1 帧利用钢笔工具绘制鼻子，并用墨水瓶工具、颜料桶工具绘制边线，然后填充颜色，删除不需要的线条，按 Ctrl+A 组合键全选，然后按 F8 键将之转换成图形元件，效果如图 6–23 所示。

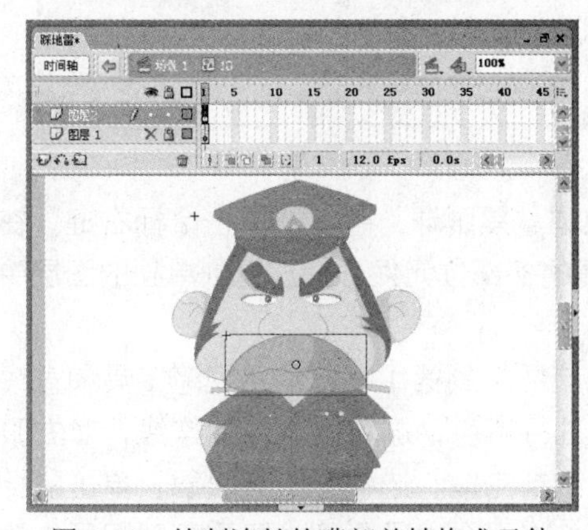

图 6–22　绘制连长的嘴部并转换成元件

图 6–23　绘制连长的鼻子并转换成元件

（12）将图层 3 锁定后隐藏，新建图层 4，并在图层 4 的第 1 帧绘制右眼，因为在说话的时候眼睛会不停地眨动，所以把眼眶、黑眼球、瞳孔分别绘制。为方便绘制，可以把显示比例调大至 400%。首先利用椭圆工具、选择工具绘制眼眶，并用颜料桶工具填充颜色，删除不需要的线条，按 Ctrl+A 组合键全选，然后按 F8 键将之转换成图形元件，效果如图 6–24 所示。

（13）选用椭圆工具，设置填充颜色为黑色、线条颜色为无，然后绘制黑眼球。选中刚刚绘制完毕的黑眼球，按 F8 将之转换成图形元件，效果如图 6–25 所示。

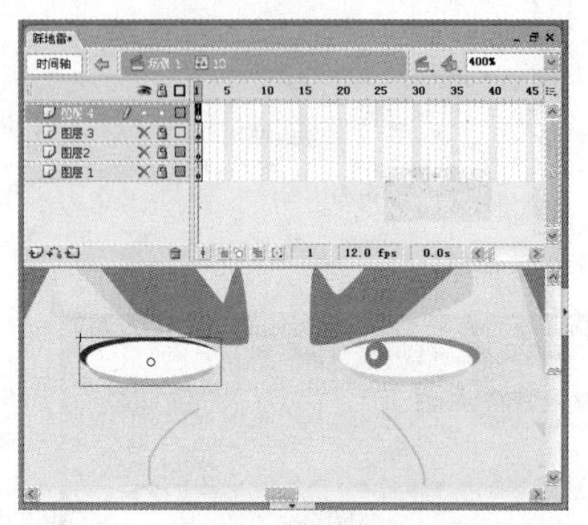

图 6–24 绘制连长的眼眶并转换成元件

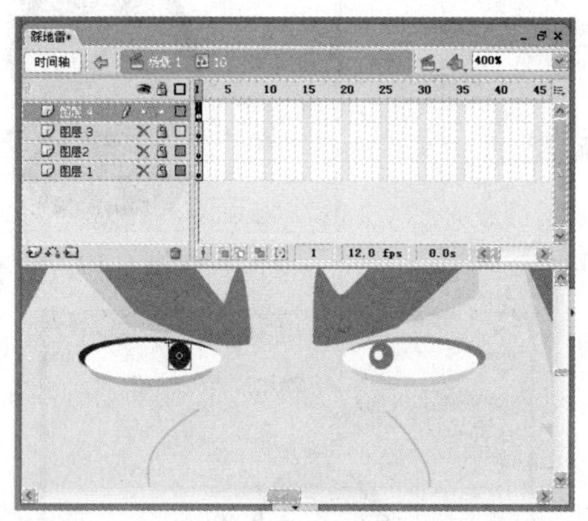

图 6–25 绘制连长的眼球并转换成元件

（14）选用椭圆工具，设置填充颜色为白色、线条颜色为无，然后绘制瞳孔。选中刚刚绘制完毕的瞳孔，按 F8 键将之转换成图形元件。至此右眼绘制完毕，效果如图 6–26 所示。

（15）同时选中刚刚绘制完毕的眼眶、黑眼球、瞳孔，按 Ctrl+C 组合键复制，然后将复制的对象水平翻转，将翻转后的三者放置到左眼的位置，效果如图 6–27 所示。

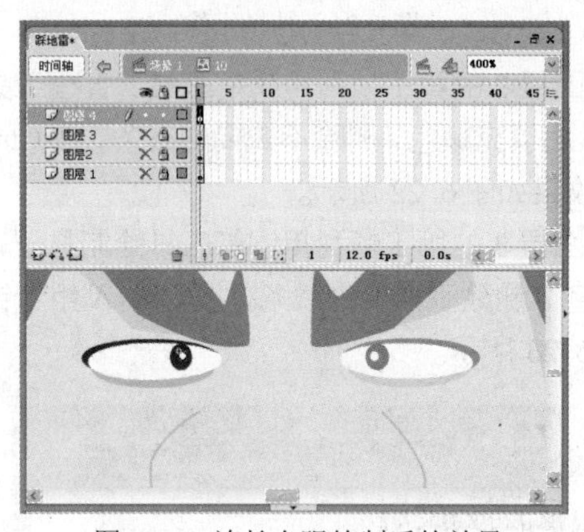

图 6–26 连长右眼绘制后的效果

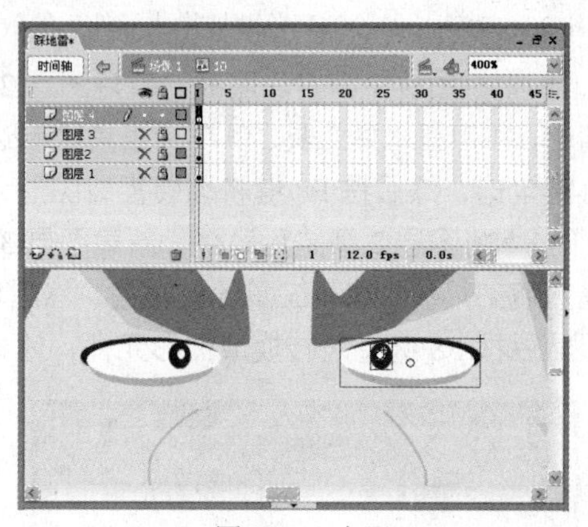

图 6–27 左眼

（16）同时选中刚刚绘制完毕的左眼和右眼的眼眶、黑眼球、瞳孔，单击鼠标右键，在弹出的快捷菜单中选择“分散到图层”命令，则将眼睛的各部位元件分别放置到单独的图层中，效果如图 6–28 所示。

（17）将现有图层隐藏，锁定；新建图层，选择该层中的第 1 帧，使用钢笔工具和直线工具绘制右眼眉及阴影的轮廓，然后选用颜料桶工具进行填色，删除不必要的连线，对右眼眉进行复制后水平翻转，放置到左眼眉的位置，眼眉绘制完毕。选中左、右眼眉，单击鼠标右键，在弹出的快捷菜单中选择“分散到图层”命令，将两个眼眉分别放置到不同图层，效果如图 6-29 所示。

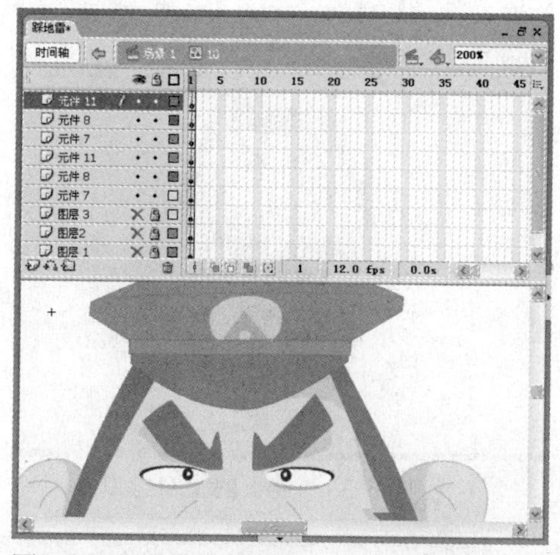

图 6-28　将连长的眼睛元件分放到单独图层

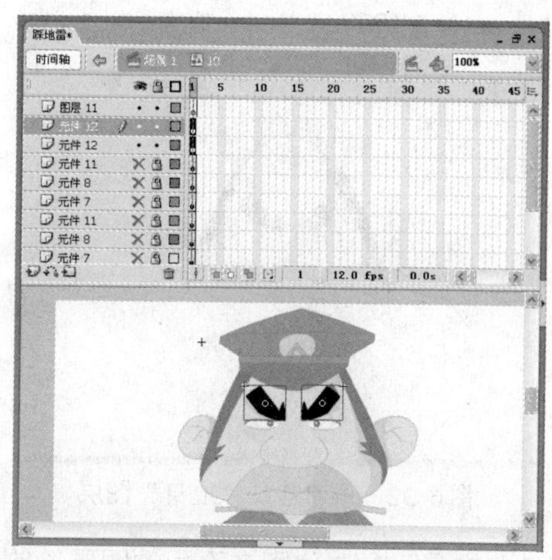

图 6-29　绘制连长眼眉并进行操作

（18）将现有图层隐藏，锁定后开始绘制耳朵。因为在正视图中，耳朵应该在头部的后面，所以在图层 1 的下面为耳朵新建图层。选择该层中的第 1 帧，使用钢笔工具和直线工具绘制右耳的轮廓，然后选用颜料桶工具、墨水瓶工具进行填色、描边，删除不必要的连线，然后对右耳进行复制后水平翻转，放置到左耳的位置。选中左、右两耳，单击鼠标右键，在弹出的快捷菜单中选择“分散到图层”命令，将两耳分别放置到不同图层，左、右两耳绘制完毕，效果如图 6-30 所示。

（19）解开所有图层的锁定，并使之全部显示，头部的效果如图 6-31 所示。

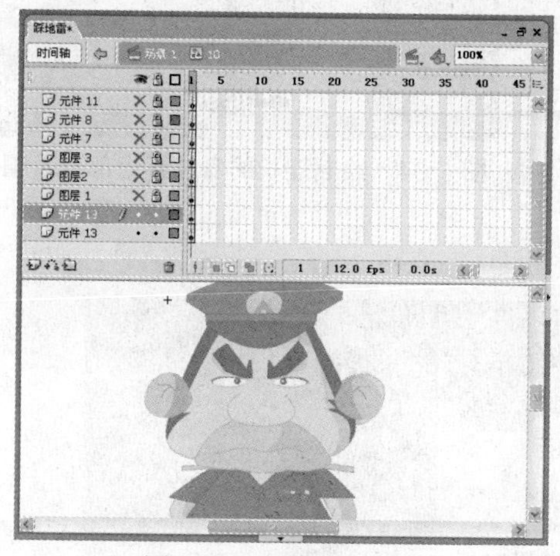

图 6-30　绘制连长的耳朵

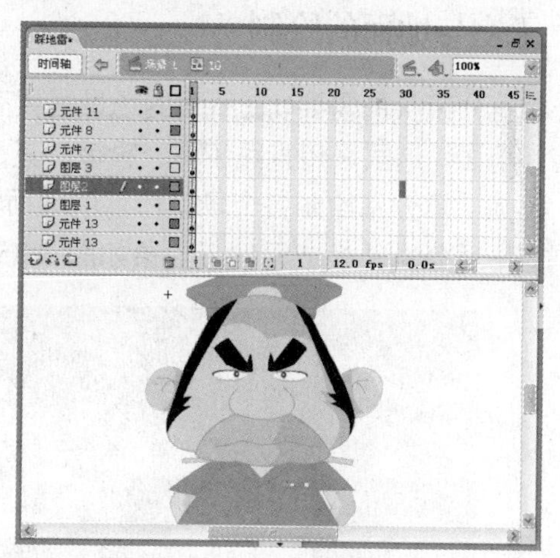

图 6-31　连长头部效果

2. 连长身体的绘制

（1）返回场景 1，选中刚刚绘制完毕的头部元件 10，按 F8 键将之转换为图形元件 15。双击图形元件 15 进入其编辑状态，将图层 1 命名为“头部”，在图层 1 下面新建图层 2，并将此图层命名为“上身”，如图 6-32 所示。

（2）锁定并隐藏“头”图层，在图层“上身”的第 1 帧中绘制连长的上身后按 F8 键将其转换为图形元件，命名为“连长上身”，在绘制的过程中注意脖子与头的连接处要绘制成圆弧状，以避免在制作动画时出现穿帮情况，如图 6-33 所示。

图 6-32　新建连长“上身”图层

图 6-33　连长的上身绘制

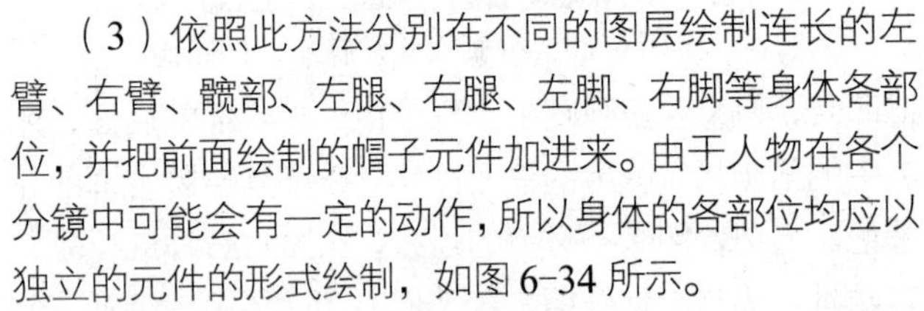

（3）依照此方法分别在不同的图层绘制连长的左臂、右臂、髋部、左腿、右腿、左脚、右脚等身体各部位，并把前面绘制的帽子元件加进来。由于人物在各个分镜中可能会有一定的动作，所以身体的各部位均应以独立的元件的形式绘制，如图 6-34 所示。

依照此方法分别绘制连长的侧视图、士兵的正视图、士兵的侧视图及士兵的背视图。

图 6-34　绘制连长的身体各个部位及帽子

三、天空与地面的绘制

根据分镜头的需要，在不同的场景需要有不同的天空和地面，这里采用直线工具、铅笔工具、矩形工具、椭圆工具分别绘制各个场景所需的地面和天空，绘制完毕后分别转换成元件，效果如图 6-35 所示。

图 6-35　场景效果

四、大楼及坦克的绘制

根据分镜头台本，分别利用矩形工具、椭圆工具、直线工具、选择工具绘制大楼和坦克，在绘制完成之后要分别将之转换成图形元件，效果如图 6–36 所示。

图 6–36　大楼及坦克的效果

五、树叶的绘制

根据分镜头台本的要求，需要在不同的场景应用形状各异的树枝，这里利用矩形工具、椭圆工具、选择工具进行绘制。在绘制时，可以先绘制一根，然后采取复制、改变颜色深浅度、用选择工具进行边缘拖动的方式进行新树丛的绘制。根据分镜台本的要求，有的树丛可能会有一些动画。为了复制方便，在每个树丛绘制完成之后要分别将之转换成图形元件，效果如图 6–37 所示。

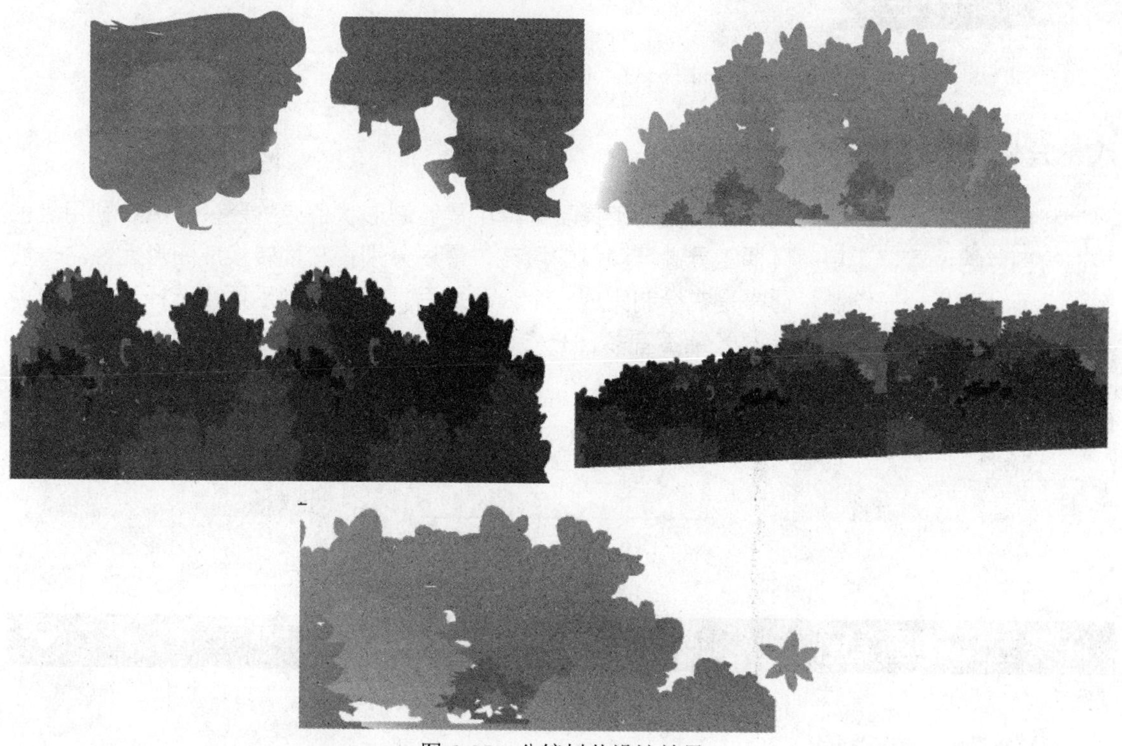

图 6–37　分镜树丛设计效果

六、枪支、子弹及火花的绘制

利用矩形工具、椭圆工具、直线工具、选择工具分别绘制枪支及火花，然后利用混色器进行颜色的设置，运用颜料桶工具进行颜色的填充，最后分别将它们转换成图形元件，效果如图 6-38 所示。

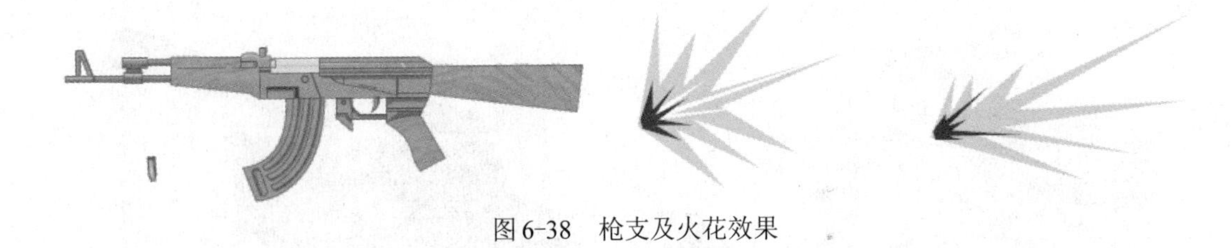

图 6-38　枪支及火花效果

七、地雷及烟雾的绘制

利用矩形工具、椭圆工具、直线工具及选择工具分别绘制地雷及地雷爆炸后的烟雾，然后利用混色器进行颜色的设置，运用颜料桶工具进行颜色的填充，利用墨水瓶工具进行填充，最后分别将它们转换成图形元件，效果如图 6-39 所示。

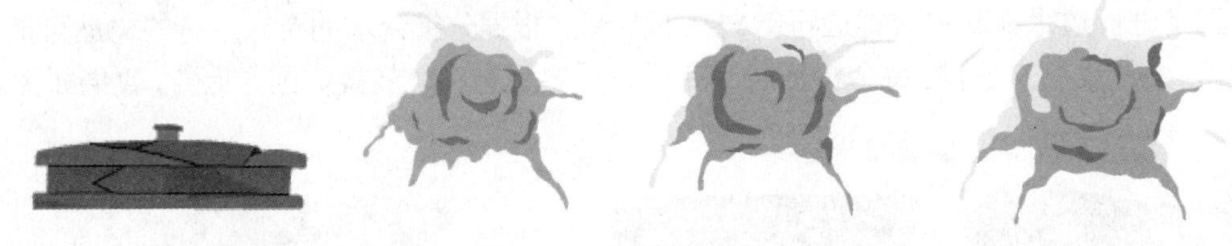

图 6-39　地雷及烟雾效果

八、云朵的绘制

利用椭圆工具、直线工具、任意变形工具及选择工具绘制形状各异的云朵，然后利用混色器进行颜色的设置，运用颜料桶工具进行颜色的填充，最后分别将它们转换成图形元件。一般来说，云朵不用一一绘制，通常是在绘制完成一个云朵之后，将之复制后再用选择工具进行简单变形从而形成另外一个云朵。云朵不宜多，3～5 朵足矣，效果如图 6-40 所示。

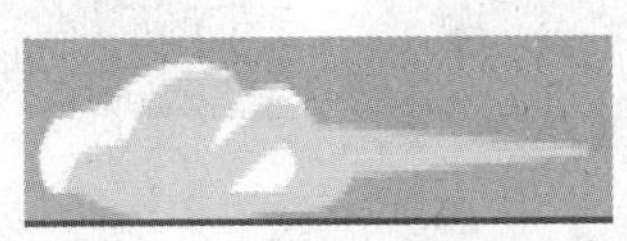

图 6-40　云朵效果

任务五　动画制作

一、分镜头 1 动画制作

准备

（1）新建文档，因为本动画短片要在电视中播放，所以将尺寸设置成 720 像素 × 576 像素，将帧频设置成 25fps，如图 6-41 所示。

（2）将图层 1 命名为“镜头框”，在此图层的第 1 帧，利用矩形工具绘制一个比舞台大很多的矩形并双击选中此矩形，然后打开“对齐”面板，设置其“相对于舞台匹配高和宽”。接着选中此矩形的边线，设置其“相对于舞台匹配大小”，如图 6-42 所示。

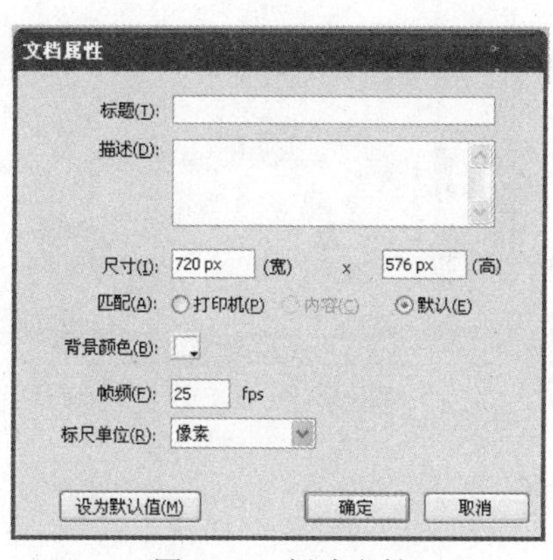

图 6-41　新建文档

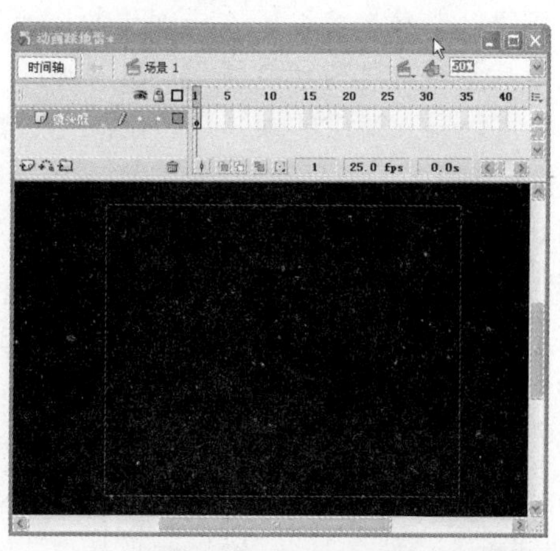

图 6-42　绘制镜头框并进行设置

（3）然后双击鼠标选中边线及内部后删除，按 Ctrl+A 组合键全选，按 F8 键将之转换为元件，并命名为 aqk，效果如图 6-43 所示。

（4）为了适合电视屏幕播放，还要为它添加图像安全区和文字安全区。如果不能添加安全区，则很可能在计算机中看到的主要画面在电视的屏幕上只显示一半，或在电视上播放带有文字的动画时，人们根本看不到文字。为了避免这种情况的发生，添加安全框是非常必要的，图像安全区约为 645 像素 × 520 像素，文字安全区约为 576 像素 × 463 像素。

（5）双击安全区元件，进入其内部编辑状态，在此图层的第 1 帧使用矩形工具绘制一个矩形，然后使用选择工具选择这个矩形，在“属性”面板中输入数值。按照同样方法绘制数字安全区，填充相应的颜色，参数设置及效果如图 6-44 所示。

图 6-43　镜头框效果

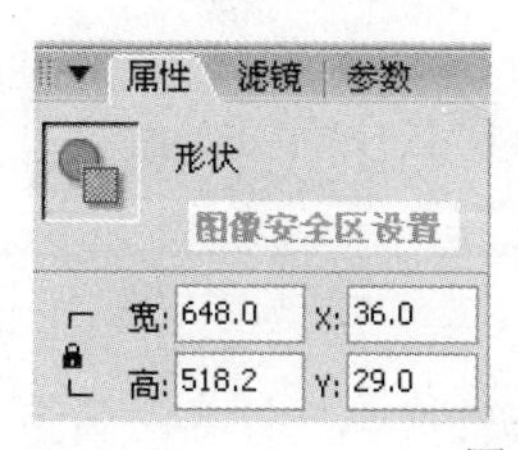

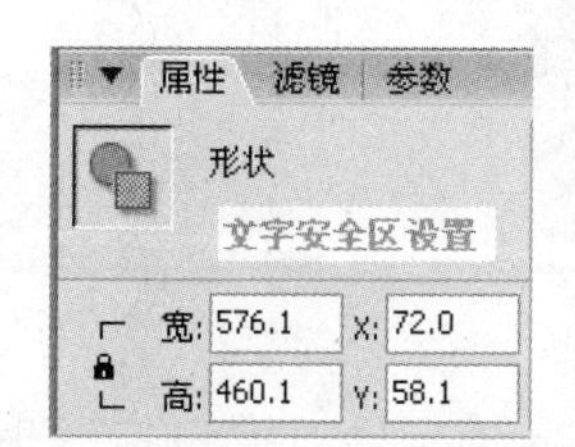

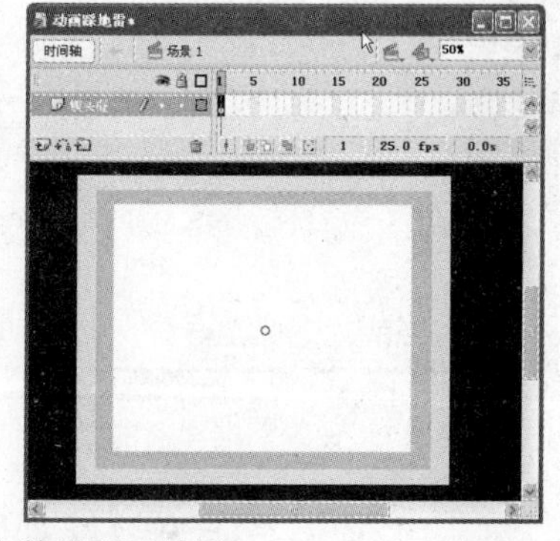

图 6-44　图像及数字安全区的参数设置及效果

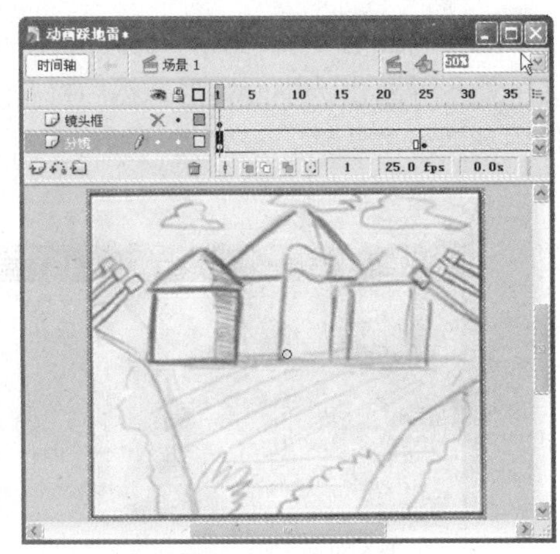

图 6-45　第一个分镜效果

（6）返回场景，新建图层并命名为“分镜”。根据分镜头台本的要求分别在第 1 帧、第 26 帧、第 75 帧……第 384 帧加入空白关键帧，然后选择“文件→导入→导入到舞台”菜单命令，在电子素材|项目七|素材文件夹中找到相应的分镜头线稿 sc1、sc2、sc3……sc11，并将之导入对应的帧，最后在镜头框图层及分镜图层的第 590 帧插入延时帧，其中第一个分镜头的效果如图 6-45 所示。

（7）新建图层并命名为“音效”，选择“文件→导入→导入到库”菜单命令，将电子素材|项目七|素材|1034-01'54-02'12 踩地雷.avi 音频文件导入到库，然后到库里找到相应的音频文件，将之拖动到场景中，并将“属性”面板中的同步属性设置为“数据流”，时间轴效果如图 6-46 所示。

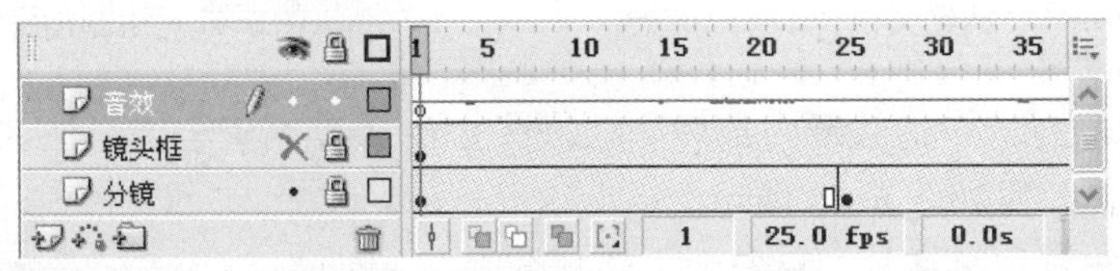

图 6-46　此时的时间轴效果

（8）选中“分镜”图层，添加新图层，并命名为“动画”。打开标尺，根据舞台的大小在场景中加上 4 条基准线，以避免以后制作动画时超出安全区，效果如图 6-47 所示。

（9）在第 1 帧绘制一个圆，按 F8 键将之转换为元件并命名为 bj。双击 bj 元件进入其编辑状态，把圆删除，在图层 1 中按前后的层次关系分别放入在素材准备阶段制作的“大楼”“蓝天绿地”“坦克”“树丛”“云朵”元件，效果如图 6-48 所示。

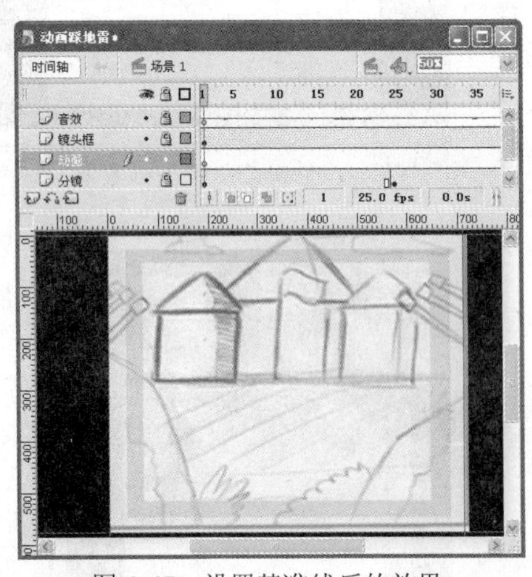

图 6-47　设置基准线后的效果

图 6-48　添加元件后的效果

（10）按 Ctrl+A 组合键全选舞台上的所有元件，按 F8 键将其转换为元件并命名为 bj1，效果如图 6-49 所示。

（11）双击 bj1 元件，进入其编辑状态，按 Ctrl+A 组合键全选舞台上的所有元件，单击鼠标右键，在弹出的快捷菜单中选“分散到图层”命令，各个元件分散到每个图层，如图 6-50 所示。

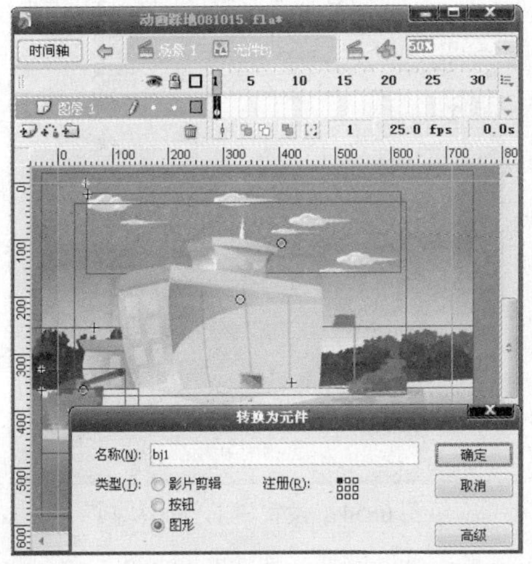

图 6-49 将舞台中的全部元件转换为元件 bj1

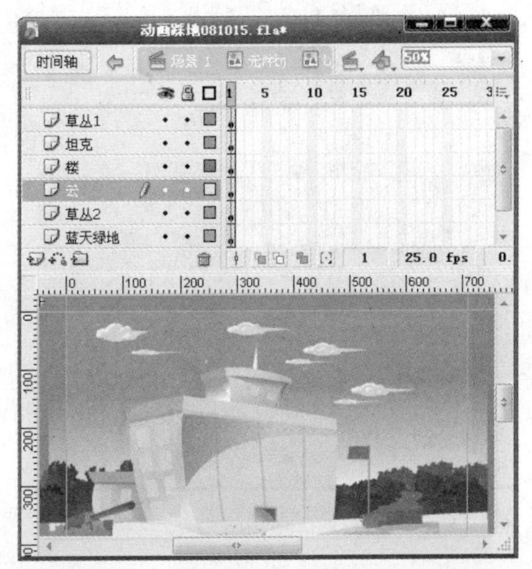

图 6-50 将各个元件分散到各个图层

（12）选择“云朵”图层的第 25 帧，按 F6 键插入关键帧，并将舞台中的“云朵”元件水平向左移动。选中“云朵”图层的第 1～25 帧间的任意一帧，单击鼠标右键，在弹出的快捷菜单中选择“创建补间动画”命令，然后将其他图层的第 25 帧均插入延时帧，如图 6-51 所示。

（13）双击舞台的空白处，返回到元件 bj 的编辑状态，将当前图层更名为 bj1，在 bj1 图层的第 25 帧插入关键帧，并将第 25 帧的元件 bj1 等比放大到适当大小，然后在 bj1 图层的第 1～25 帧中间添加补间动画，效果如图 6-52 所示。

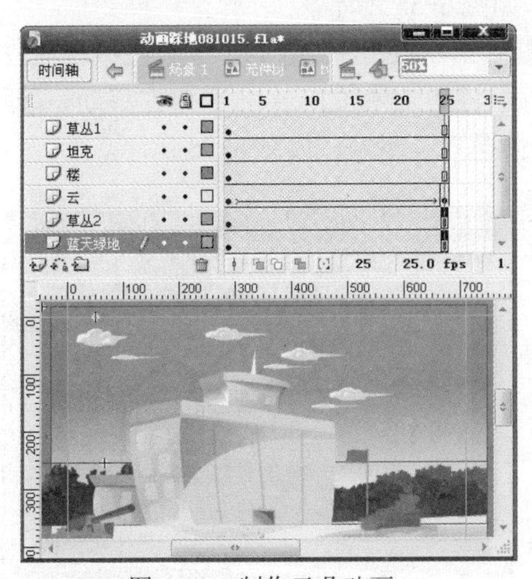

图 6-51 制作云朵动画

图 6-52 添加补间动画后的效果

（14）在元件 bj 的编辑状态下，在 bj1 图层上方新建 3 个图层，分别命名为“左树”“右树”“下树”，将在素材准备阶段准备的“树丛”元件放置在舞台的适当位置，如图 6-53 所示。

（15）在“左树”“右树”“下树”3 个图层的第 25 帧分别插入关键帧，并将第 25 帧的树丛向外移动，然后选中这 3 个图层的 1～25 帧创建运动补间动画，如图 6-54 所示。

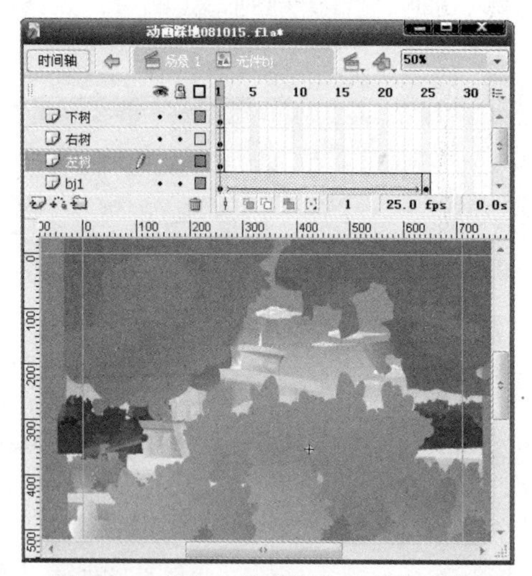

图 6-53　将树丛放在舞台中的合适位置

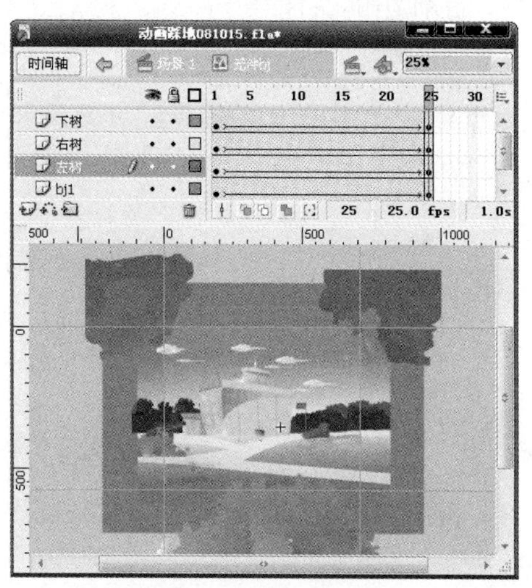

图 6-54　设置树的补间动画

此时分镜头 1 动画制作完毕，返回场景中，按 Ctrl+Enter 组合键观看制作效果。

二、分镜头 2 动画制作

（1）在场景中的“动画”图层的第 26 帧插入一个空白关键帧，在该帧绘制一个圆，将之转换为元件，并命名为 bj2。双击元件 bj2 后进入其编辑状态，将圆删除，将元件 bj2 中的“图层 1”更名为 bg。在 bg 层的第 26 帧插入关键帧，在此帧中分别加入在素材准备中绘制的“蓝天”“地面”“树丛”元件，并摆放在适当的位置。然后按 Ctrl+A 组合键选中所有元件，按 F8 键转换为新元件，并命名为 bj22，元件 bj2 的制作如图 6-55 所示。

（2）双击元件 bj22，进入其编辑状态，新建图层 2，在图层 2 的第 1 帧把在素材准备中绘制的云朵插入，然后在图层 2 的第 75 帧插入关键帧，将第 75 帧的云朵水平向左移动一段距离，在第 1～75 帧间创建补间动画，在图层 1 的第 75 帧插入延时帧，如图 6-56 所示。

图 6-55　分镜头 2 背景

图 6-56　制作云朵动画

（3）返回元件 bj2 的编辑状态，新建图层 lz，在 lz 图层的第 26 帧插入空白关键帧，并将在角色制作阶段绘制的连长正视图元件放置到舞台的适当位置，效果如图 6-57 所示。

（4）连长正视图元件 22ZMZM 的时间轴如图 6-58 所示。

图 6-57　将绘制的连长正视图元件放置到舞台

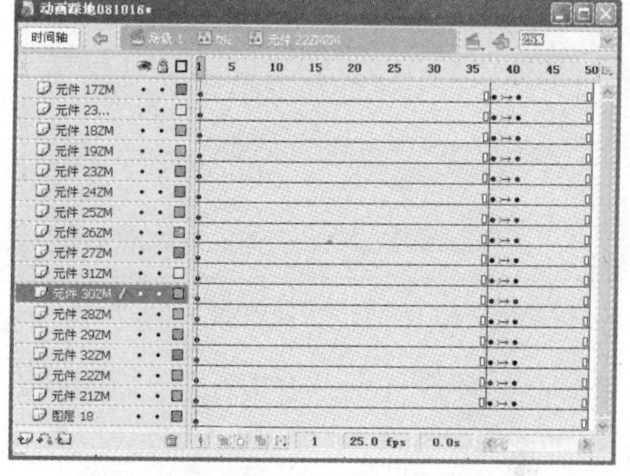

图 6-58　连长正视图元件的时间轴

（5）连长正视图元件的第 39 帧的动作同第 1 帧一致，第 1、41 关键帧的动作效果如图 6-59 所示。

（6）进入元件 bj2 的编辑场景，同时选中图层 bg 与图层 2 的第 37～53 帧，分别插入关键帧，然后将第 53 帧的元件 bj22 和元件 lz 同步水平向左移动适当距离，使连长的位置大概在屏幕左侧的 3/4 处，并在第 37～53 帧之间创建补间动画。第 37、53 帧的效果如图 6-60 所示。

图 6-59　第 1、41 帧的效果

图 6-60　第 37、53 帧处的效果

（7）同时选中图层 bg 与图层 2 的第 57 帧，并插入关键帧，然后将第 57 帧的元件 bj22 和元件 lz 同步水平向右移动适当距离，使连长的位置大概在舞台的中央处，并在第 53～57 帧之间创建补间动画，如图 6-61 所示。

（8）新建图层 3，在图层 3 的第 25 帧插入关键帧，并将在角色绘制阶段绘制的士兵侧视图元件 JU1 放置在适当位置，如图 6-62 所示。

图 6-61　制作连长位置补间动画

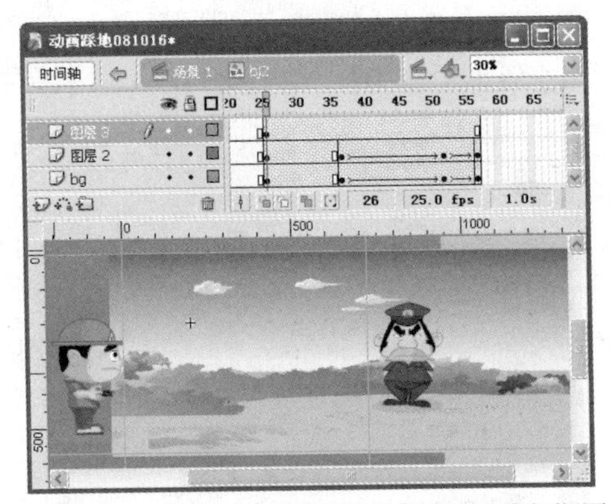

图 6-62　将士兵侧视图元件放置在适当位置

（9）士兵侧视图元件的时间轴如图 6-63 所示。

（10）士兵的第 1、5 关键帧的动作，第 3、7 关键帧的动作分别如图 6-64 中的左图、右图所示。

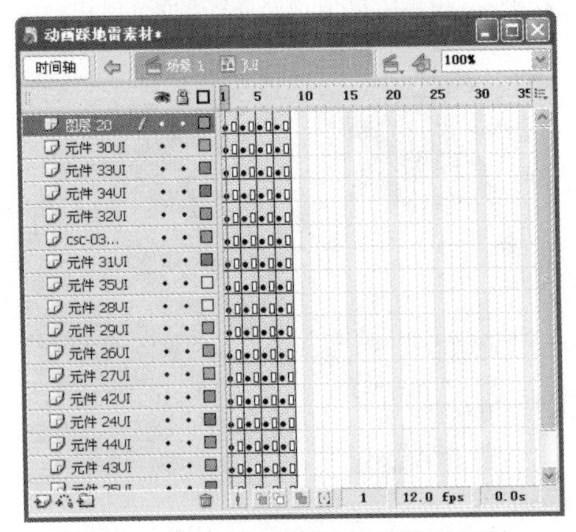

图 6-63　士兵侧视图元件的时间轴

图 6-64　士兵关键帧动作

（11）按 F8 键将士兵的侧视图元件转换为元件 7。双击元件 7，进入元件 7 的编辑状态，将图层 1 的第 1 帧拖动到第 26 帧，如图 6-65 所示。

（12）在图层 1 的第 50 帧插入关键帧，按住 Shift 键的同时将士兵的侧视图元件沿水平直线拖动到舞台垂直中线右侧的位置，如图 6-66 所示。

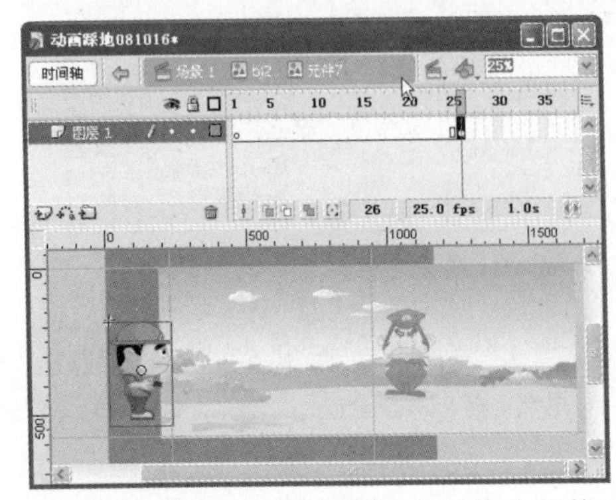

图 6-65　将士兵的侧视图元件转换为元件 7

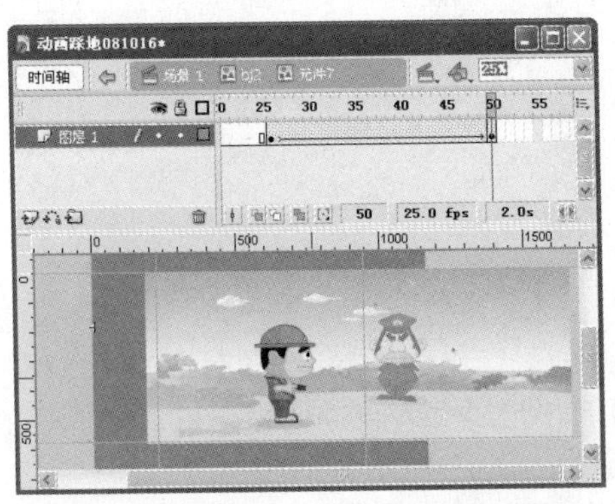

图 6-66　调整士兵侧视图元件的位置

（13）将元件7的图层1锁定，新建图层2，在图层2的第50帧插入关键帧，将在素材准备中绘制的士兵背视图元件放置在舞台的适当位置（可比对图层1中的士兵的侧视图的位置），如图6-67所示。

（14）选择图层2的第50帧，按住鼠标左键将之拖动到第51帧的位置，然后在图层2的第75帧插入延时帧，如图6-68所示。

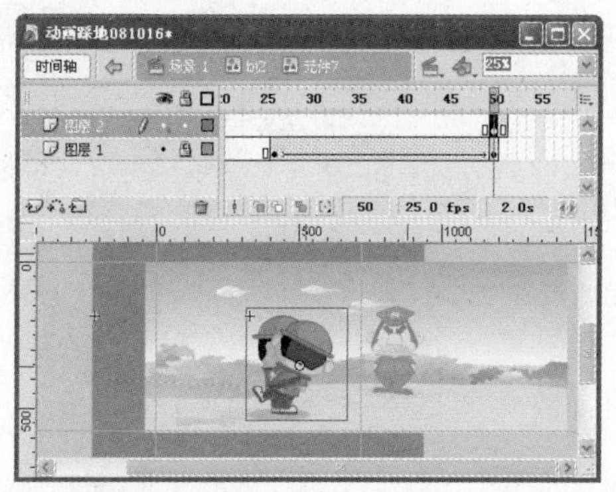

图6-67　将士兵背视图元件放置在舞台的适当位置

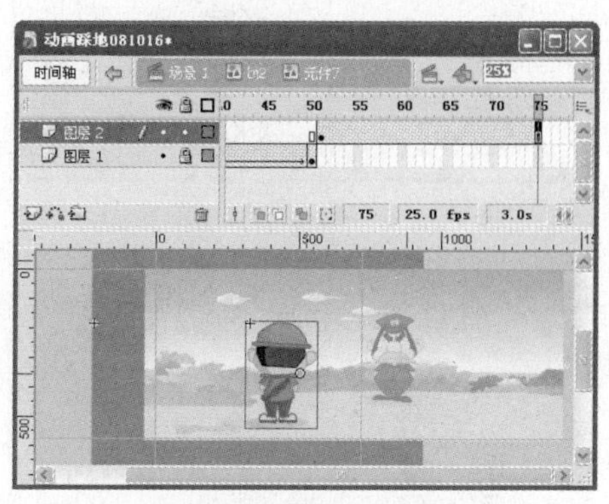

图6-68　插入延时帧

（15）士兵背视图元件的时间轴状态如图6-69所示。

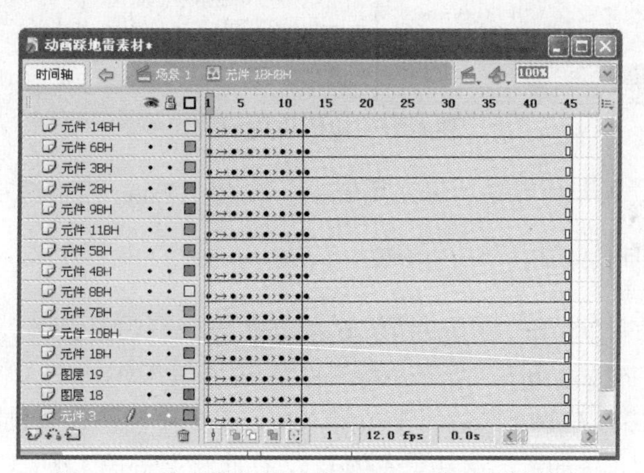

图6-69　士兵背视图元件1BHBH的时间轴状态

（16）其中，第1、4、6、8、10、12、13关键帧的士兵动作如图6-70所示。

图6-70　士兵动作

（17）返回到元件bj2的编辑状态，选中士兵侧视图元件7，把“属性”面板中第1帧的参数设置为26，效果如图6-71所示。

（18）在元件bj2的编辑状态下，同时选中3个图层的第75帧，插入延时帧。因为第2个分镜头是从第26帧开始的，所以应返回场景。选中“动画”图层第26帧中的元件bj2，把“属性”面板中第1帧的参数设置为26，如图6-72所示。

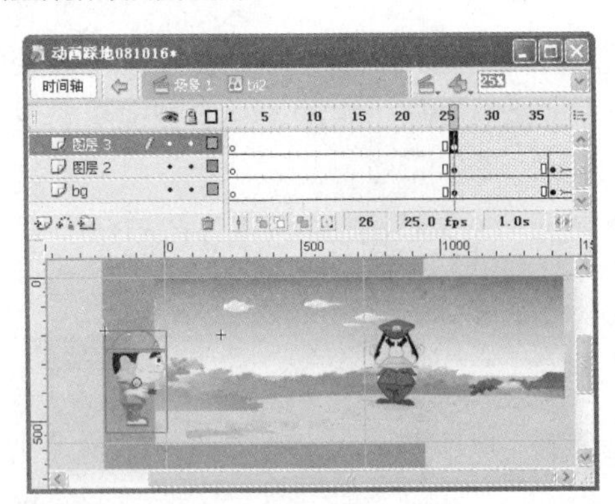

图 6-71　设置士兵侧视图元件 7 参数

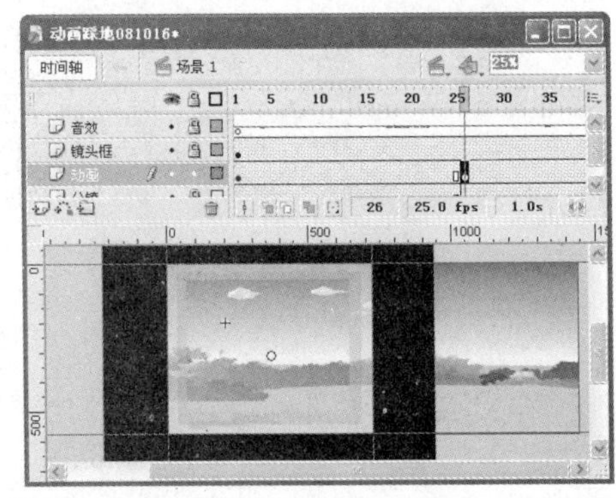

图 6-72　元件 bj2 的编辑

此时，分镜头 2 动画制作完毕，返回场景中，按 Ctrl+Enter 组合键观看制作效果。

三、分镜头 3 动画制作

（1）在主场景中的“动画”图层的第 76 帧插入一个空白关键帧，在该帧绘制一个圆，将之转换为元件，并命名为 bj3。双击元件 bj3 后进入其编辑状态，将圆删除，将元件 bj3 中的图层 1 更名为 bg3，在 bg3 层的第 1 帧加入在分镜 2 中制作的背景图，如图 6-73 所示。

（2）锁定 bg3 图层，添加新图层并更名为 lz3，在此图层的第 1 帧加入在素材准备中制作的连长正视图元件 sc-03-04 元件 22，效果如图 6-74 所示。

图 6-73　分镜头 3 背景

图 6-74　添加连长正视图元件 sc-03-04 元件 22

（3）连长正视图元件 sc-03-04 元件 22 的时间轴如图 6–75 所示。

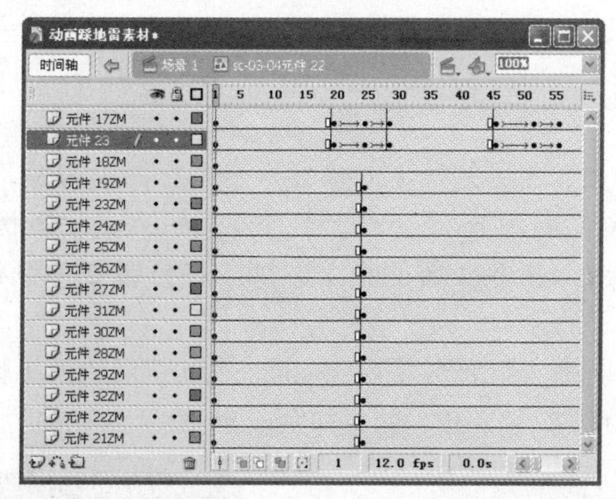

图 6–75　连长正视图元件 sc-03-04 元件 22 的时间轴

（4）其中，第 20 帧与第 1 帧的内容相同，然后将帽子与头部所在图层的第 20～29 帧复制到第 45～55 帧，把各个图层的第 450 帧均插入延时帧，其中第 1、25、29 关键帧的连长动作如图 6–76 所示。

图 6–76　第 1、25、29 帧的连长动作

（5）双击连长元件的头部元件，进入其编辑状态，在眼睛的各部位及眼眉所在图层的第 16、18 帧插入关键帧，然后将第 16 帧调成闭眼状态，按住鼠标左键的同时选中第 16～18 帧，同时按住 Alt 键分别拖动到第 50、83、115 帧，将所有图层延时到第 125 帧，连长头部的时间轴，如图 6–77 所示。

（6）闭眼、睁眼动作效果如图 6–78 所示。

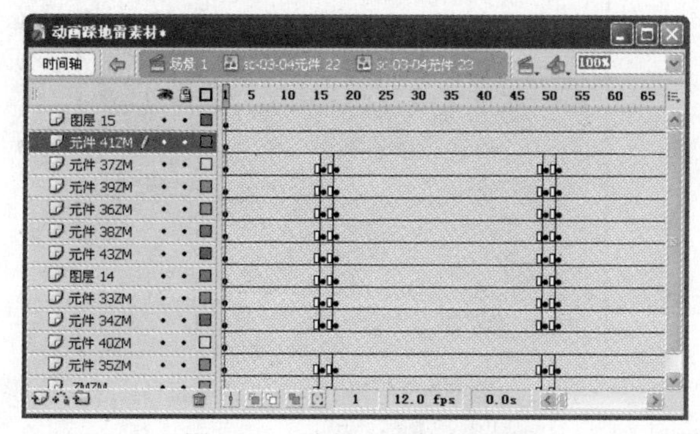

图 6–77　连长头部的时间轴

图 6–78　闭眼、睁眼动作效果

（7）双击舞台，返回到元件 bj 3 的编辑状态，将 bg3 及 lz3 图层均延时到第 50 帧。

此时，分镜头 3 动画制作完毕，返回场景中，按 Ctrl+Enter 组合键观看制作效果。

四、分镜头 4 动画制作

（1）在场景中的“动画”图层的第 126 帧插入一个空白关键帧，在该帧绘制一个圆，按 F8 键将之转换为元件，并命名为 bj4。双击元件 bj4 后进入其编辑状态，将圆删除，将元件 bj4 中的图层 1 更名为 bg4，在 bg4 层的第 1 帧加入在分镜 2 中制作的背景图，如图 6–79 所示。

（2）锁定 bg4 图层，添加新图层并更名为 sb4，在此图层的第 1 帧加入在素材准备中制作的士兵正视图元件 sc-03-04&&元件 32，效果如图 6–80 所示。

图 6–79　分镜头 4 背景

图 6–80　添加士兵正视图元件

（3）在图层 sb4 的第 6 帧插入关键帧，将士兵元件移动到屏幕的中央位置，如图 6–81 所示。

（4）在图层 sb4 的第 9、11、12 帧分别插入关键帧，把士兵元件稍做调整，制作士兵一边说话身体一边在晃动的效果，然后在该图层的第 55 帧插入延时帧，如图 6–82 所示。

图 6–81　将士兵元件移动到屏幕的中央位置

图 6–82　调整士兵元件

（5）双击在素材准备中制作的士兵元件 sc-03-04&&元件 32，进入其编辑状态，然后再双击其头部元件，进入头部编辑状态，根据短片的台词及人类说话时的面部表情变化规律在各关键帧适当调整士兵头部五官的动作所在图层的时间轴，各图层最后延时到第 200 帧，如图 6-83 所示。

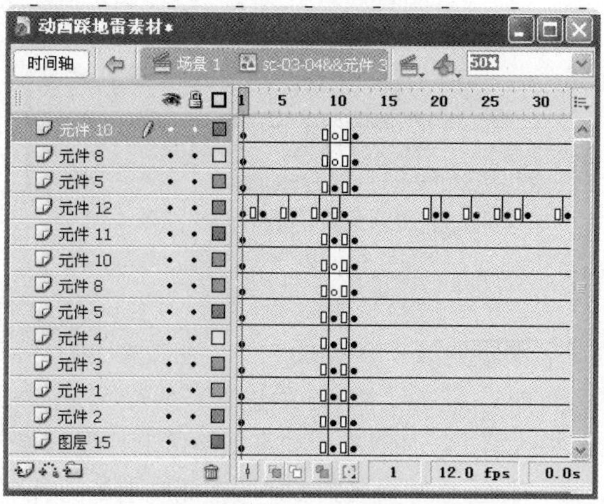

图 6-83　调整士兵头部的五官的动作

（6）士兵头部五官的动作，士兵的嘴在第 1、3、6、9、10、11 帧的效果如图 6-84 所示。

图 6-84　不同帧的士兵的嘴的效果

（7）根据分镜头的要求，士兵在和连长汇报时一直在流着鼻涕，所以双击舞台，返回士兵元件 sc-03-04&&元件 32 的编辑状态，在最上层添加新图层，在第 1 帧的士兵的鼻子下方绘制水滴状的鼻涕，按 F8 键将其转换为图形元件，并命名为 sc-03-04&&鼻涕 1。双击此元件进入其编辑状态，再选中舞台中的鼻涕，将之转换为元件并命名为 sc-03-04&&鼻涕，然后分别在第 1、8、11、15 帧运用任意变形工具将此元件从小调整到大，并在各关键帧间创建补间动画。然后再在第 33、40、47 帧将元件从大调整到小，士兵流鼻涕的动作完成，时间轴及效果图如图 6-85 所示。

至此，分镜头 4 动画制作完毕，返回场景中，按 Enter 键观看制作效果。

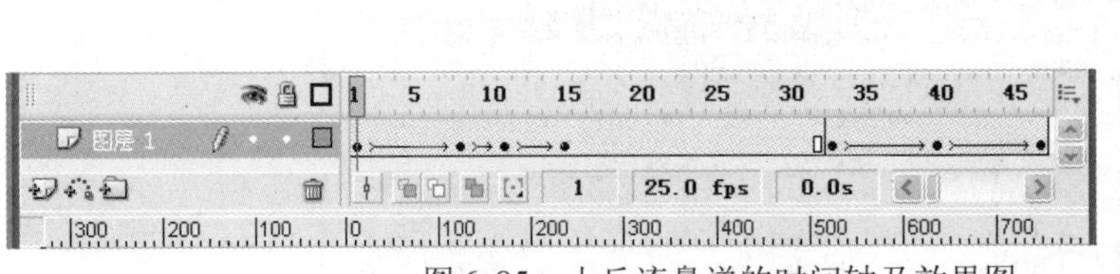

图 6-85　士兵流鼻涕的时间轴及效果图

五、分镜头 5 动画制作

（1）在场景中的“动画”图层的第 170 帧插入一个空白关键帧，在该帧绘制一个圆，按 F8 键将之转换为元件，并命名为 bj5。双击元件 bj5 后进入其编辑状态，将圆删除，将元件 b54 中的图层 1 更名为 bg5，在 bg5 层的第 1 帧加入在素材准备阶段制作的背景图，如图 6-86 所示。

（2）锁定 bg5 图层，添加新图层并更名为 sb5，在此图层的第 1 帧加入在素材准备阶段中制作的士兵侧视图元件 sc5 元件 5，如图 6-87 所示。

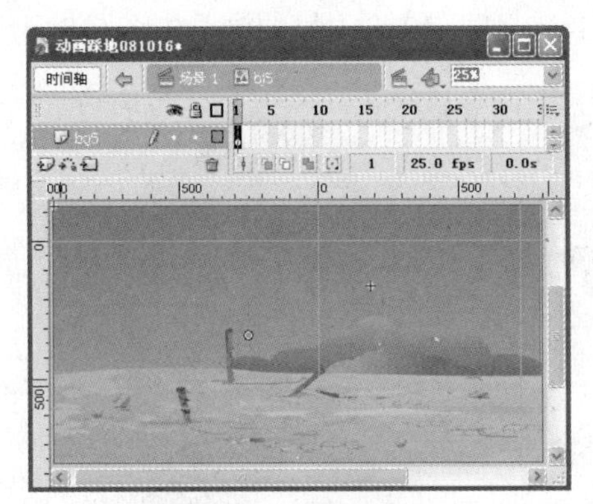

图 6-86　分镜头 5 背景

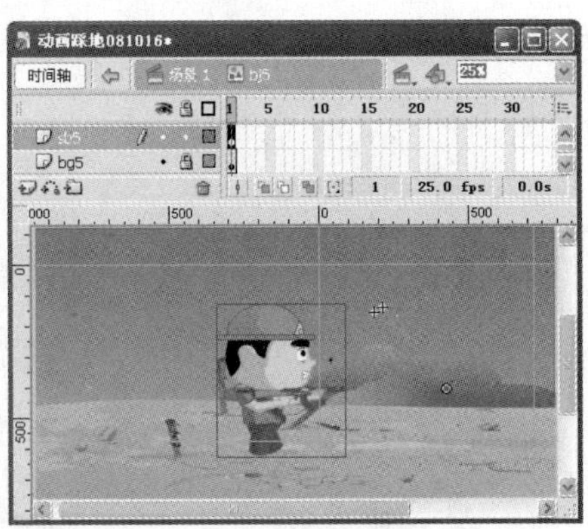

图 6-87　添加士兵侧视图元件

（3）士兵侧视图元件 sc5 元件 5 的时间轴如图 6-88 所示。

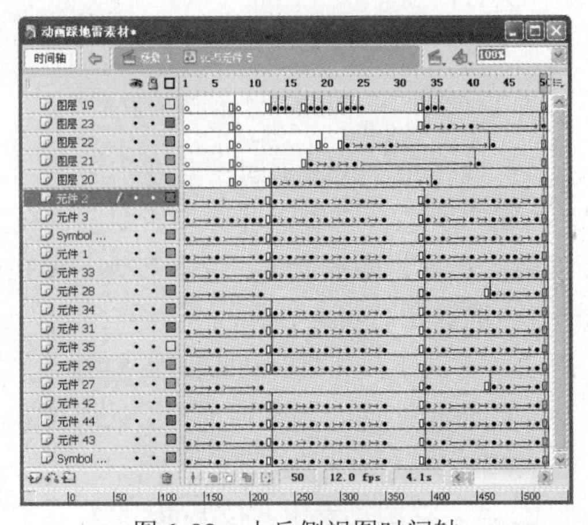

图 6-88　士兵侧视图时间轴

（4）士兵侧视图元件 sc5 元件 5 是士兵在战场上作战的动画元件，各主要关键帧的动作效果如图 6-89 所示。

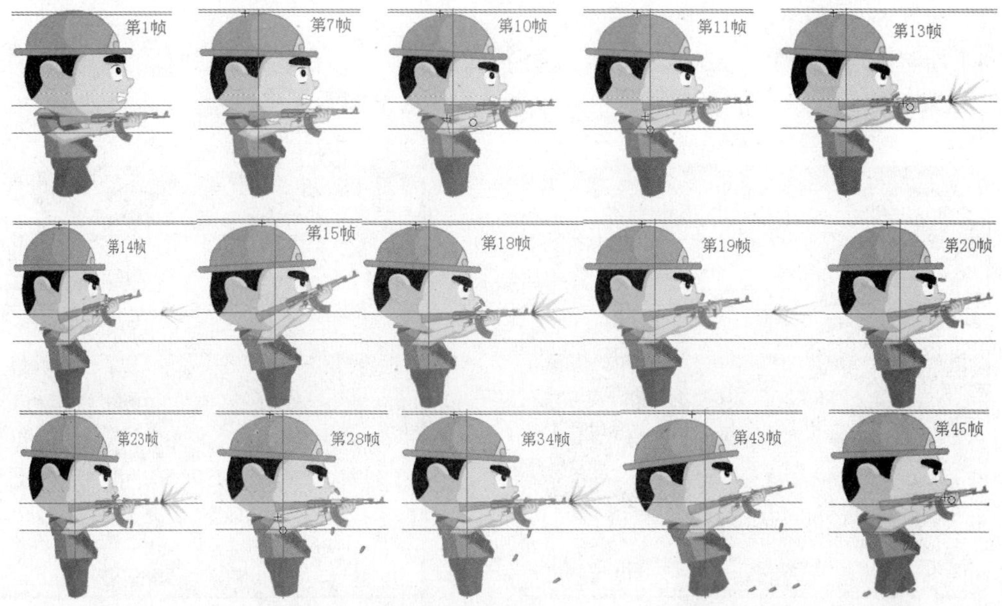

图 6-89　士兵在战场上作战时各主要关键帧的动作效果

（5）进入元件 bj5 的编辑状态，同时在两个图层的第 50 帧插入延时帧。

此时，分镜头 5 动画制作完毕，返回场景中，按 Enter 键观看制作效果。

六、分镜头 6 动画制作

（1）在场景中的“动画”图层的第 221 帧插入空白关键帧，利用椭圆工具绘制一个圆，将之转换为元件，并命名为 bj6。双击元件 bj6 后进入其编辑状态，将圆删除。把图层 1 更名为 bg6，并在其第 1 帧插入背景图，并放置适当位置。新建图层并命名为 dl6，并将在素材准备阶段绘制的地雷放置在适当位置。再新建图层并命名为 sb6，把士兵侧视图元件 sc-65c-5 元件 4 放置在适当位置，如图 6-90 所示。

（2）分别在图层 bg6 和图层 sb6 的第 25 帧插入关键帧，把第 25 帧的士兵侧视图元件 sc-65c-5 元件 4 放置在舞台的适当位置，在图层 sb6 的第 1～25 帧间创建运动补间动画，如图 6-91 所示。

图 6-90　分镜头 6 背景

图 6-91　把元件 4 放置在舞台的适当位置

（3）同时在图层 dl6 和图层 bg6 的第 51 帧插入关键帧，在图层 sb6 中插入空白关键帧，然后把这两个图层的元件水平向左移动到适当位置，将 bg6l 图层的第 25～51 帧之间创建运动补间动画，如图 6-92 所示。

（4）新建图层并命名为 sb62，在第 51 帧插入关键帧，把在素材准备阶段制作的士兵侧视图元件 SC-65Cc-5 元件 4j 放置在舞台中的适当位置，效果如图 6-93 所示。

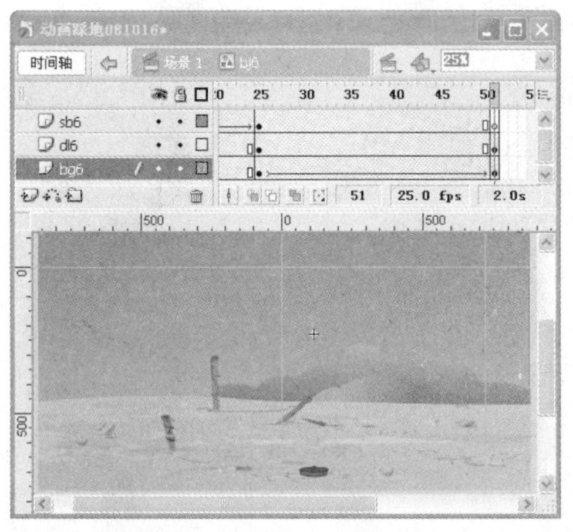

图 6-92　在 bg6l 图层的第 25～51 帧之间创建运动补间动画

图 6-93　把元件 4j 放置在舞台中的适当位置

（5）在 bg6、dl6、sb62 图层的第 69、77 帧插入关键帧，并将第 77 帧内的背景图片、士兵元件、地雷元件同时放大，如图 6-94 所示。

（6）同时选中 bg6、dl6、sb62 图层的第 77 帧，在按住鼠标左键的同时按住 Shift 键，拖动，将这 3 帧复制到第 93 帧，然后在第 77～93 帧之间创建运动补间动画，最后在此 3 层的第 100 帧同时插入延时帧，如图 6-95 所示。

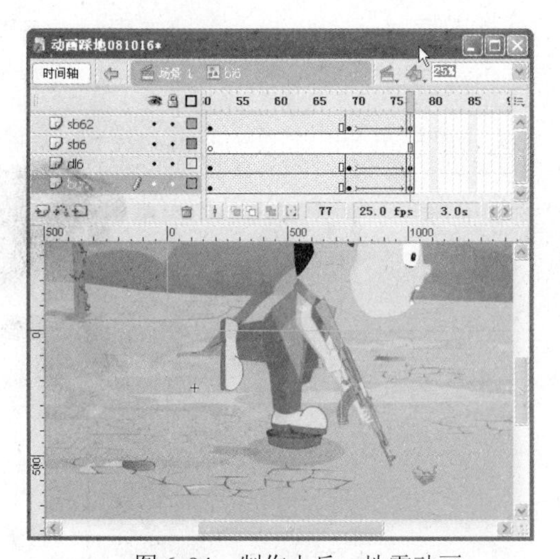

图 6-94　制作士兵、地雷动画

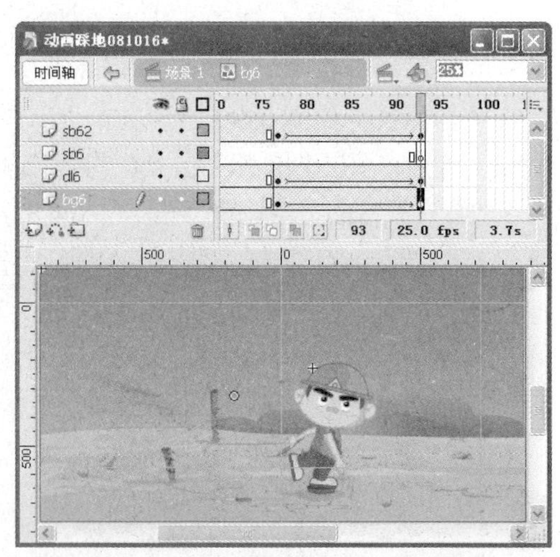

图 6-95　创建 bg6、dl6、sb62 补间动画

（7）士兵侧视图元件 SC-65Cc-5 元件 4j 编辑状态的时间轴如图 6-96 所示。

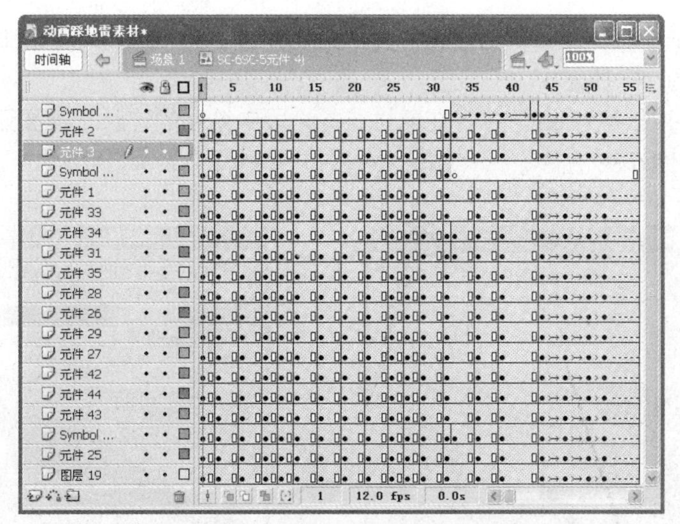

图 6-96　元件 4j 编辑状态的时间轴

（8）士兵侧视图元件 SC-65Cc-5 元件 4j 各主要关键帧的动作效果如图 6-97 所示。

图 6-97　元件 4j 各主要关键帧的动作效果

至此，分镜头 6 动画制作完毕，返回场景中，按 Enter 键观看制作效果。

七、分镜头 7 动画制作

（1）在场景中的“动画”图层的第 321 帧插入空白关键帧，利用椭圆工具绘制一个圆，将之转换为元件，并命名为 bj7。双击元件 bj7 后进入其编辑状态，将圆删除。把图层 1 更名为

bg7，并将其第 1 帧放入在素材准备阶段中绘制的背景图，并放置到适当位置，然后在第 33 帧插入延时帧，如图 6-98 所示。

（2）新建图层并命名为 lz7，并将在素材准备阶段中绘制的连长正视图元件 sc-7 元件 22 放置在适当位置，如图 6-99 所示。

图 6-98　分镜头 7 背景图

图 6-99　把元件 22 放置在适当位置

（3）然后将连长正视图元件 sc-7 元件 22 的属性中的第 1 帧的值设置为 8，如图 6-100 所示。

图 6-100　将第 1 帧的值设置为 8

（4）在 lz7 图层的第 8 帧插入关键帧，然后将元件 sc-7 放置在适当位置，最后在第 1～8 帧之间创建补间动画，如图 6-101 所示。

（5）根据分镜头台本，在此分镜，连长一边用手挠下巴一边说话。双击连长正视图元件，为连长制作动作动画，其时间轴如图 6-102 所示。

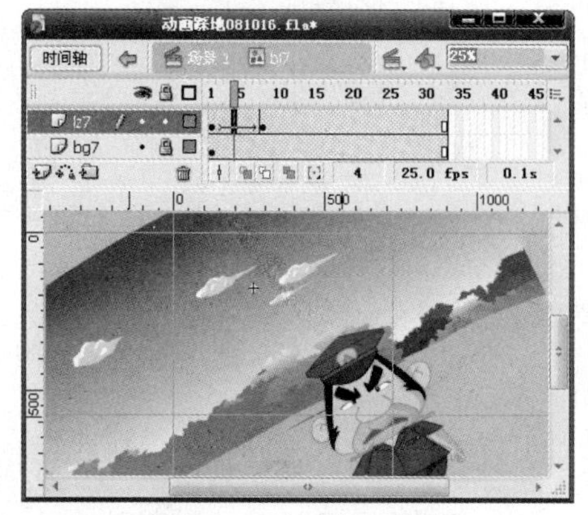

图 6-101　创建补间动画

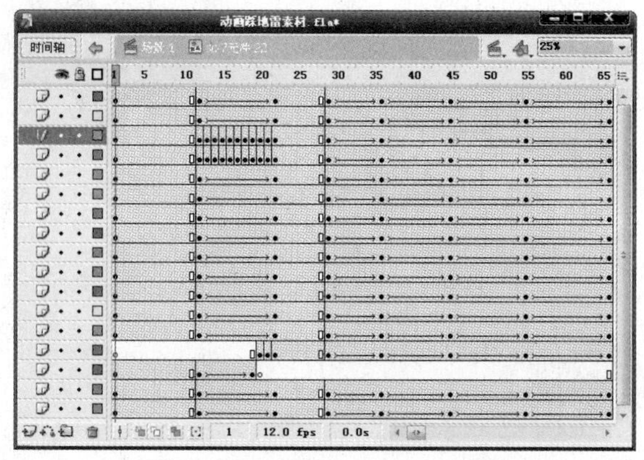

图 6-102　为连长制作动作动画的时间轴

（6）连长元件 sc-7 中身体各部位的动作效果如图 6-103 所示。

图 6-103　连长元件 sc-7 中身体各部位的动作效果

（7）连长同时做眨眼动作，其时间轴如图 6-104 所示。

图 6-104　连长眨眼动作的时间轴

（8）连长同时做眨眼和说话的动作，其眼睛和嘴部动作的主要关键帧的效果如图 6-105 所示。

图 6-105　连长眼睛和嘴部动作的主要关键帧效果

至此，分镜头 7 动画制作完毕，返回场景中，按 Enter 键观看制作效果。

八、分镜头 7-1 动画制作

（1）在场景中的“动画”图层的第 353 帧插入空白关键帧，利用椭圆工具绘制一个圆，将之转换为元件，并命名为 bj7-1。双击元件 bj7-1 后进入其编辑状态，将圆删除。把图层 1 更名为 bg7-1，并在其第 1 帧放入在素材准备阶段中绘制的背景图，并放置到适当位置，然后在第 30 帧插入延时帧，如图 6-106 所示。

（2）将图层 bg7-1 锁定，添加两个新图层，同时命名为 zm7-1，在两个新的图层中分别添加遮幕，并放置到适当位置，如图 6–107 所示。

图 6–106　分镜头 7-1 背景

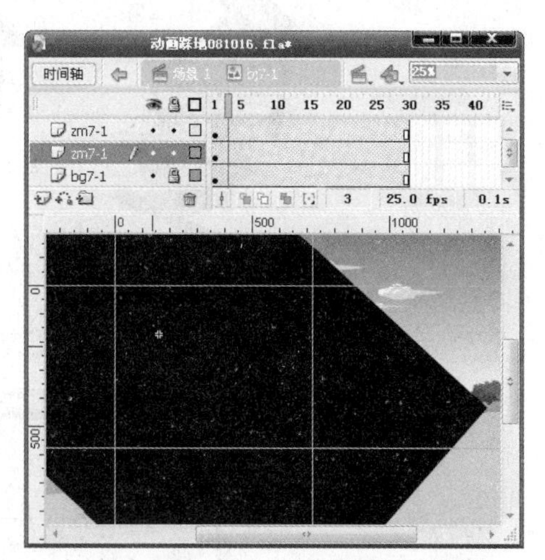

图 6–107　添加两个新图层及遮幕

（3）在 zm7-1 图层中的第 3 帧插入关键帧，把两块遮幕移出安全框，并放置到适当位置，如图 6–108 所示。

（4）在 zm7-1 图层的下方新建图层并命名为 sb7-1，然后把分镜头 4 中的士兵正视图元件 sc-03-04&&元件 32 放置在 sb7-1 图层的第 1 帧中，如图 6–109 所示。

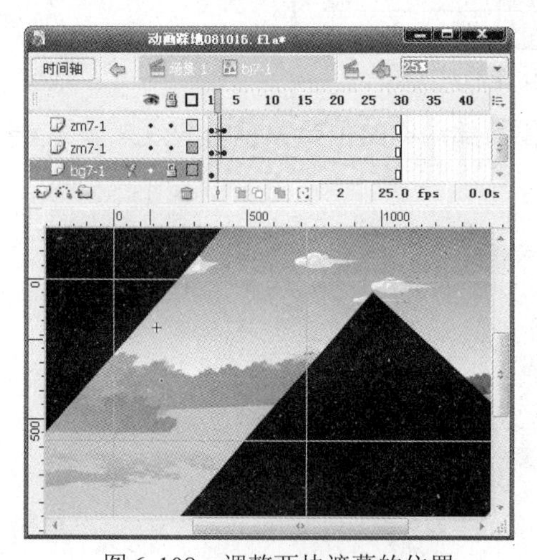

图 6–108　调整两块遮幕的位置

图 6–109　把元件 32 放置在 sb7-1 图层的第 1 帧

至此，分镜头 7-1 动画制作完毕，返回场景中，按 Enter 键观看制作效果。

九、分镜头 8 动画制作

（1）在场景中的“动画”图层的第 384 帧插入空白关键帧，利用椭圆工具绘制一个圆，将之转换为元件，并命名为 bj8-9。双击元件 bj8-9 后进入其编辑状态，将圆删除。把图层 1 更名为 bg8-9，并在其第 1 帧中放入在素材准备阶段中绘制的背景图、树丛及云朵，并放置到适当位置，然后在第 48 帧插入延时帧，如图 6–110 所示。

（2）新建图层 lz8，并在第 1 帧放入在准备阶段绘制的连长的侧视图元件 sc-8-11 元件 17，放置到适当位置，如图 6–111 所示。

图 6–110　分镜头 8 背景

图 6–111　添加元件并调整位置

（3）根据分镜头脚本，连长一边说话一边向前走，双击连长头部进入其编辑状态，根据台词，遵照人物说话时的面部运动规律进行嘴巴及眼睛的动作制作，其时间轴如图 6–112 所示。

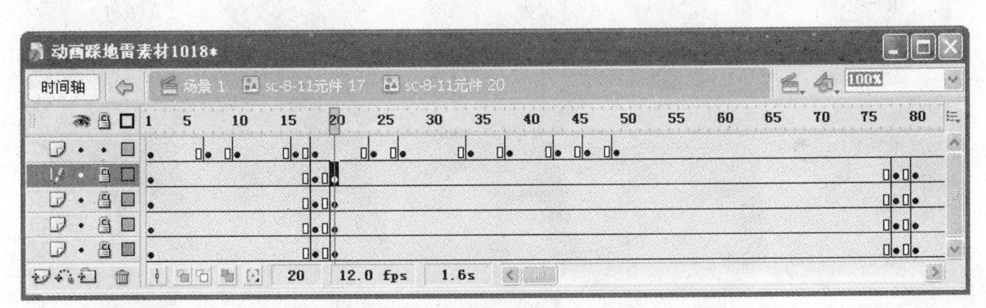

图 6–112　嘴巴及眼睛的动作制作的时间轴

（4）连长的嘴巴及眼睛动作效果如图 6–113 所示。

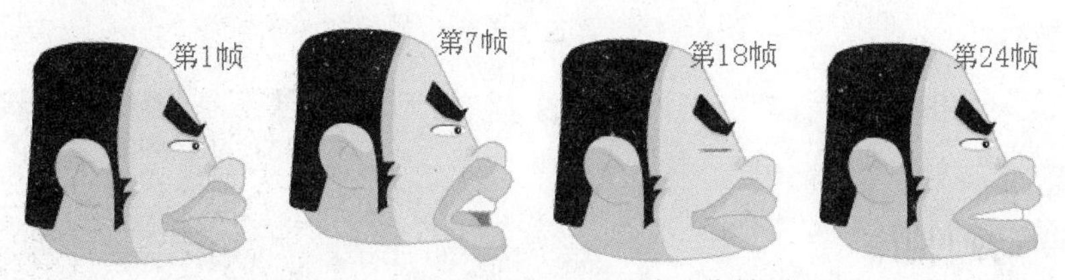

图 6–113　连长的嘴巴及眼睛动作效果

（5）双击连长侧视图元件进入其编辑状态，制作连长的动作，其时间轴如图 6–114 所示。

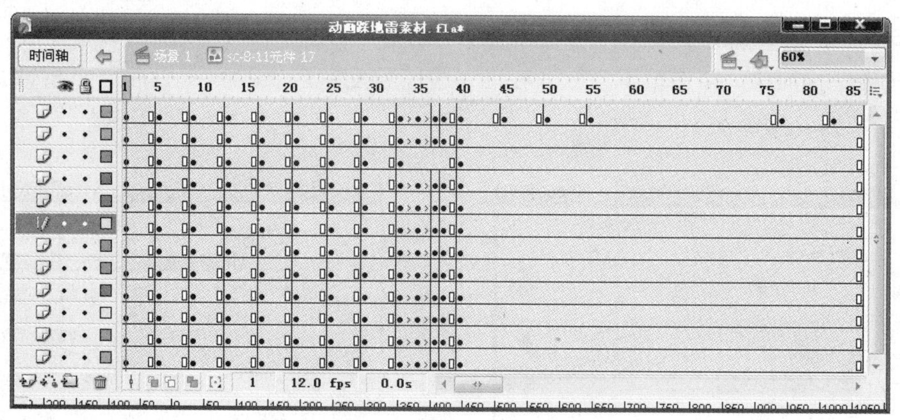

图 6-114　制作连长动作的时间轴

（6）其各主要关键帧动作如图 6-115 所示。

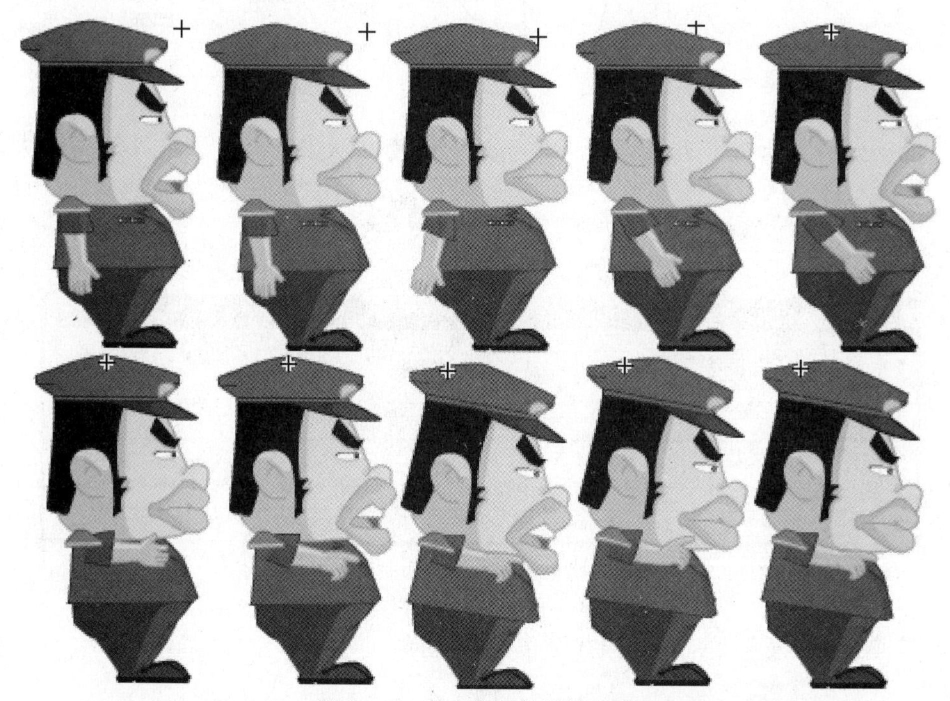

图 6-115　其各主要关键帧动作

至此，分镜头 8 的动画制作完毕，按 Enter 键观看动画效果。

十、分镜头 9 动画制作

（1）在 bg8-9 图层的第 92 帧插入关键帧，新建图层 sb9，在此图层的第 49 帧插入空白关键帧，然后在第 49 帧的舞台上放置在角色绘制阶段制作的士兵侧视图元件，效果如图 6-116 所示。

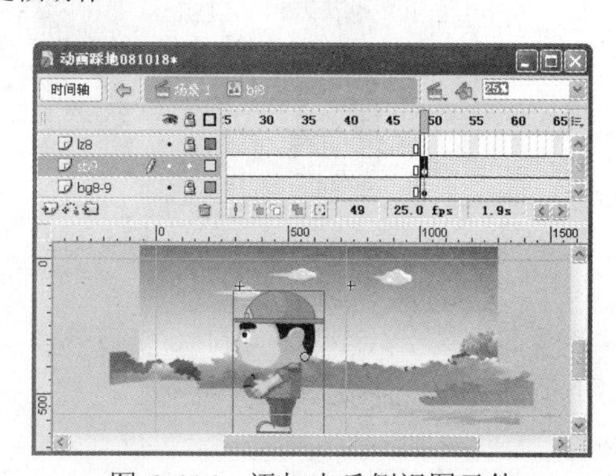

图 6-116　添加士兵侧视图元件

（2）根据分镜头脚本的动作要求，制作士兵在此镜头中手前伸、流鼻涕、眨眼的动作。连续双击两次士兵头部元件，进入其头部编辑状态，制作士兵眨眼动作，时间轴如图 6-117 所示。

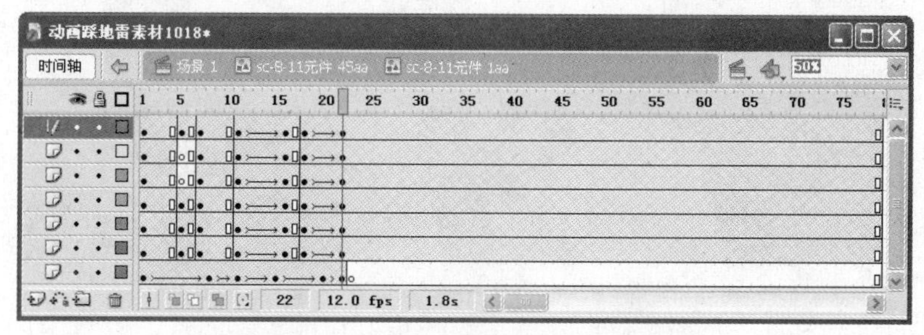

图 6-117　士兵眨眼动作的时间轴

（3）士兵眨眼动作效果图如图 6-118 所示。

图 6-118　士兵眨眼动作效果图

（4）双击士兵元件进入其编辑状态，进行动作的制作，时间轴如图 6-119 所示。

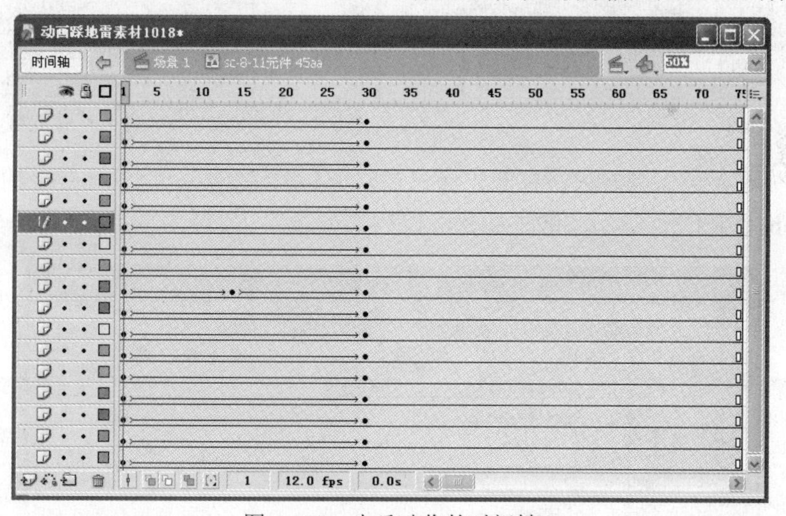

图 6-119　士兵动作的时间轴

（5）士兵元件各部位的动作主要运用运动补间动画来完成，其中第 1、14、30 帧的主要动作效果如图 6-120 所示。

此时，分镜头 9 的动画制作完毕，返回到元件 bj8 的编辑界面，按 Enter 键观看动画效果。

十一、分镜头 10 的动画制作

（1）在 bj8 元件的 bg8-9 图层的第 93 帧插入关键帧，然后把背景图片放大，并在第 130 帧插入帧，如图 6-121 所示。

图 6-120　士兵各部位的主要动作效果

（2）在 bj8 元件中的图层 sb9 的第 93 帧插入关键帧，并在此帧的舞台上放置在素材准备阶段绘制的士兵半身元件 sc-8-11sbbs，将其放置在适当位置，如图 6-122 所示。

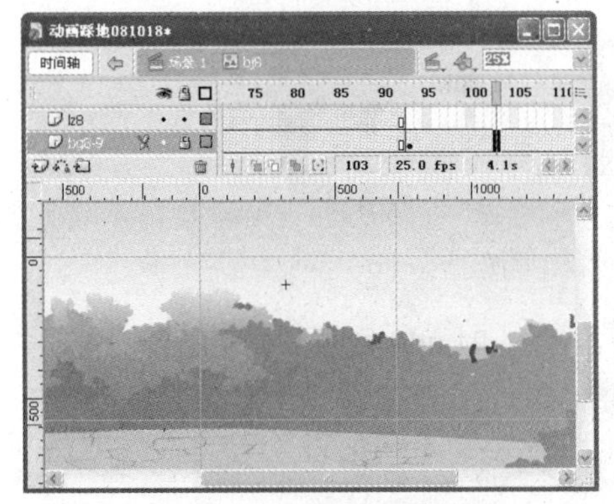

图 6-121　分镜头 10 背景

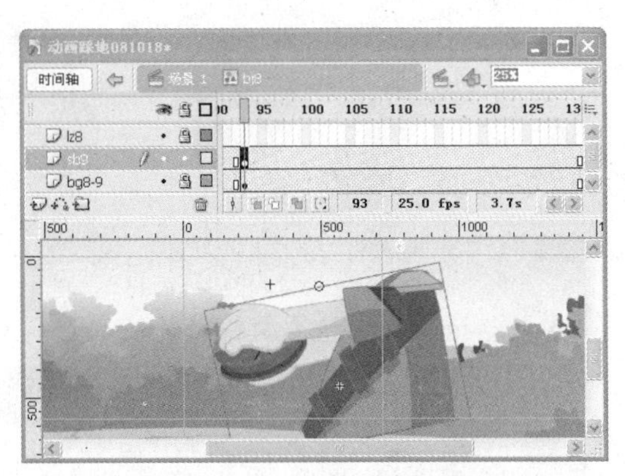

图 6-122　添加士兵半身元件并放置在适当位置

（3）根据分镜头台本的要求，在此制作分镜中士兵的手抬起、地雷撞针上抬等动画。双击元件 sc-8-11sbbs，制作动画，时间轴如图 6-123 所示。

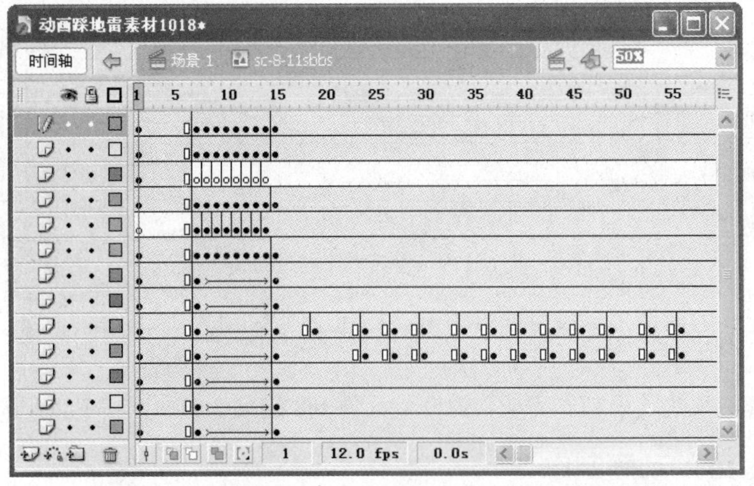

图 6-123　士兵的手抬起、地雷撞针上抬等动画的时间轴

（4）在元件 sc-8-11sbbs 的各主要关键帧制作动画，其中，第 19 帧时地雷撞针上抬，在此

帧之后每隔 3 帧地雷晃动一下，最后在第 60 帧插入延时帧，主要关键帧效果如图 6-124 所示。

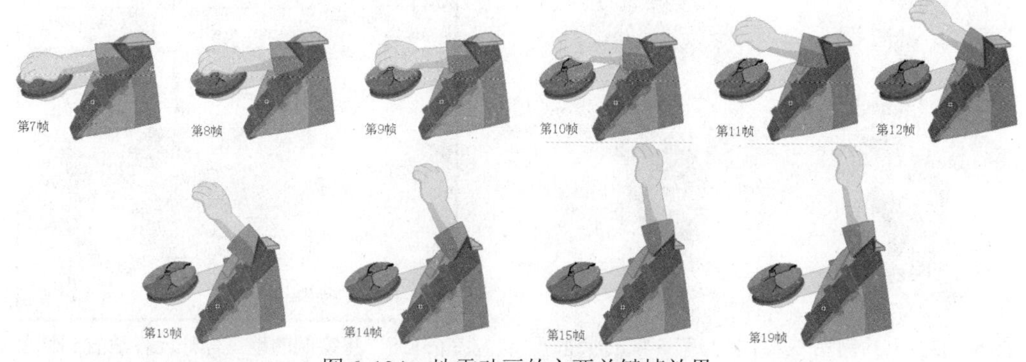

图 6-124　地雷动画的主要关键帧效果

此时，分镜头 10 动画制作完毕，返回到元件 bj8 的编辑界面，按 Enter 键观看动画效果。

十二、分镜头 11 的动画制作

（1）把分镜头 8 的 bj8 元件的 bg8-9 图层的第 1 帧复制到分镜头 11 的第 132 帧，然后在 sb9 图层中的第 132 帧插入空白关键帧，把在素材准备阶段绘制的士兵侧视图元件 sc-8-11 元件 sbsc 放置此帧的舞台上，如图 6-125 所示。

（2）根据分镜头台本及台词，士兵看到地雷撞针上抬，表情很紧张。双击士兵侧视图元件 sc-8-11 元件 sbsc 进入其编辑状态，其时间轴如图 6-126 所示。

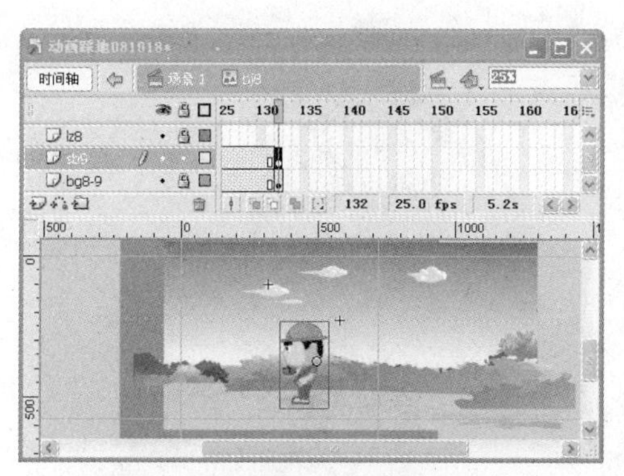

图 6-125　添加士兵侧视图元件

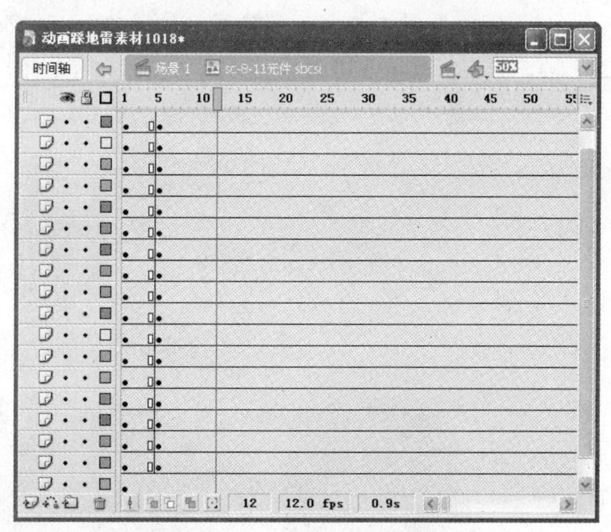

图 6-126　士兵侧视图元件的时间轴

（3）士兵侧视图元件的第 1 帧与第 5 帧的状态如图 6-127 所示。

（4）制作地雷爆炸效果，在士兵侧视图元件 sc-8-11 元件 sbsc 中添加图层 dl11，并在该层的第 9 帧插入关键帧，然后把在素材准备阶段绘制的地雷爆炸元件 sc8-11 元件 1sds 放置到舞台上，如图 6-128 所示。

（5）双击元件 sc8-11 元件 1sds，进入其编辑状态，进行动画的制作，其时间轴如图 6-129 所示。

图 6-127　士兵侧视图第 1 帧与第 5 帧的状态

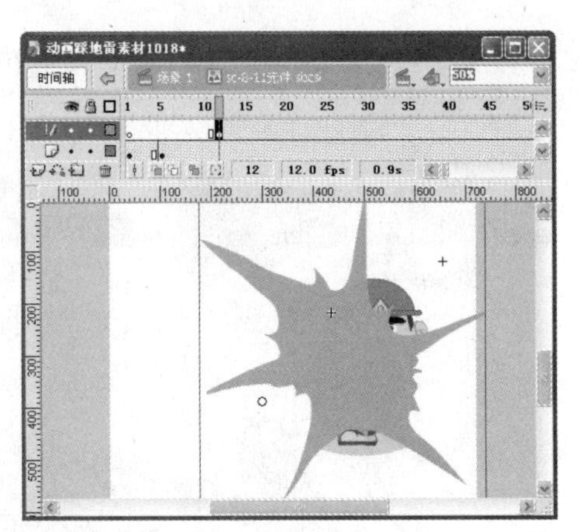

图 6-128　将绘制的地雷爆炸元件放置到舞台上

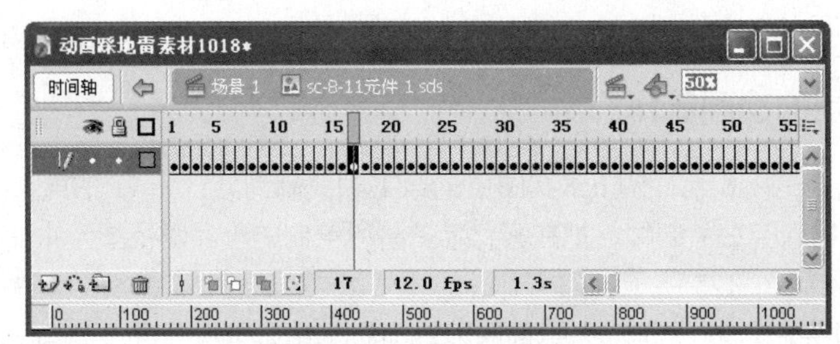

图 6-129　元件 1sds 动画的时间轴

（6）爆炸烟雾为 5 个不同效果，从第 6 帧开始又从第 2 帧的效果开始重复，一直延续到第 217 帧，效果如图 6-130 所示。

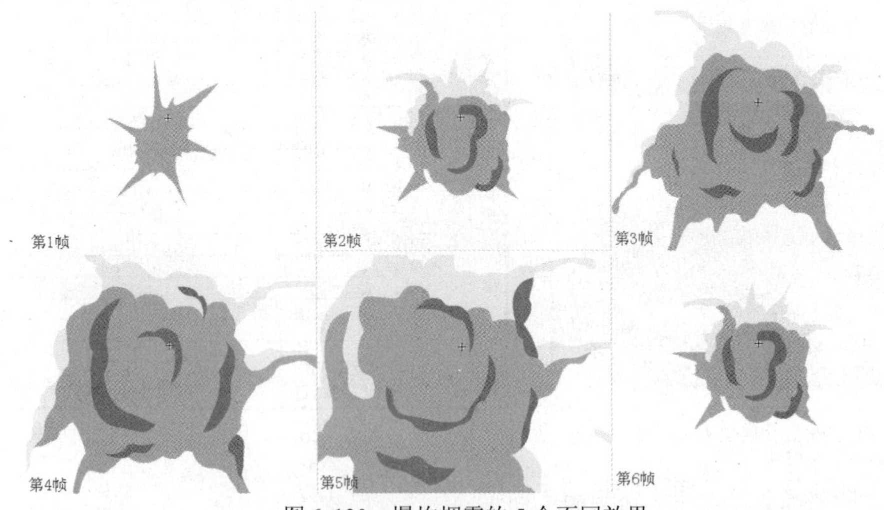

图 6-130　爆炸烟雾的 5 个不同效果

（7）返回到元件 bj8 的编辑界面，在图层 bg8-9 与图层 sb9 的第 271 帧插入延时帧。此时，分镜头 11 的动画制作完毕，按 Enter 键观看动画效果。

任务六　文件的优化及发布

（1）选择“控制→测试影片”菜单命令（或使用 Ctrl+Enter 组合键）,打开播放器窗口，如图 6-131 所示。即可观看到动画。如果观看无误，则可把分镜图层删除。

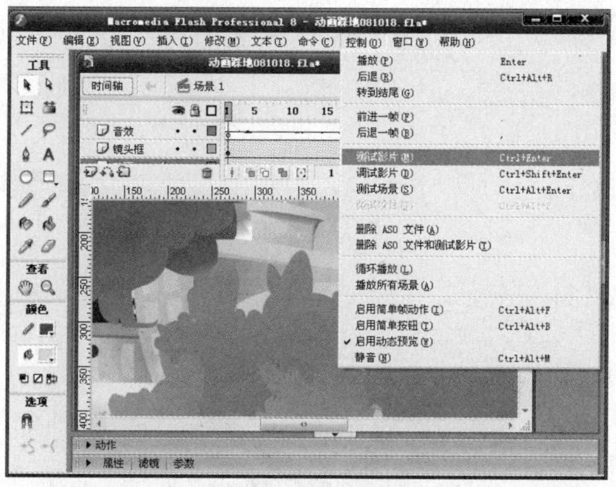

图 6-131　测试影片

（2）选择“文件→导出→导出影片”菜单命令，如图 6-132 所示，弹出“导出影片”对话框，在“文件名”组合框中输入“踩地雷”，保存类型选取“Flash 影片”，然后单击“保存”按钮即可，如图 6-133 所示。

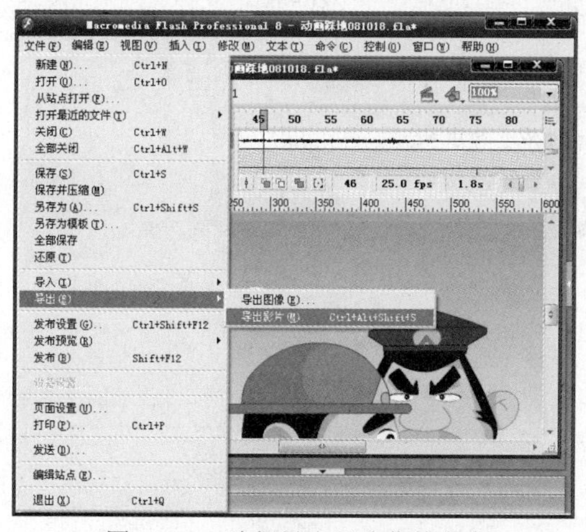

图 6-132　选择导出影片菜单命令

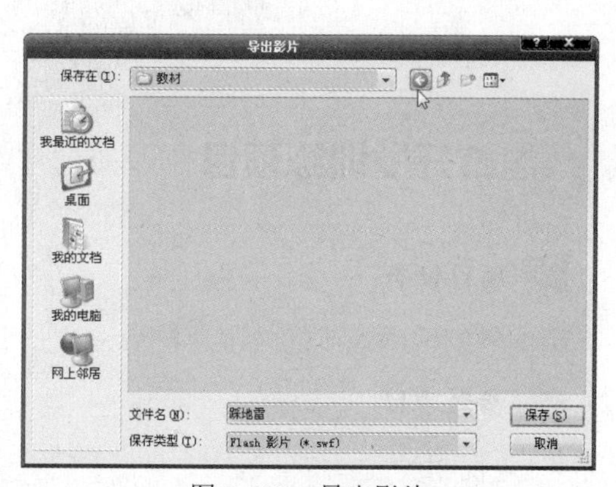

图 6-133　导出影片

拓展项目——电视动画短片《体验生活》

项目任务

根据笑话《体验生活》制作 Flash 电视动画短片。

客户要求

标准尺寸为 720 像素×576 像素，要求角色设计生动形象，场景精致、色彩协调，动画自然流畅，场景转换自然。

关键技术

- 图片经过 Photoshop 处理。
- 场景的切换。
- 元件的嵌套。
- 镜头的应用。
- 动作及表情的制作。

参考效果图

参考效果图如图 6-134 所示。

图 6-134　参考效果图

思维开发训练项目

项目任务

请同学们根据本节的内容，自行设计一个电视动画短片。

参考项目

- 电视剧。
- 笑话。
- 小品。
- 电视剧。

郑重声明